↖ 使用"颜色"面板设置颜色（4.5 节）

↖ 使用渐变色(4.8节)

↖ 矢量图形放大操作示例（5.1 节）

↗ "框架适合内容"图像操作的前后对比（6.5.2 节）

↗ 设置混合模式（7.8.2节）

↗ 添加外发光后的效果（7.9.3 节）

↖ 添加内发光后的效果
（7.9.4 节）

↖ 添加光泽效果
（7.9.6 节）

↖ 设置渐变羽化后的效果
（7.9.9 节）

设置不同行距后的效果（8.5.3 节）

设置基线偏移(8.5.6节)

↗ 设置及排入目录（12.2.2节）

↗ 《梦里水乡》封面设计平面效果和立体效果（14.2节）

↗《中国古玩珠宝展示会》广告设计（14.3节）

18

20

01 CONTENTS

Contents

Contents

目录 CATALOGUE

广播歌选

CONTENTS

FEATURE 专题

票房并烧背后的
院线推力

引言一

引言二

时尚数码先锋
流行前

活色·生香
华硕炫彩香味F6笔记本

绿橄榄DIY完全实战

全家福

FEATURE 专题

票房秘密：档期为王

寻找属于自己的音乐
不同人群MP3/MP4导购

Digital perfume
香水数码

爱恋音乐，适合情人的

在电子产品

经典情侣MP3

"怕"怕串串烧

中文版

InDesign CS6

标准教程

雷　波　池同柱　编著

中国电力出版社

CHINA ELECTRIC POWER PRESS

内容简介

本书全面、深入地讲解了使用中文版 InDesign CS6 进行排版的方法和技巧。内容主要包括 InDesign CS6 简介，文档基础操作，页面操作，颜色处理，InDesign CS6 的绘制与编辑图形，置入与编辑图像，编辑并赋予对象特殊效果，文本，表格，样式，图层，长文档处理，印前和导出和综合案例等。与市场上的同类图书相比，本书具有内容全面、讲解深入、示例精美等特点。

本书附赠的光盘中包含了本书讲解过程中运用到的素材及效果文件，供读者学习之用。

本书图书并茂、结构清晰、内容丰富实用，不仅适合于希望进入相关设计领域的自学者使用，也适合作为高等院校和相关社会培训班的教材。

图书在版编目（CIP）数据

中文版InDesign CS6标准教程 / 雷波，池同柱编著. —北京：中国电力出版社，2014.1（2021.2重印）
ISBN 978-7-5123-4881-3

Ⅰ.①中…　Ⅱ.①雷…②池…　Ⅲ.①电子排版 – 应用软件 – 教材　Ⅳ.①TS803.23

中国版本图书馆CIP数据核字（2013）第210252号

中国电力出版社出版、发行
（北京市东城区北京站西街 19 号　100005　http://www.cepp.sgcc.com.cn）
北京天宇星印刷厂印刷
各地新华书店经售
＊
2014 年 1 月第一版　2021 年 2 月北京第五次印刷
787 毫米 ×1092 毫米　16 开本　20 印张　484 千字　8 彩页
印数 16001—17500 册　定价 **39.00** 元（含 **1CD**）

Adobe 公司最新推出了 InDesign CS6 专业排版软件，它把页面设计升华到更高的层次，使用户能够快速制作页面，最终以可靠的方式输出，突破了线上出版与离线出版之间的藩篱。对于专业排版人员和即将跨进排版领域的新人来说，无疑都是福音。

讲解全面

InDesign 软件的功能越来越多，想要在一本书中尽述，无疑是不现实的，因此，笔者结合多年的教学和使用经验，从中摘选出了最实用的知识与功能，掌握这些知识与功能，读者能够应对工作与生活中遇到的与 InDesign 相关的绝大多数问题。

由浅入深

针对学习者从初级到中、高级的认知过程，对图书结构与知识体系进行了优化，以保证各位读者在学习初级知识时不涉及中高级技能，从而顺利地进行学习。

重点突出

针对初学者在学习中较难掌握的知识重点与难点，加大了讲解篇幅，以对这些知识点进行较为深入全面的讲解，这些知识点包括表格、样式、图层、长文档处理等。

学习本书的软件环境

本书在编写过程中，笔者所使用的软件是 InDesign CS6 中文版，操作系统为 Windows XP SP2，因此希望读者能够与笔者统一起来，以避免可能在学习中遇到的障碍。由于 InDesign 软件具有向下兼容的特性，因此如果读者使用的是 InDesign CS5、InDesign CS4、InDesign CS3 更早的版本，也能够使用本书学习，只是在局部操作方面可以略有差异，这一点希望引起读者的关注。

与笔者沟通的渠道

尽管在讲解案例时尽量使用了通俗易懂的语言并核查了绝大多数案例的步骤，但仍然不能保证没有差错，因此建议各位读者在遇到阅读学习困难与笔者以邮件的方式进行交流，笔者的邮件地址是 LB26@263.net 及 LBuser@126.com。

本书编者

本书主要由雷波和池同柱编写，参与本书资料整理、校对等相关工作的还包括以下人员：雷剑、吴腾飞、左福、范玉婵、刘志伟、李美、邓冰峰、詹曼雪、黄正、孙美娜、邢海杰、刘小松、陈红艳、徐克沛、吴晴、李洪泽、漠然、李亚洲、佟晓旭、江海艳、董文杰、张来勤、刘星龙、边艳蕊、马俊南、姜玉双、李敏、邰琳琳、卢金凤、李静、肖辉、寿鹏程、管亮、马牧阳、杨冲、张奇、陈志新、孙雅丽、孟祥印、李倪、潘陈锡、姚天亮、赵菁等，在此表示感谢。

版权声明

本书所有作品、素材仅供本书购买者练习使用，不得用做其他商业用途。

笔者

2012-11-17

目　录

第 1 章

Adobe InDesign CS6 简介

　　InDesign 是排版软件 PageMaker+ 矢量绘图软件 Illustrator 的简化产品，因此不仅在排版方面具有强大的优势，在绘画、绘图方面也有其独特的功能，例如，可以在 InDesign 中直接对图像进行羽化、阴影和透明处理；InDesign 提供了"钢笔工具" ，可以绘制任何形状的图形，从而在图形绘制功能方面得到大幅度提升。

　　在使用 Adobe InDesign CS6 进行排版的过程中，首先面临的问题是对图像文件的基础操作，例如通过"新建"命令可以创建一个新文档，再进行排版或其他处理；也可以使用"打开"命令来打开以前的文档继续进行编辑；或使用"存储"命令来保存新文件或对老文件所做的修改等基础操作。此外，此软件的界面与 Photoshop 等 Adobe 公司的软件相同，因此非常便于已经掌握了 Photoshop 的用户学习。

- InDesign 的应用领域
- 版式设计的原则
- 版面的最佳视域
- 熟悉软件界面
- 自定义快捷键
- 管理工作区

1.1 InDesign的应用领域

InDesign CS6 作为 Adobe Creative Suite 6 设计套装之一，是一个定位于专业排版领域的全新软件，集多种桌面排版软件技术的精华，在功能上更加完美与成熟。其应用领域非常广泛，如一些平面广告设计、宣传品设计和书箱装帧设计等。

▶▶ 1.1.1 平面广告设计

在信息大爆炸的今天，广告已成为我们生活中最常见的设计类型之一，虽然 InDesign CS6 无法对图像进行复杂的处理，但对于设计以版面编排为主的广告来说，仍然是游刃有余的，如图 1.1 所示是一些优秀的广告设计作品。

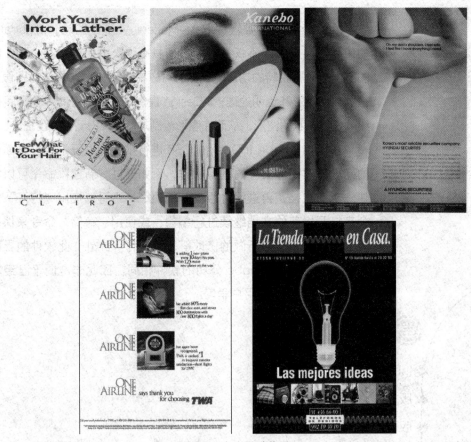

图1.1　广告设计作品

▶▶ 1.1.2 宣传品设计

现在，宣传品已经成为重要的商业贸易媒体，是企业充分展示自己的最佳渠道之一，更是企业最常用的产品宣传手法，其特点就是能够承载丰富的信息，易于保存和传播，容易获得更好地传播效果。

InDesign CS6 具有多页面的管理功能，在制作多页的宣传册时能够得心应手。如图 1.2 所示就是使用 InDesign CS6 设计的优秀宣传品。

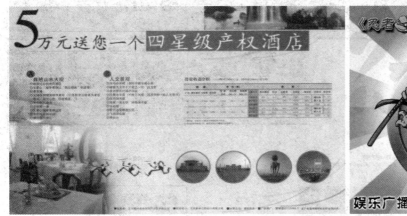

图1.2　宣传品

▶▶ 1.1.3　书籍装帧设计

书籍的装帧对于书籍销量有很大的影响，一本书给人的第一感觉就是封面所带来的信息，所以书籍的装帧市场具有巨大的需求。利用 InDesign CS6 强大的图像与文本的编辑处理功能，可以对封面、封底和书脊等进行完美的设计。如图 1.3 所示是精美的书籍装帧设计作品。

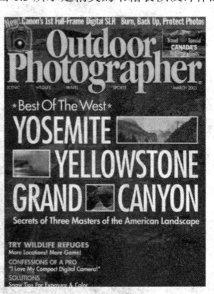

图1.3　书籍装帧设计作品

▶▶ 1.1.4　菜谱设计

在现在追求高品质消费生活的社会，精美绝伦的菜谱，不但可以带来视觉上的满足，还可以激起食欲。特别是在餐厅里，一份好的菜谱还可以在一定程度上左右消费者的尝试意愿，如图 1.4 所示是精美的菜谱设计作品。

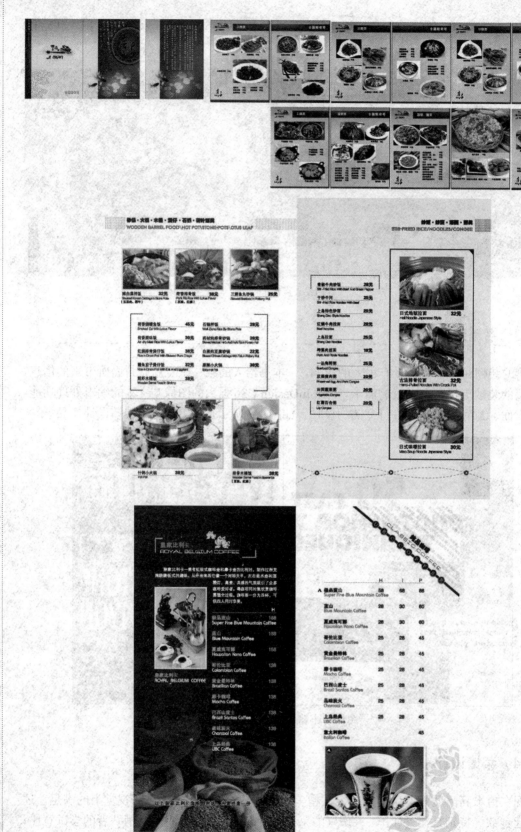

图1.4　精美的菜谱设计作品

≫≫ 1.1.5   包装设计

通常所说的包装设计，是指包装装潢设计，它由文字、图像及色彩等元素构成一个整体的包装。同时，包装设计还有着重完成商品信息与审美的视觉传达功能。通过它，消费者不仅可以获取商品的信息，还会对商品产生最直观的第一印象。

进行包装设计时，设计师不仅要考虑包装结构、材料、工艺，还必须注意设计效果要突出、鲜明，有独特的广告效果，如图 1.5 所示是优秀的包装设计作品。

图1.5   包装设计作品

≫≫ 1.1.6   卡片

在现在的社会里，名片、明信片、贺卡类的卡片，作为人与人的联系途径之一，对文字与图形的要求更为严格，文字与图形的结合可以表现出个人的独特风格，所以在文字上的编排与图形的编辑上，可以利用 InDesign CS6 制作出一张更为巧妙与精美的卡片，如图 1.6 所示。

图1.6　精美的卡片

>>>1.1.7　书籍等长文档编排

InDesign CS6 是强大的排版软件，对于书籍等长文档的编排有着绝对的优势。利用"主页"功能对各页面的统一、添减方便而快捷，对于长文档可以一次性将其全部置入文档内，有着各种编排工具，使长文档在页面内可以快速操作。

>>>1.1.8　版式设计

版式设计是一种对文字与图片在特定空间内的造型艺术，设计师通过一定的手法有效地在一个空间内将各种元素组织在一起，最终使版面或显得丰富灵活、或多彩多姿、或庄重沉稳，不仅增加了读者的阅读兴趣，更使读者在阅读过程中从视觉上感受到了整个版面所希望表现或传达的主旨。如图 1.7 所示是优秀的版式设计作品。

图1.7　版式设计作品

>>>1.1.9　报纸编排

报纸为最传统的媒体传播工具之一，它由最初的黑白版到现在的丰富多彩的彩色版，由开始的简单文字编排到现在的图文并茂。在现在社会，InDesign 的强大排版功能，更令报纸行业得到更高一层次的发展。如图 1.8 所示为报纸的优秀设计作品。

图1.8 报纸的优秀设计作品

>>> 1.1.10 易拉宝设计

作为一种海报形式的促销宣传品，易拉宝的设计偏向于产品或个人信息介绍，文字与图形的结合，宣传意向更为直观。如图 1.9 所示是利用 InDesign 所制作的优秀作品。

图1.9 易拉宝设计作品

1.2 版式设计的原则

法无定法，美无常态，每一个人都有与众不同的审美观，因此一份被设计师认为设计出众的版面设计作品，肯定无法使每一个人都感受到其内在的美感，获得每一个人的认可。

因此，设计师的任务是使版面作品获得大多数阅读者的认可，从这一点来说，遵循以下为大家所公认的在进行版式设计时应考虑的设计原则，能够帮助设计师较容易地获得漂亮、实用，且能够令大多数人接受的版面设计作品。

>>1.2.1 主题鲜明突出

版式设计的目的之一是使版面有清晰的条理性，能够更好地突出主题，达到最佳的表达效果，增强读者对版面的注意，增进对内容的理解。

要达到这一目的，可以采取以下几种方式：

- 按重要性或能够产生好的说明效果的原则进行排版，使最重要的主体成为视觉中心，以此鲜明地表达主题思想，如图 1.10 所示。

图1.10 放大的主体成为视觉中心

- 将文案中的多种信息作为整体来编排设计，以便于主体形象或主题思想的建立，如图 1.11 所示。

图1.11 将文案中的多种信息作为整体来编排设计

- 在主体形象四周增加空白区域，使被强调的主体更加突出，如图 1.12 所示。

图1.12　在主体形象四周增加空白量

1.2.2　形式与内容统一

版式设计所追求的表现形式，必须符合版面所要表达的主题，这是版式设计的前提。

只追求完美的表现形式而使表现形式脱离了要表现的内容，或者只求内容的完整而不考虑艺术的表现形式，都是失败的版面设计作品。

只有将二者统一，再融入设计者的思想感觉，找到一个符合两者的完美表现形式，版式设计才能够帮助版面体现出其独特的价值。

1.2.3　强化整体布局

在版面设计中，文字、图片与颜色是需要处理与编排的三大构成要素，这三者之间必须进行统一考虑，例如，如果版面所表现的主题与自然、环保有关，文字的颜色则不宜使用红色等过于激烈的颜色。如果版面中文字较少，则需要以周密的图片布置和定位来取得版面的整体感。

除此之外，许多印刷出版物不仅仅只有一页，因此每一页的风格与特点也需要进行整体考虑。例如，对于连页与展开页，不可以设计完左页再来考虑右页，这样会造成松散、不连续的情况，从而破坏版面的整体感。

整体布局可以从以下几个方面来考虑。

- 加强版面整体的结构组织及方向性视觉流程，如水平结构、垂直结构、斜向结构、曲线结构等，如图 1.13 中左图使用横向并排排列的图片加强了横向视觉流程，右图使用加粗加黑的标题文字加强竖向视觉流程。

- 加强版面的整合性，将版面中多种信息组合成块状，使版面更加有条理，如图 1.14 中左图使用方形图块，右图使用色块底色将不同的信息较好地组织在一起。

图1.13　加强版面方向性视觉流程

图1.14　加强版面的整合性

- 加强展开页的整体性，无论是产品目录的展开页版，还是跨页版，均应该设计为同一种视觉流程。

1.2.4　突出美感

在版式设计的艺术形式上，突出美感是非常重要的一条原则，即用各种手段营造出一种与内容相适应的气氛，满足读者的审美心理要求，使读者在轻松愉快的心境下进行阅读。

因此，版式设计要做到美观大方，工巧不俗，讲究艺术。而要做到这些，就要在版式设计艺术形式下贯彻美学的原则。

设计师要运用一些形式美学原则或抽象的艺术规范，去控制和调整全部版面的节奏，并使版面布局美观大方，结构紧凑和谐。而要做到这一点，设计师就要不断提高美学修养，增强审美意识，以及不断补充其他一些专业知识和技能。

1.3　版面的最佳视域

心理学家葛斯达认为：人们注意版面时，版面的上部比下部的注目价值高，左侧比右侧的注目价值高。因此，版面的左上侧位置最引人注目，这一位置也成为广告主要内容在版面中安排的最佳位置，可使广告主次分明、一目了然。

进行版式设计时，设计师应充分考虑最佳视域的价值，从而将重要的信息或视觉流程的停留点安排在注目价值高的位置，图1.15 所示为版式的不同位置的注目程度百分比。

60%		56%	44%	33%	28%	17%	
40%				23%	16%	44%	
						28%	
						17%	

图1.15　注目程度百分比

除了注目程度外，版面的不同的位置给人的心理感受也不同。版面的上部给人轻快、飘浮、积极高昂之感；版面的下部给人压抑、沉重、消沉、限制、低矮和稳定之印象；

版面的左侧给人感觉轻便、自由、舒展，富于活力；右侧的版面给人感觉紧促、局限却又庄重。

1.4 熟悉软件界面

启动 InDesign CS6 后，其工作界面如图 1.16 所示。

图1.16　InDesign CS6的工作界面

▶▶1.4.1　应用程序栏

在应用程序栏中，集成了视图及页面布局等功能，包括启动 Bridge、缩放级别、视图选项等，如图 1.17 所示。

图1.17　应用程序栏

应用程序栏中各选项的含义解释如下。

- 启动 Bridge：单击此按钮，即可启动 Bridge。Adobe Bridge 作为整个 CS 系列套件中的文件浏览与管理工具，可以完成浏览以及管理图像文件的操作，如搜索、排序、重命名、移动、删除和处理图像文件等。

- 缩放级别：此处显示了当前操作图像的显示比例，在此处输入数值或在下拉列表中选择一个数值，可以控制当前图像的显示比例。
- 视图选项：此处包括显示或隐藏框架边线、标尺以及参考线等辅助功能的控制。
- 屏幕模式：此处可以选择正常、预览以及出血等屏幕显示模式。
- 排列文档：当打开多个文档时，在此处可以设置它们的排列方式，以便于快速进行文档的布局和查看。
- 切换工作区：在此处可以根据需要来选择适合的工作区域。如果想自定义工作区，可以在此下拉列表中选择"新建工作区"命令，在弹出的对话框中进行设置，然后单击"确定"按钮即可。
- 最小化：单击此按钮，可以使 InDesign CS6 窗口处于最小化状态，再次单击任务栏中被最小化的按钮，又可以使 InDesign CS6 窗口恢复为刚才的显示状态。
- 最大化：单击此按钮，可以使 InDesign CS6 窗口的显示最大化，此时"最大化"按钮 ▢ 变为"还原"按钮 ▣，再次单击"还原"按钮 ▣，可以将最大化的窗口恢复为刚才的状态。
- 关闭：单击此按钮，可以将 InDesign CS6 软件关闭。

➤➤1.4.2 菜单栏

在 InDesign CS6 中的菜单栏，共有 9 个菜单，如图 1.18 所示。每个菜单又有数十个命令，因此 9 个菜单共包含了上百个命令，这些命令使每一个初学者都感觉到眼花缭乱，但实际上情况并非如此，我们只需要了解每一个菜单中命令的特点，然后通过这些特点就能够很容易地掌握这些菜单中的命令了。

文件(F)　编辑(E)　版面(L)　文字(T)　对象(O)　表(A)　视图(V)　窗口(W)　帮助(H)

图1.18　菜单栏

比如"文件"菜单中集成了关于文件的所有操作，比如新建、打开、打印、导出及导入等，如图 1.19 所示。

- "文件"菜单：集成了文件操作的命令。
- "编辑"菜单：集成了文档处理中使用较多的编辑类操作的命令。
- "版面"菜单：集成了有关页面操作的命令。
- "文字"菜单：集成了有关文字操作的命令。
- "对象"菜单：集成了有关图形、图像对象操作的命令。
- "表"菜单：集成了有关表格操作的命令。
- "视图"菜单：集成了对当前操作对象的视图进行操作的命令。
- "窗口"菜单：集成了显示或隐藏不同面板的命令。
- "帮助"菜单：集成了各类帮助信息。

图1.19　"文件"菜单命令

 提示　在菜单上以灰色显示的命令，为当前不可操作的菜单命令；对于包含子菜单的菜单命令，如果不可操作则不会弹出子菜单。

▶▶▶ 1.4.3　工具箱

工具箱中的大多数工具，其使用率都非常高，因此掌握工具箱中工具的正确、快捷的使用方法，有助于加快操作速度。如图 1.20 所示为 InDesign CS6 界面中的工具箱。

1. 伸缩工具箱

InDesign CS6 的工具箱具备很强的伸缩性——即可以根据需要，在单栏和双栏状态之间进行切换。该功能主要就是由位于工具箱顶部的两个三角块控制，如图 1.21 所示。

工具箱为双栏时，单击顶部伸缩栏的两个三角块即可将其收缩为单栏状态，如图 1.22 所示，这样可以更好地节省工作区中的空间；反之，可以将其恢复至双栏状态，如图 1.23 所示。

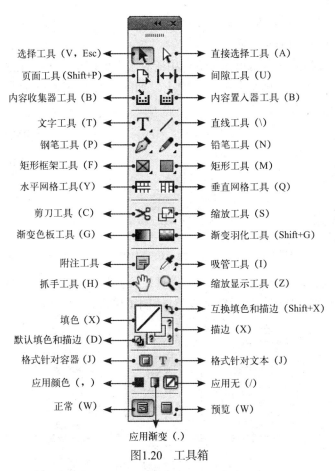

图1.20　工具箱

图1.21　工具箱的伸缩栏

图1.22　单栏工具箱状态

图1.23　双栏工具箱状态

当把工具箱拖至工作区域中后（将光标放在工具箱顶部深灰色的区域，再按住鼠标拖动），再次单击顶部的两个三角块，可以在单栏、双栏及横向状态进行切换，如图 1.24 所示。

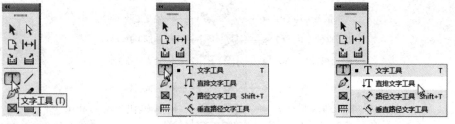

图1.24　横向状态的工具箱

2. 显示并选择隐藏的工具

在工具箱中有部分工具的右下角有一个小三角，表示该工具组中尚有隐藏工具未显示。下面以选择"直排文字工具" 为例，讲解如何选择隐藏的工具，其操作步骤如下：

① 将鼠标指针置于"文字工具" 图标上，该工具图标呈高亮显示，如图 1.25 所示。

② 执行下列操作之一：

- 在工具图标上按住鼠标左键不放约 2 秒钟。
- 在工具图标上单击鼠标右键。

③ 此时 InDesign CS6 会显示出该工具组中所有工具的图标，如图 1.26 所示。

④ 移动鼠标指针至"直排文字工具" 上，如图 1.27 所示，再次单击，即可将其激活为当前使用的工具。

<table>
<tr><td>图1.25　将鼠标指针放置在工具图标上</td><td>图1.26　单击右键</td><td>图1.27　拖动鼠标指针选择新工具</td></tr>
</table>

工具箱中的其他隐藏工具如图 1.28 所示。另外，若要按照软件默认的顺序来切换某工具组中的工具，可以按住 Alt 键，然后单击该工具组中的图标。

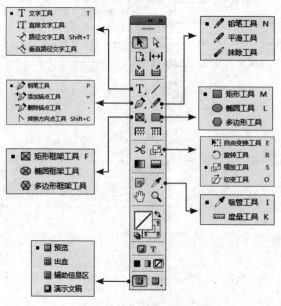

图1.28　显示隐藏的工具

3. 工具箱的分类

工具箱可分为选择工具组、文字工具组、绘制图形工作组、修改工具组、变换工具组和导航工具组，见表 1.1~ 表 1.6。

表 1.1　选择工具组

工　具	功　　能	快　捷　键
"选择工具"	全选文档里的对象，移动、缩放文本框框架；对图像、图形可以进行裁切、缩放	V，Esc
"直接选择工具"	选择所显示的路径与框架中的点，根据选中对象的编辑状态所处整体与节点的不同，编辑图像、图形和文本框架	A
"页面工具"	在不影响其他页面的情况下，对当前页主页的文档设置进行调整	Shift+P
"间隙工具"	在不影响其他页面的情况下，对当前页的边距边栏进行调整	U
"内容收集器工具"	从现有版面中获取文本和对象	B
"内容置入器工具"	在新版面中，按所需要的顺序添加项目	B

表 1.2　文字工具组

工　具	功　　能	快　捷　键
"文字工具"	点选此工具可创建横排文本框，在该文本框内输入或编辑文本	T
"直排文字工具"	点选此工具可创建直排文本框，输入或编辑该文本框内的直排文本	
"路径文字工具"	点选此工具可根据路径创建文本，在路径文本中输入或编辑路径文本	Shift+T
"垂直路径文字工具"	点选此工具可创建垂直路径文本框，在该文本框内输入或编辑垂直路径文本	

表 1.3　绘制图形工作组

工　具	功　　能	快　捷　键
"直线工具"	点选此工具可拖拉出任何角度的线条	\
"钢笔工具"	点选此工具根据填充或描边，可绘制出各种路径图形或曲线路径	P
"添加锚点工具"	点选此工具可对对象的路径锚点进行添加	=
"删除锚点工具"	点选此工具可对对象的路径锚点进行删除	-
"转换方向点工具"	点选此工具可对选中的锚点进行拖拉而转换方向点或平滑点	Shift+C
"铅笔工具"	点选此工具可绘制出随意的路径线条	N
"平滑工具"	点选此工具可在路径锚点上删除多余的转角	
"抹除工具"	点选此工具可删除路径锚点，将线条或图形等根据锚点来打断	
"矩形框架工具"	点选此工具创建矩形的框架，可在框架内编辑文本或置入图像	F
"椭圆框架工具"	点选此工具创建椭圆形框架，可在框架内编辑文本或置入图像	
"多边形框架工具"	点选此工具创建多边形框架，可在框架内编辑文本或置入图像	
"矩形工具"	点选此工具可创建正方形或长方形	M
"椭圆工具"	点选此工具可创建椭圆或圆形	L
"多边形工具"	点选此工具可创建各种各样的多边形图形	
"水平网格工具"	点选此工具可创建水平网格	Y
"垂直网格工具"	点选此工具可创建垂直网格	Q

表 1.4　修改工具组

工　　具	功　　能	快　捷　键
"剪刀工具" ✂	点选此工具可根据路径锚点将对象剪开	C
"渐变色板工具" ▣	点选此工具可创建渐变色板，或调整渐变色板的起点、终点、角度，使之应用于对象	G
"渐变羽化工具" ▱	点选此工具可将对象以渐变的起点、终点、角度的渐变形式渐隐于背景中	Shift+G
"附注工具" ▤	点选此工具可在文本中添加附注，利于添加内容或标注错误	
"吸管工具" ⚲	点选此工具读取颜色，可以快速修改对象的颜色	I
"度量工具" ▭	点选此工具可计算文档窗口内任意两点之间的距离	K

表 1.5　变换工具组

工　　具	功　　能	快　捷　键
"自由变换工具" ▦	点选此工具可对对象的大小进行自由缩放、旋转	E
"旋转工具" ↻	点选此工具可根据一个参考点对对象进行旋转	R
"缩放工具" ▣	点选此工具可根据一个参考点对对象进行缩放	S
"切变工具" ▱	点选此工具可根据一个参考点对对象进行自由的左右倾斜	O

表 1.6　导航工具组

工　　具	功　　能	快　捷　键
"抓手工具" ✋	点选此工具可在画布中进行拖动，用以观察页面的各个部分	H
"缩放显示工具" 🔍	点选此工具可缩放文档窗口来查看页面	Z

1.4.4　文档页面

文档页面就是新建文档后的纸张区域，是编辑正文的地方。只有在页面范围内的文本和图像才能被打印，故在对文档进行编排时，要注意文本和图像的位置。

1.4.5　草稿区

草稿区是指除页面以外的空白区域，只有在屏幕模式为"正常"时才能显示出来。它的主要用途是在不影响文档内容的同时，对文本或图片进行编辑后再添加到文档页面中，避免操作中出现失误。

1.4.6　选项栏（"控制"面板）

InDesign CS6 以"控制"面板的方式显示工具选项，即激活某个工具后，该工具相应的选项将显示在"控制"面板中。

如图 1.29 所示为激活"文字工具" Ⓣ 后的"控制"面板显示状态，设置工具选项栏中的参数与选项，可以充分发挥各个工具的功用。

图1.29　"文字工具"的选项栏

≫1.4.7 面板

面板是 InDesign 中必不可少的组成部分，默认情况下，几个面板按默认的位置被放置在一起，共用一个控制窗口，但用户也可以根据个人的喜好来显示或摆放面板，下面来讲解一下面板的一些基本操作。

1. 收缩与扩展面板

与工具箱一样，面板也同样可以进行伸缩，这一功能大大增强了界面操作的灵活性。

对于最右侧已展开的一栏面板，单击其顶部的伸缩栏，可以将其收缩成图标状态，如图 1.30 右侧所示。反之，如果单击未展开的伸缩栏，则可以将该栏中的面板全部展开，如图 1.31 右侧所示。

2. 设置面板栏的宽度

无论是展开或未展开的面板栏，都可以对其宽度进行调整。方法就是将鼠标指针置于某个面板伸缩栏左侧的边缘位置上，此时鼠标指针变为 ⟷ 状态，如图 1.32 所示。

向右侧拖动，即可减少本栏面板的宽度，如图 1.33 所示。反之则增加宽度。

受面板装载内容的限制，每个面板都有其最小的宽度设定值，当面板栏中的某个面板已经达到最小宽度值时，该栏宽度将无法再减少。

3. 拆分面板

当要单独拆分出一个面板时，可以选中对应的图标或标签并按住鼠标左键，然后将其拖动至工作区中的空白位置，如图 1.34 所示，然后松开鼠标，如图 1.35 所示为就是拆分出来的面板。

提示

在对面板进行拆分时，不能在面板出现蓝边时释放鼠标，否则此操作进行的是调换面板。

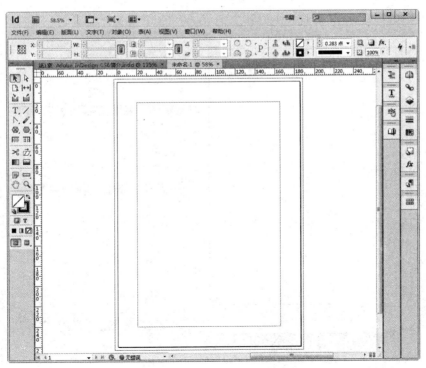

图1.30　收缩为图标状态的面板

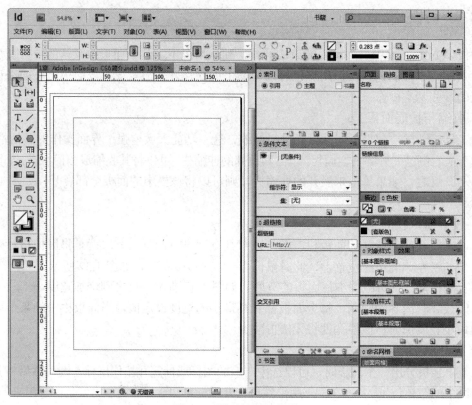

图1.31　展开的面板状态

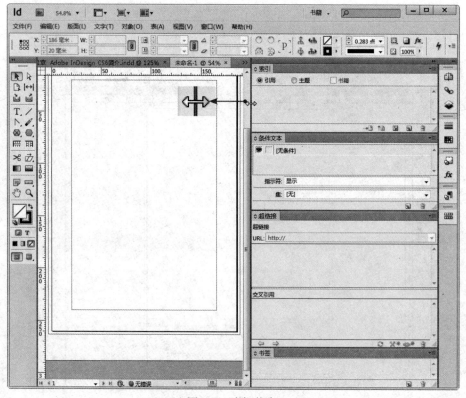

图1.32　光标状态

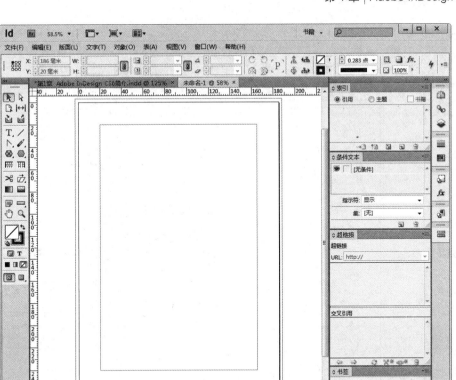

图1.33　减少面板的宽度

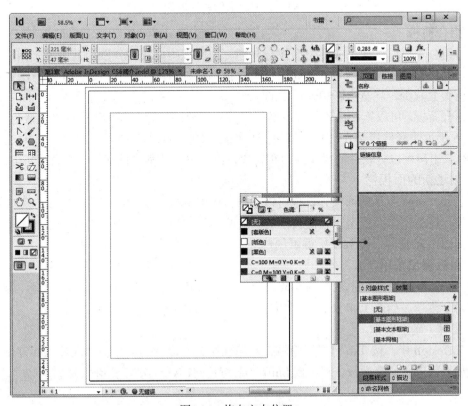

图1.34　拖向空白位置

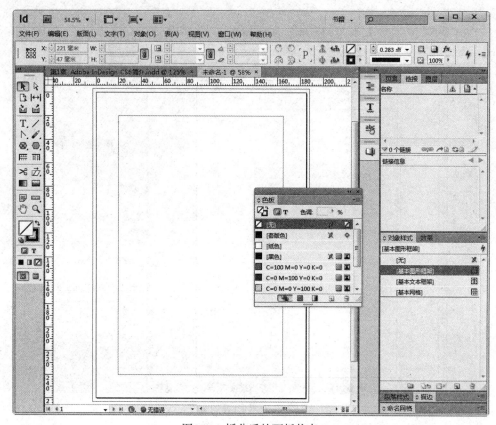

图1.35 拆分后的面板状态

4. 组合面板

通过组合，可以将两个或多个面板合并到一个面板中，当需要调用其中某个面板时，只需要单击其标签名称即可；否则，如果每个面板都单独占用一个窗口，用于进行图像操作的空间就会大大减少，甚至会影响到正常的工作。

要组合面板，可以拖动位于外部的面板标签至想要的位置，直至该位置出现蓝色反光时，如图 1.36 所示。释放鼠标左键后，即可完成面板的拼合操作，如图 1.37 所示。通过组合面板的操作，用户可以将软件的操作界面布置成自己所习惯或喜爱的状态，从而提高工作效率。

5. 创建新的面板栏

除了 InDesign 默认的面板外，也可以根据自己的需要来增加更多栏，操作方法如下。

首先，拖动一个面板至原有面板栏的最左侧边缘位置，其边缘会出现灰蓝相间的高光显示条，如图 1.38 所示，释放鼠标即可创建一个新的面板栏，如图 1.39 所示。

6. 面板弹出菜单

每一个面板除了窗口中显示的参数选项外，单击其右上角的面板选项按钮 ，即可弹出面板的命令菜单，如图 1.40 所示。利用这些命令，可增强面板的功能。

7. 隐藏/显示面板

在 InDesign 中，按 Tab 键可以隐藏工具箱及所有已显示的面板，再次按 Tab 键可以全部显示。如果仅隐藏所有面板，则可按 Shift+Tab 键；同样，再次按 Shift+Tab 键可以全部显示。

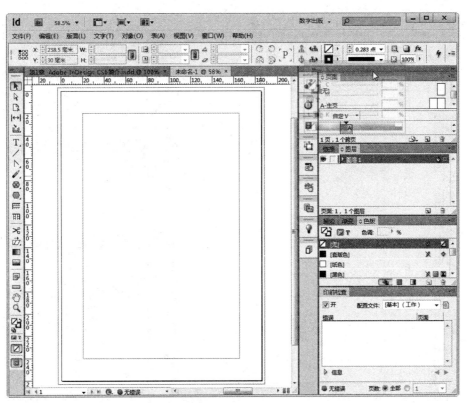

图1.36　出现蓝色反光状态

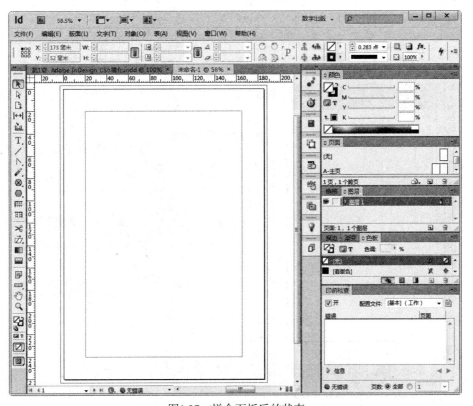

图1.37　拼合面板后的状态

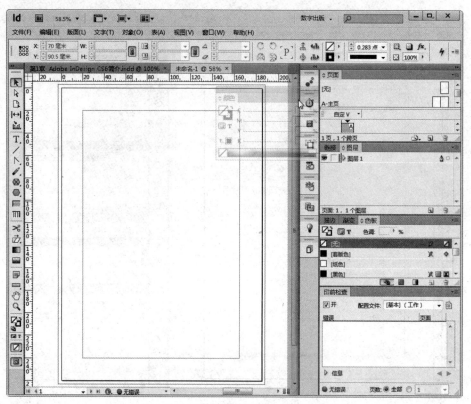

图1.38　出现灰蓝相间的高光显示条

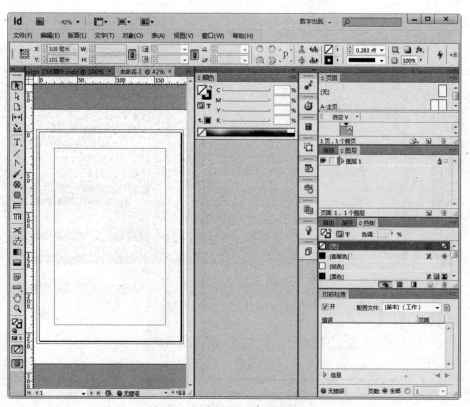

图1.39　创建新的面板栏后的状态

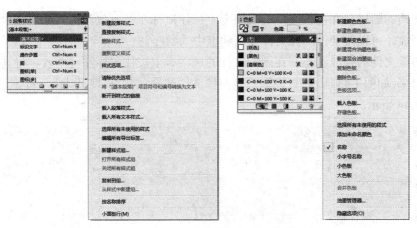

图1.40　弹出的面板选项菜单

1.4.8　状态栏

　　状态栏位于当前打开图像的底部，它能够提供当前文件的当前所在页码、印前检查提示、打开按钮 和页面滚动条等提示信息。单击状态栏底部中间的打开按钮 ，即可弹出如图 1.41 所示的菜单。

图1.41　状态栏弹出菜单

1.4.9　文档选项卡

　　在 InDesign CS6 中，是以选项卡的形式排列当前所有打开的文件，其优点就在于可以让我们在打开多个文档后一目了然，并通过快速单击所打开的文档文件的选项卡名称来将其选中。

　　如果只打开一幅图像文件时，它总是被默认为当前操作的图像；如果打开了多个图像文件，可以通过单击选项卡式文档窗口右上方的展开按钮 ，在弹出的文件名称选择列表中选择要操作的文件，如图 1.42 所示。

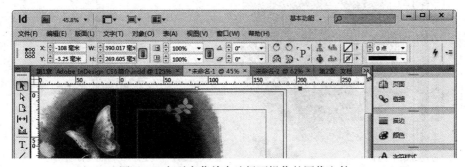

图1.42　在列表菜单中选择要操作的图像文件

技巧

　　按 Ctrl+Tab 键，可以在当前打开的所有图像文件中，从左向右依次进行切换；如果按 Ctrl+Shift+Tab 键，可以逆向切换这些图像文件。

　　使用这种选项卡式文档窗口来管理文档文件，可以使我们对这些图像文件进行如下各类操作，以更加快捷、方便地对文档文件进行管理。

- 改变文档的顺序，在文档文件的选项卡上按住鼠标左键不放，将其拖至一个新的位置后再释放，可以改变该图像文件在选项卡中的顺序。
- 取消图像文件的叠放状态，在图像文件的选项卡上按住鼠标左键不放，将其从选项卡中拖出来，如图 1.43 所示，可以取消该图像文件的叠放状态，使其成为一个独立的窗口，如图 1.44 所示。

图1.43　从选项卡中拖出来

图1.44　成为独立的窗口

1.5　自定义快捷键

执行"编辑"｜"键盘快捷键"命令，将弹出如图 1.45 所示的对话框，在其中可以根据自己的需要和习惯来重新定义每个命令的快捷键。

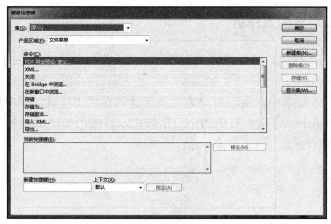

图1.45 "键盘快捷键"对话框

"键盘快捷键"对话框中各选项的含义解释如下。

- 集：用户将所设置的快捷键可单独保存为一个集，此下拉列表中的选项用于显示自定义的快捷键集。
- 新建集：单击此按钮，可以通过新建集来自定义快捷键，默认的"集"是更改不了快捷键的。
- 删除集：在"集"下拉列表中选择不需要的集，单击此按钮可将该集删除。
- 存储：单击此按钮，以存储新建集中所更改的快捷键命令。
- 显示集：单击该按钮，可以弹出文档文件，里面将显示一个集的全部文档式快捷键。
- 产品区域：此下拉列表中的选项，用于对各区域菜单进行分类。
- 命令：列出了与菜单区域相对应的命令。
- 当前快捷键：显示与命令相对应的快捷键。
- 移去：单击此按钮，可以将当前的命令所使用的快捷键删除。
- 新建快捷键：在此文本框中可以重新定义自己所需要和习惯的快捷键。
- 确定：单击此按钮，对更改进行保存后并退出对话框。
- 取消：单击此按钮，对更改不进行保存并退出对话框。

1.6 管理工作区

1.6.1 保存自定义工作区

在 InDesign CS6 中，用户可以按照自己的偏好来布置工作界面并将其保存为自定义的工作界面。首先将面板、菜单和工具箱等界面布置完成，再执行"窗口"｜"工作区"｜"新建工作区"命令，弹出对话框如图 1.46 所示，在弹出的对话框中输入自定义的名称，然后单击"确定"

图1.46 "新建工作区"对话框

按钮，即完成新建的工作环境的操作并可将该工作区存储到 InDesign 中。

》》1.6.2　调用自定义的工作区

要调用已保存的工作区，可以选择"窗口"｜"工作区"子菜单中的自定义工作界面的名称即可，如图 1.47 所示。

在 InDesign CS6 版本中，我们可以方便地选择和存储工作区，即可以在应用程序栏中 单击"常用"右侧的小三角按钮，将弹出如图 1.48 所示的下拉列表，通过其中的命令，可以快速进行工作区的调换。

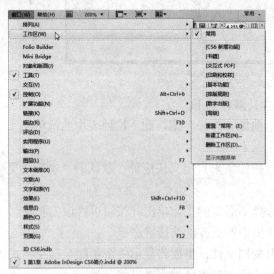

图1.47　调用自定义工作区　　　　图1.48　InDesign CS6的新选择

第 2 章

文档的基础操作

本章从认识五大文档的基础操作入手，讲解 InDesign CS6 中关于文件的基础操作，如文档的新建 / 保存 / 关闭 / 打开、文档模板的创建以及纠正操作失误等，同时讲解了可辅助设计版面的标尺、参考线以及网格。

学 习 重 点

- 五大文档的基础操作
- 文档模板
- 纠正操作失误
- 标尺
- 参考线
- 网格

2.1 五大文档的基础操作

文件操作是一类经常性的操作，因此掌握正确的文件操作方法，对于保证出版文件的正确性及提高工作效率有非常重要的意义，下面讲述 InDesign CS6 中的常用文件操作方法。

2.1.1 新建文档

作为每一个新工作的起点，"文档"命令的重要性不言而喻。利用此命令可以新建一个 InDesign 文件或者以某个文件为模板来创建新的 InDesign 文件，在创建新文件的同时用户可以在此命令的弹出对话框中，设置文件的起始页码、页面大小、文档参数、页面方向等基本参数。

图2.1 "新建文档"对话框

执行"文件"|"新建"|"文档"命令，将弹出"新建文档"对话框，如图 2.1 所示。在此对话框中设置新参数后，单击"边距和分栏"按钮，可以创建一个 InDesign 文件。

提示　按 Ctrl+N 键，可以快速打开"新建文档"对话框。

此对话框中的重要参数如下：

1. 用途

单击"用途"右侧的下拉三角按钮，将弹出如图 2.2 所示的下拉列表选项。下面对各选项进行讲解。

- 打印。用于输出的出版物。
- Web。如果要将创建的文档输出为适用于 Web 的 PDF 或 SWF，则选择此选项，此时对话框中的多个选项会发生变化。例如，关闭"对页"、页面方向从"纵向"变为"横向"，并且页面大小会根据显示器的分辨率进行调整。

提示　选择"Web"选项创建文档之后，可以编辑所有设置，但无法更改为"打印"设置。

- 数码发布：此为 InDesign CS6 中的新增选项，选择该选项后，可以指定适合几台常用设备的大小（包括自定义大小）和方向。另外，页面大小设置为所选的设备大小（以像素为单位），"主文本框架"选项也会被启用，如图 2.3 所示。

2. 页数

在"页数"文本框中输入一个数值，可以确定新文件的总页数。需要注意的是，该数值必须介于 1~9999 之间，因为 InDesign CS6 无法管理 9999 以上的页面。

- 对页：选中此复选框，可以使双面跨页中的左右页面彼此相对，如书籍和杂志，页面效果如图 2.4 所示；取消此复选框可以使每个页面彼此独立，例如，当您计划打印传单、海报或者希望对象在装订中出血时，页面效果如图 2.5 所示。

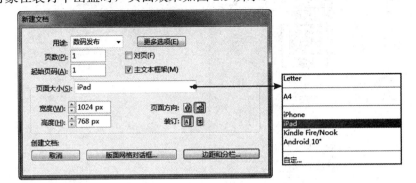

图2.2 列表框选项   图2.3   "新建文档"对话框

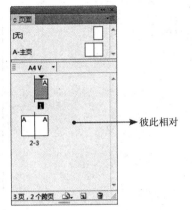

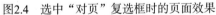

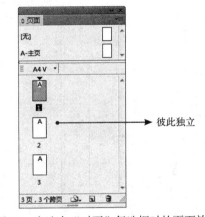

图2.4 选中"对页"复选框时的页面效果   图2.5 未选中"对页"复选框时的页面效果

- 主文本框架：该选项被选中的情况下，InDesign 自动以当前页边距的大小来创建一个文本框。

3. 起始页码

顾名思义，起始页码也就是指定文档的开始页码。如果选中"对页"并指定了一个偶数（如2），则文档中的第一个跨页将以一个包含两个页面的跨页开始，如图 2.6 所示。

4. 页面大小

单击"页面大小"右侧的下拉三角按钮，将弹出如图 2.7 所示的下拉列表。读者可以从下拉列表中选择合适的尺寸大小，也可以在"宽度"和"高度"文本框中输入所需要的页面尺寸，即可定义整个出版物的页面大小。

5. 页面方向

在默认情况下，当用户新建文件时，页面方向为直式的，但用户可以通过选取页面摆放的选项来制作横式页面。选择 选项，将创建直式页面；而选择 选项，则可创建横式页面。如图 2.8 所示为创建的直式页面及横式页面效果。

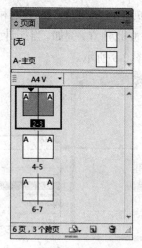

图2.6　选中"对页"并指定起始页码为偶数时的页面效果

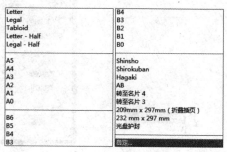

图2.7　下拉列表

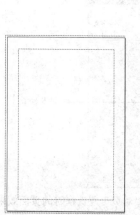

图2.8　创建的直式页面及横式页面效果

　　单击"更多选项"按钮，将弹出如图 2.9 所示的"新建文档"对话框。在对话框的底部显示出"出血和辅助信息区"选项区域，并在该区域中为文档设置出血数值为 3mm。

- 出血：在其后面的 4 个文本框中输入数值，可以设置出版物的出血数值。
- 辅助信息区：在其后面的 4 个文本框中输入数值，可以圈定一个区域，用来标志出该出版物的信息，例如设计师及作品的相关资料等，该区域至页边距线区域中的内容不会出现在正式印刷的出版物中。

　　单击"版面网格对话框"按钮，将弹出如图 2.10 所示的"新建版面网格"对话框。在此可以设置网格的方向、字间距以及栏数等属性。单击"确定"按钮退出对话框，即可创建一个新的空白文件。

　　在"新建版面网格"对话框中各选项的含义解释如下。

- 方向：在此下拉列表中选择"水平"选项，可以使文本从左至右水平排列；选择"垂直"选项，可以使文本从上至下竖直排列。
- 字体：此下拉列表中的选项用于设置字体和字体样式。所选定的字体将成为"框架网格"的默认设置。

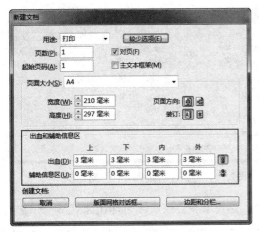

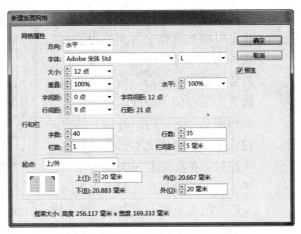

图2.9　"新建文档"对话框　　　　　图2.10　"新建版面网格"对话框

提示　　如果将"首选项"对话框中的"字符网格"选项组中的网格单元设置了"表意字",则网格的大小将根据所选字体的表意字而发生变化。

- 大小:在此文本框中输入或从下拉列表中选择一个数值,用于控制版面网格中正文文本的基准的字体大小,并还可以确定版面网格中的各个网格单元的大小。
- 垂直、水平:在此文本框中输入或从下拉列表中选择一个数值,用于控制网格中基准字体的缩放百分比,网格的大小将根据这些设置而发生变化。
- 字间距:在此文本框中输入或从下拉列表中选择一个数值,用于控制网格中基准字体的字符之间的距离。如果是负值,网格将显示为互相重叠;如果是正值,网格之间将显示间距。
- 行间距:在此文本框中输入或从下拉列表中选择一个数值,用于控制网格中基准字体的行间距离,网格线之间的距离将根据输入的值而更改。

提示　　在"网格属性"区域中,除"方向"外,其他选项的设置都将成为"框架网格"的默认设置。

- 字数:在此文本框中输入数值,用于控制"行字数"计数。
- 行数:在此文本框中输入数值,用于控制 1 栏中的行数。
- 栏数:在此文本框中输入数值,用于控制 1 个页面中的栏数。
- 栏间距:在此文本框中输入数值,用于控制栏与栏之间的距离。
- 起点:选择此下拉列表中的选项,然后在相应的文本框中输入数值。网格将根据"网格属性"和"行和栏"区域中设置的值从选定的起点处开始排列。在"起点"另一侧保留的所有空间都将成为边距。因此,不可能在构成"网格基线"起点的点之外的文本框中输入值,但是可以通过更改"网格属性"和"行和栏"选项值来修改与起点对应的边距。当选择"完全居中"并添加行或字符时,将从中央根据所设置的字符数或行数来创建版面网格。

单击"边距和分栏"按钮,将弹出如图 2.11 所示的"新建边距和边栏"对话框,在此可以更深入地设置新文档的属性。单击"确定"按钮退出对话框,即可创建一个新的空白文件。

在"新建边距和分栏"对话框中各选项的含义解释如下。

- 边距：任何出版物的文字都不是也不可能充满整个页面，为了美观通常需要在页的上、下、内、外留下适当的空白，而文字则被放置于页面的中间即版心处。页面四周上、下、内、外留下的空白大小，即由该文本框中的数值来控制。在页面上 InDesign 用水平方向上的粉红色线和垂直方向

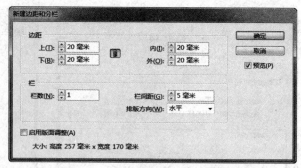

图2.11 "新建边距和分栏"对话框

上的蓝色线来确定页边距，这些线条将仅用于显示并不会被实际打印出来。

提示 默认状态下的边距大小是相连的，单击"将所有设置设为相同"按钮即可对页面四周上、下、内、外留下的空白大小进行不同的设置。

- 栏数：在此文本框中输入数值，以控制当前跨页页面中的栏数。
- 栏间距：对于分栏在两栏以上的页面，可在该文本框对页面的栏间距进行调整更改。

2.1.2 保存文件

为了防止各种意外的情况，用户应当养成经常保存文件的习惯，如果使用"存储"命令保存文件时，此文件仍是一个新文件并且还没有保存过，InDesign 将提示用户输入一个文件名，否则就以默认的名字保存。如果当前操作的出版物自最近一次保存以来还没有被改变过，该命令呈现灰色不可用状态。

以上一小节新建的文档为例，选择"文件"|"存储"命令，即弹出如图 2.12 所示的"存储为"对话框。

此对话框中各选项的含义说明如下。

图2.12 "存储为"对话框

- 保存在：可以选择文件的保存位置。
- 文件名：在文本框中输入要保存的文件名称。
- 文件类型：在下拉列表中选择文件的保存格式。
- 总是存储文档的预览图像：勾选此选项，可以为存储的文件创建缩览图。

另外，选择"文件"|"存储为"命令可以用另一名字、路径或格式来保存出版物文件。与"存储"命令不同，使用"存储为"命令保存出版物时，InDesign 将压缩出版物，使它占据最小的磁盘空间；因此，如果希望使出版物文件的大小更小一些，可以使用此命令对出版物执行另存操作。

提示 如果打开了若干个出版物，并且需要一次性对这些出版物做保存操作，可以同时按下 Ctrl+Alt+Shift+S 键。

2.1.3 关闭文档

对于已经完成的或已告一段落的文档，关闭该文档时可以执行以下操作之一：
- 选择"文件"｜"关闭"命令，如果对文档做了修改，就会弹出提示对话框，如图 2.13 所示。单击"是"按钮则会保存修改过的文档并将其关闭，单击"否"按钮则会不保存修改过的文档并将其关闭，单击"取消"按钮则会放弃关闭文档。
- 单击文档文件右上方的按钮⊠。
- 按 Ctrl+W 键，可快速关闭。

2.1.4 打开文档

对于打开文档，可以执行"文件"｜"打开"命令，在弹出的"打开文件"对话框中选择需要打开的文件，如图 2.14 所示。

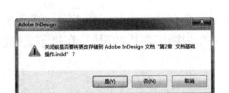

图2.13 提示框   图2.14 "打开文件"对话框

此对话框中各选项的含义说明如下。
- 查找范围：在此查找要打开的文档的路径。
- 正常：选择此选项，将打开原始文档或模板的副本。
- 原稿：选择此选项，将打开原始文档或模板。
- 副本：选择此选项，将打开文档或模板的副本。

另外，直接将文档拖至 InDesign 工作界面中也可以打开（在界面中没有任何打开的文档），当界面中有打开的文档，在拖进来时需要置于界面的顶部且当光标变成状态时，释放鼠标即可打开文档。

提示 按 Ctrl+O 键，可快速打开文档。

>>>2.1.5　自动恢复文档

在 InDesign CS6 中，使用自动恢复文档功能可以用来保护数据不会因为意外而受损，比如电源或系统故障。自动恢复的数据将位于临时文件中，而临时文件则独立于磁盘上的原始文档文件。

提示　只有出现在电源或系统故障而又没有成功保存的情况下，自动恢复数据才非常重要。尽管有这些功能，但仍应该时常存储文件并创建备份文件，以防止意外的电源或系统故障。

当意外发生时，可以按以下的步骤进行恢复处理。

① 重新启动 InDesign CS6，将弹出如图 2.15 所示的提示框。在该提示框中各按钮的含义解释如下。

- 是：单击此按钮，将恢复丢失的文档数据。
- 否：单击此按钮，将不自动恢复丢失的文档。
- 取消：单击此按钮，暂时取消全部文档的恢复，可以在以后进行恢复。

图2.15　提示框

② 单击"是"按钮，开始恢复丢失的数据。
③ 将恢复文档进行保存。

2.2　文档模板

>>>2.2.1　新建模板

新建模板的方法与新建普通的文档一样，唯一不同的是存储文档时有所不同。需要注意的是，如果新建的模板要提供给他人使用，则最好添加一个说明该模板的图层，在打印文档前，隐藏或者删除该图层即可。

>>>2.2.2　将文档存储为模板

将文档存储为模板，其步骤如下：

① 执行"文件"|"存储为"命令，在弹出的"存储为"对话框中指定存储的位置和文件名。
② 在"保存类型"下拉列表中选择"InDesign CS6 模板"，如图 2.16 所示。单击"保存"按钮即可。

>>>2.2.3　从模板创建新文档

从模板创建新文档，其步骤如下：

① 执行"文件"|"打开"命令。
② 找到并选择一个模板。在"打开文件"对话框的左下方将"打开方式"设为"正常"，然后单击"打开"按钮。

③ 使用"InDesign CS6 文档"类型来存储新文档。

图2.16　选择适当的保存类型

2.2.4　编辑现有模板

要对现有的模板进行编辑，其步骤如下：

① 执行"文件"｜"打开"命令。

② 找到并选择一个模板。

③ 在"打开文件"对话框的左下方将"打开方式"设为"原稿"模式，然后单击"打开"按钮。

2.3　纠正操作失误

使用 InDesign 编辑对象的一大好处就是很容易纠正操作中的错误，它提供了许多用于纠错的命令，其中包括"文件"｜"恢复"命令，"编辑"｜"还原"命令、"重做"命令等，下面将分别讲解这些命令的作用。

2.3.1　"恢复"命令

选择"文件"｜"恢复"命令，可以返回到最近一次保存文件时图像的状态，但如果刚刚对文件进行过保存，则是无法执行"恢复"操作的。

提示

如果当前文件没有保存到磁盘，则"恢复"命令也是不可用的。

2.3.2　"还原"与"重做"命令

选择"编辑"｜"还原"命令，可以向后回退一步；选择"编辑"｜"重做"命令，可以重做被执行了还原命令的操作。

两个命令交互显示在"编辑"菜单中，执行"还原"命令后，此处将显示为"重做"命令，反之，亦然。

> 提示　由于两个命令被集成在一个命令显示区域中，故掌握两个命令的快捷键 Ctrl+Z 对于快速操作非常有好处。

2.4 标尺

在 InDesign CS6 的"视图"菜单中，提供了大量的图像处理辅助工具，其中标尺功能有助于在水平和垂直方向上进行定位，不会对图像有任何的修改，有利于精确调整图像的位置。

2.4.1 显示与隐藏标尺

执行"视图"｜"显示标尺"命令或按 Ctrl+R 快捷键即可以显示出标尺。标尺会在文档窗口的顶部与左侧显示出来，如图 2.17 所示。对于标尺的隐藏可以在标尺显示的状态下操作 Ctrl+R 快捷键或执行"视图"｜"隐藏标尺"命令。

显示标尺　　　　　　　　　　　　隐藏标尺

图2.17　显示与隐藏标尺

2.4.2 快速改变单位

零点位于文档窗口左上角的标尺交叉处┼。在交叉处上右击，在其下拉菜单中可以对标尺的单位进行改变，如图 2.18 所示。

2.4.3 改变零点

在零点位置┼上按住左键不放，向页面中拖动，如图 2.19 所示，即可改变零点的位置，如图 2.20 所示。

 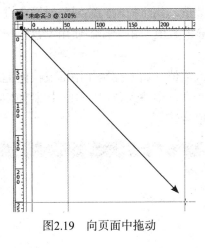 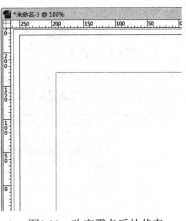

图2.18　零点下拉菜单　　　　图2.19　向页面中拖动　　　　图2.20　改变零点后的状态

2.4.4　复位零点

在文档窗口左上角的标尺交叉处双击，即可将标尺零点恢复到默认位置。

2.4.5　锁定/解锁零点

零点的锁定可以在文档窗口左上角的标尺交叉处右击鼠标，从弹出的下拉菜单中选择"锁定零点"命令，即可完成锁定零点的操作。

解锁零点的操作与锁定零点的操作一样，在标尺交叉处右击鼠标，从弹出的下拉菜单中单击"锁定零点"命令，将该命令左侧的勾选标记取消掉即可。

2.4.6　更改标尺单位和增量

执行"编辑"｜"首选项"｜"单位和增量"命令，将弹出"首选项"对话框中的"单位和增量"选项组窗口，如图 2.21 所示。

在该窗口中各选项的含义解释如下。

- 原点：此下拉列表中的选项用于设置原点与页面的关系。选择"跨页"选项，可以将标尺原点设置在各个跨页的左上角，水平标尺可以度量整个跨页；选择"页面"选项，可以将标尺原点设置在各个页面的左上角，水平标尺起始于跨页中各个页面的零点；选择"书脊"选项，可以将标尺原点设置在书脊中心，水平标尺测量书脊左侧时读数为负，测量书脊右侧时读数为正。

- 水平、垂直：在下拉列表中可以为水平和垂直标尺选择度量的单位。若选择"自定"选项，则可以输入标尺显示主刻度线时所使用的点数。

- 排版：选择此下拉列表中的选项，在排版时可以用于字体大小以外的其他度量单位。

- 文本大小：选择此下拉列表中的选项，用于控制在排版时字体大小的单位。

- 描边：选择此下拉列表中的选项，用于指定路径、框架边缘、段落线以及许多其他描边宽度的单位。

- 点 / 英寸：选择此下拉列表中的选项，用于指定每英寸所需的点大小。

- 光标键：在此文本框中输入数值，用于控制轻移对象时箭头键的增量。
- 大小 / 行距：在此文本框中输入数值，用于控制使用键盘快捷键来增加或减小点大小或行距时的增量。
- 基线偏移：在此文本框中输入数值，用于控制使用键盘快捷键来偏移基线的增量。
- 字偶间距 / 字符间距：在此文本框中输入数值，用于控制使用键盘快捷键来进行字偶间距调整和字符间距调整的增量。

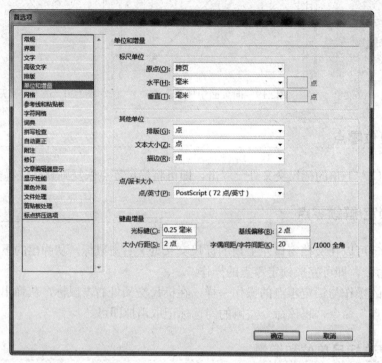

图2.21 "首选项"对话框中的"单位和增量"选项组窗口

2.5 参考线

在 InDesign CS6 中，提供了大量的图像处理辅助工具，其中参考线进行水平和垂直方向的对齐，不会对图像有任何的修改，有利于图像位置的精确对齐。

2.5.1 参考线的分类

在文档页面中，参考线可分为页边界参考线、栏参考线与标尺参考线，三种都是非打印式的参考线，如图 2.22 所示。

各种参考线的解释如下。

- 页边界参考线：在文档页面中，可以看到一个红色矩形的线框。执行"文件"｜"文档设置"命令，在打开的对话框中可以对该线框的大小进行设置，如图 2.23 所示。在页边界参考线以外的元素属于不可打印范围，所以该线框可以限制正文排版的范围，规范文档页面的布局。

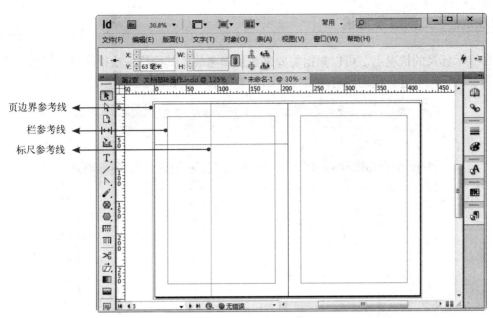

图2.22　参考线的分类

- 栏参考线：也称为版心线，在该参考线内的区域为正文摆放区，以此来确定页与页之间的对齐。执行"版面" | "边距与分栏"命令可对栏参考线进行设置，InDesign 会自动创建大小相等的分栏，如图 2.24 所示。默认下的文档页面是一个分栏，而栏参考线相当于放置在其中的文本分界线，用来控制文本的排列。

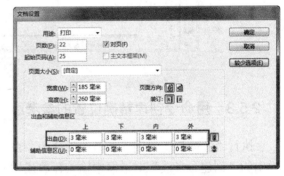

图2.23　"文档设置"对话框

- 标尺参考线：与栏参考线不同的是，标尺参考线不是用来控制文本的排列而只是用来对齐对象。标尺参考线可以从文档窗口的顶部与左侧拖拉出，用来对齐水平或垂直方向的对象。

提示　　执行菜单"版面" | "标尺参考线"命令，在弹出的对话框中可对标尺参考线的颜色进行更改，如图 2.25 所示。

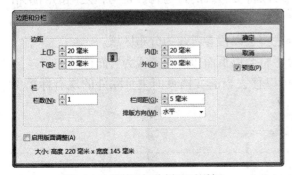

图2.24　"边距与分栏"对话框

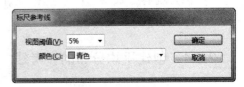

图2.25　标尺参考线

▶▶2.5.2 手工创建参考线

在显示标尺的情况下，可以根据需要来添加参考线。其操作方法很简单，只需要在左侧或者顶部的标尺上进行拖动即可向图像中添加参考线了，如图 2.26 所示。

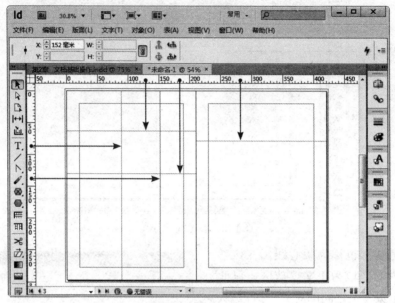

图2.26 创建参考线

▶▶2.5.3 用命令创建精确位置的参考线

执行"版面"｜"创建参考线"命令，在弹出的"创建参考线"对话框中输入行数或栏数后单击"确定"按钮来退出对话框，即可对参考线进行创建，如图 2.27 所示。

"创建参考线"对话框中各选项的含义解释如下。

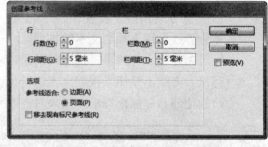

图2.27 "创建参考线"对话框

- 行 / 栏数：在此文本框中输入数值，可以精确创建平均分布的参考线。
- 行 / 栏间距：在此文本框中输入数值，可以将参考线的行与行、栏与栏之间的间距精确分开。
- 边距：选择此选项，参考线的分行与分栏将会以栏参考线为分布区域。
- 页面：选择此选项，参考线的分行与分栏将会以页面边界参考线为分布区域。
- 移去现有标尺参考线：选择此选项，可以移去当前文档页面主页除外的现有标尺参考线。

▶▶2.5.4 创建平均分布的参考线

创建平均分布的参考线，可以通过执行"版面"｜"创建参考线"命令，在弹出的"创建参考线"对话框中输入行数或栏数来创建平均分布的参考线。然后在"创建参考线"对话框中的"选项"区域可以通过选择"边距"或"页面"选项，使参考线平均地在栏参考线或页面边界参考线中分布，如图 2.28 所示。

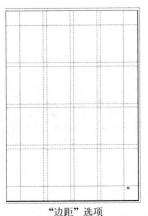 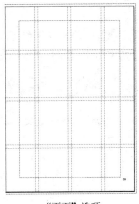

"边距"选项   "页面"选项

图2.28 选择不同选项时的分布状态

2.5.5 显示/隐藏参考线

要设置参考线的显示，在隐藏参考线的状态下执行"视图"｜"网格和参考线"｜"显示参考线"命令，即可显示参考线。反之就是隐藏参考线。

2.5.6 锁定/解锁参考线

锁定参考线的操作步骤如下：

① 单击工具箱中的"选择工具"🔖来选择任一参考线，此时辅助线将显示为蓝色。

② 执行"视图"｜"网格和参考线"｜"锁定参考线"命令，即可将当前文档的所有参考线锁定。

解锁参考线的操作步骤如下：

① 单击工具箱中的"选择工具"🔖来选择参考线，此时参考线将显示为蓝色。

② 执行"视图"｜"网格和参考线"｜"锁定参考线"命令，以将"锁定参考线"命令前面的勾选标记取消，即可将锁定的参考线解除。

提示

在参考线上右击，从弹出的快捷菜单中选择"锁定参考线"命令，同样可以锁定或解锁参考线。

2.5.7 选择参考线

在参考线解锁的情况下，单击工具箱中的"选择工具"🔖后，再单击参考线，参考线显示为蓝色状态表明已将参考线选中。

对于多条参考线的选择，可以按住 Shift 键，再分别单击各条参考线或以按住鼠标左键不放并拖拉出一个框，将与框有接触的参考线都会被选中。还可以按 Ctrl+Alt+G 快捷键，一次性地将当前页面的所有参考线都选中。

> 提示　　拖拉方框时，注意不能与文本框或文档中的编辑对象有接触，不然，选中的只有文本框或编辑对象。

2.5.8　移动参考线

单击"选择工具" ，选中参考线后，拖动鼠标可将参考线移动；若按住 Shift 键并拖动参考线，则可确保参考线移动时对齐标尺刻度，如图 2.29 所示。

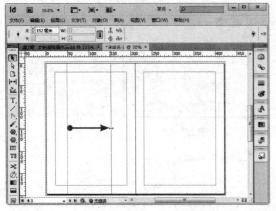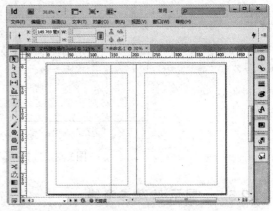

图2.29　参考线移动前后的效果

选择参考线，单击鼠标右键，从弹出的快捷菜单中选择"移动参考线"命令，将弹出"移动"对话框，如图 2.30 所示。在此对话框的文本框中输入数值，单击"确定"按钮即可将参考线移到所设置的位置。

> 提示　　单击对话框中的"复制"按钮，可在保持原参考线的基础上复制出一条移动后的参考线。

图2.30　"移动"对话框

2.5.9　删除参考线

如果要将参考线删除，可以执行以下操作之一。

- 使用"选择工具" 来选择需要删除的参考线，直接按 Delete 键可以快速删除辅助线。
- 执行"视图" | "网格和参考线" | "删除跨页上的所有参考线"命令，即可将跨页上的所有参考线删除。
- 使用"选择工具" 来选择参考线，单击鼠标右键，从弹出的快捷菜单中选择"删除跨页上的所有参考线"命令，即可删除跨页上的所有参考线。

2.5.10　调整参考线的叠放顺序

从文档页面可以看到，默认状态下的参考线是位于所有对象的最上面的，有助于对象与版面的精确对齐操作。但有时这种叠放顺序可能会妨碍到对象的编辑操作，特别是图像类的编辑。针对于这种情况，可以通过调整参考线的叠放顺序来解决。

- 执行"编辑" | "首选项" | "参考线和粘贴板"命令,在弹出的"首选项"对话框中勾选"参考线置后"选项,如图 2.31 所示。
- 使用"选择工具"  选中任一参考线后,单击鼠标右键,从弹出的快捷菜单中选择"参考线置后"命令,也可将参考线叠放在所有对象之下,如图 2.32 所示。

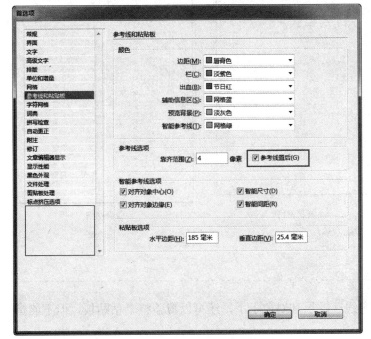

图2.31 "首选项"对话框   图2.32 选择"参考线置后"命令

- 如果要取消参考线叠放在最下层的状态,可以在"参考线和粘贴板"选项组窗口中的"参考线置后"小方框上单击,以取消对该选项的选择即可。
- 选中任一参考线后,单击鼠标右键,从弹出的快捷菜单中选择"参考线置后"命令,以将其前面的勾选标记取消,即可将参考线置于所有对象的最上面。

2.6 网格

网格的主要用途就是对齐参考线,以便在操作中对齐对象。在 InDesign CS6 中提供了 3 种网格,分别为基线网格,主要用于将多个段落根据其基线进行对齐,如图 2.33 所示。文档网格主要用于将对象与正文文本大小的单元格对齐。版面网格,主要用于对齐对象,如图 2.33 所示。

2.6.1 设置基线网格

基线网格可以覆盖整个文档,但不能指定给任何主页。文档的基线网格方向与"边距和分栏"对话框中的栏的方向一样。

执行"视图" | "网格和参考线" | "显示基线网格"命令,可以将基线网格显示出来;当基线网格处于显示状态时,执行"视图" | "网格和参考线" | "隐藏基线网格"命令,

可以将基线网格隐藏起来；执行"视图"｜"网格和参考线"｜"靠齐参考线"命令，可以将对象靠齐基线网格。

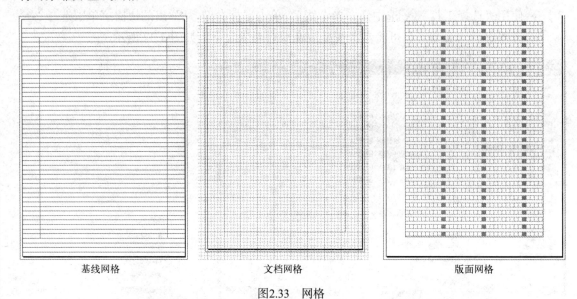

基线网格　　　　　文档网格　　　　　版面网格

图2.33　网格

2.6.2　设置文档网格

文档网格可以显示在所有参考线、图层和对象上下，还可以覆盖整个粘贴板，但不能指定给任何主页和图层。

执行"视图"｜"网格和参考线"｜"显示文档网格"命令，可以将文档网格显示出来；当文档网格处于显示状态时，执行"视图"｜"网格和参考线"｜"隐藏文档网格"命令，可以将文档网格隐藏起来；执行"视图"｜"网格和参考线"｜"靠齐参考线"命令，并确认选择了"靠齐文档网格"命令的同时，将对象拖向网格，直到对象的一个或多个边缘位于网格的靠齐范围内，即可将对象靠齐文档网格。

2.6.3　设置版面网格

版面网格显示在跨页内的指定区域内，可以指定给主页或者文档页面，但不可将其指定给图层。使用"版面网格"对话框可以用来设置字符网格（字符大小），还可以设置网格的排文方向（自左向右横排文本，或从右上角开始竖排文本）。

执行"视图"｜"网格和参考线"｜"显示版面网格"命令，可以将版面网格显示出来；当版面网格处于显示状态时，执行"视图"｜"网格和参考线"｜"隐藏版面网格"命令，可以将版面网格隐藏起来。

2.6.4　修改网格设置

如果使用默认的网格，不能满足排版的需要，此时可以通过设置"网格"选项组的选项来重新定义。执行"编辑"｜"首选项"｜"网格"命令，将弹出"首选项"对话框中的"网格"选项组窗口，如图 2.34 所示。

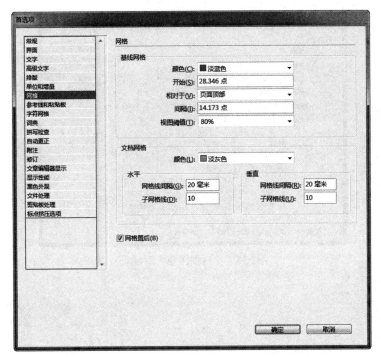

图2.34 "首选项"对话框中的"网格"选项组窗口

在该窗口中各选项的含义解释如下。

- 颜色（基线网格）：选择此下拉列表中的选项，用于指定基线网格的颜色。也可以通过选择"自定"选项，在弹出的"颜色"对话框中自行设置颜色。
- 开始：在此文本框中输入数值，用于控制基线网格相对页面顶部或上边缘的偏移量。
- 相对于：选择此下拉列表中的选项，用于指定基线网格是从页面顶部开始，还是从上边缘开始。
- 间隔：在此文本框中输入数值，用于控制基线网格之间的距离。
- 视图阈值：在此文本框中输入数值，或在下拉列表中选择一个数值，用于控制基线网格的缩放显示阈值。
- 颜色（文档网格）：选择此下拉列表中的选项，用于指定文档网格的颜色。也可以通过选择"自定"选项，在弹出的"颜色"对话框中自行设置颜色。
- 水平：在"网格线间隔"和"子网格线"文本框中输入一个值，以控制水平网格间距。
- 垂直：在"网格线间隔"和"子网格线"文本框中输入一个值，以控制垂直网格间距。
- 网格置后：选择此选项，可以将文档和基线网格置于其他所有对象之后；若取消对此选项的选择，则文档和基线网格将置于其他所有对象之前。

2.6.5 修改版面网格

如果要修改版面网格，可以执行"版面"｜"版面网格"命令，在弹出的"版面网格"对话框中更改设置，如图 2.35 所示。

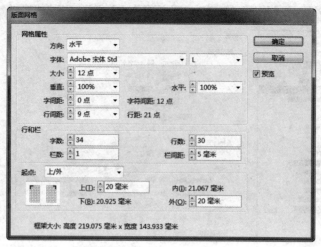

图2.35 "版面网格"对话框

第 **3** 章

页面操作

　　页面操作是编排中非常重要的组成部分，版式设计、版面规划，通常需用到"页面"面板、"图层"面板、"段落样式"面板等，通过页面操作还可以完成页面添加、删除、选择、移动等操作，下面来讲解页面操作的相关知识。

学习重点

◉ 页面的基本操作

◉ 修改页面属性

◉ 主页应用技巧

◉ 修改页面或主页缩览图的大小

3.1 页面的基本操作

3.1.1 了解"页面"面板

"页面"面板是在页面操作过程中不可缺少的部分，所有的页面操作都可以在此面板中实现。执行"窗口"｜"页面"命令或按 F12 键，将弹出"页面"面板，如图 3.1 所示。单击右上角的三角图标，即可将面板最小化，如图 3.2 所示。

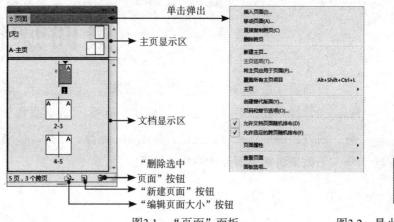

图3.1 "页面"面板 　　　　图3.2 最小化"页面"面板

"页面"面板中的参数解释如下：

- 主页显示区：在该区域中显示了当前所有主页及其名称，默认状态下有两个主页。
- 文档显示区：在该区域中显示了所有当前文档的页面。
- "新建页面"按钮：单击该按钮，可以在当前所选页之后新建一页文档；如果按住 Ctrl 键再单击该按钮，可以创建一个新的主页。
- "删除选中页面"按钮：单击该按钮，可以删除当前所选的主页或文档页面。

3.1.2 页面的浏览

对于页面的浏览，可以使用几种方法来实现。

1. 缩放显示工具

在工具箱中选择"缩放显示工具"，当光标为 状态时，在当前文档页面中单击鼠标左键，即可将文档的显示比例放大。保持"缩放显示工具"为选择状态，再按住 Alt 键，当光标显示为 状态时，在文档页面中单击鼠标左键，即可将文档的显示比例缩小。

用"缩放显示工具"在文档页面中拖拽出矩形框，可进行页面缩放，拖拽的矩形框越小，显示比例越大；拖曳的矩形框越大，显示比例越小。

2. 抓手工具

如果放大后的页面大于所看到的范围，可以使用"抓手工具"在页面中进行拖动，用以观察页面的各个位置。在其他工具为当前操作工具时，按住键盘上的空格键可以暂时将其他工具切换为"抓手工具" 🖐。

 提示 在"文字工具" ⊤ 被选定的状态下，需要按住 Alt 键才能将此工具暂时切换为"抓手工具" 🖐。

3. 缩放命令

执行"视图"｜"放大"命令或者按 Ctrl+"+"键，可将当前页面的显示比例放大；执行"视图"｜"缩小"命令或者按 Ctrl+"-"键，可将当前页面的显示比例缩小。

在执行"视图"｜"使页面适合窗口"或"使跨页适合窗口"命令，可将当前的页面或跨页按屏幕大小进行缩放显示；执行"视图"｜"实际尺寸"命令，可将当前的页面以 100% 的比例显示。

4. 缩放级别

利用应用程序栏 Br 150%▾ | ▤▾ ◰▾ ▦▾ 中的"缩放级别" 150%▾ 下拉列表，如图 3.3 所示，可对文档页面显示进行快速缩放。

5. 鼠标右键

在页面的空白处单击鼠标右键（在页面未编辑的状态下），将弹出快捷菜单，如图 3.4 所示。通过选择相应的放大或缩小命令，可快速缩放所需浏览的页面。

6. 屏幕模式

执行"视图"｜"屏幕模式"命令，在弹出的子菜单中可选择"正常"、"预览"、"出血"、"辅助信息区"与"演示文稿"模式，以改变文档页面的预览状态。

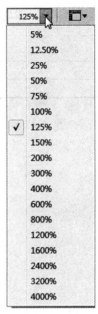

图3.3 "缩放级别"下拉列表

- "正常"模式：该模式对参考线、出血线、文档页面两边的空白粘贴板等所有可打印和不可打印元素，都可在屏幕上显示出来，如图 3.5 所示。
- "预览"模式：按照最终输出的样子来显示文档页面。该模式以参考边界线为主，在该参考线以内的所有可打印对象都会显示出来。
- "出血"模式：按照最终输出的样子来显示文档页面。该模式下的可打印元素在出血线以内的都会显示出来。
- "辅助信息区"模式：该模式与"预览模式"一样，完全按照最终输出的样子来显示文档页面，所有非打印线、网格等都被禁止，最大的不同在于文档辅助信息区内的所有可打印元素都会显示出来不再以裁切线为界。
- "演示文稿"模式：该模式将页面的应用程序菜单和所有面板都隐藏起来，如图 3.6 所示。在该文档页面上可以通过单击鼠标或按键进行上下翻页操作。

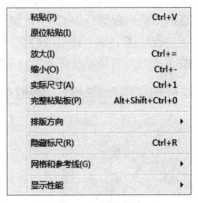

图 3.4 快捷菜单

 提示 在"演示文稿"模式中不能对文档进行编辑，只能通过鼠标与键盘进行页面的上下切换操作。

鼠标操作	键盘操作	功 能
单击	向右箭头键或 Page Down 键	下一跨页
按下 Shift 键的同时单击鼠标、按下向右箭头键的同时单击鼠标	向左箭头键 或 Page Up 键	上一跨页
	Esc	退出演示文稿模式
	Home	第一个跨页
	End	最后一个跨页
	B	将背景颜色更改为黑色
	W	将背景颜色更改为白色
	G	将背景颜色更改为灰色

图3.5 "正常"模式　　　　　　图3.6 "演示文稿"模式

》》》3.1.3　页面的选择

在"页面"面板中，若要选中某个特定的页面，可以单击该页面对应的图标（页面图标呈蓝色显示），如图 3.7 所示；若双击该页面图标，则此页面对应的内容将显示在眼前（此时，页码图标出现黑色矩形块），如图 3.8 所示。

若要选中某个特定的跨页，可以单击该跨页对应的页码图标，如图 3.9 所示；若想快速跳至该页面的显示状态，可以双击该页码图标，此时页码的显示状态如图 3.10 所示。

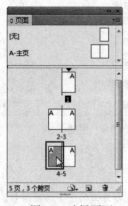 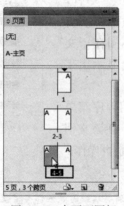 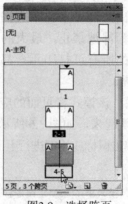 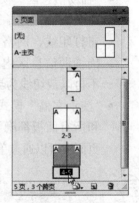

图3.7　选择页面　　　图3.8　双击页面图标　　　图3.9　选择跨页　　　图3.10　双击跨页

提示 若要选择连续的多个页面，在选择页面时可以按住 Shift 键；若要选择多个不连续的页面，则可以按住 Ctrl 键进行选择。

3.1.4 插入页面

在编排的过程中，当创建的页面不能满足需要时，可以通过"页面"面板或者相关的命令来插入新的页面。添加页面可以执行下列方法之一。

- 选择目标页面，单击"页面"面板底部的"新建页面"按钮 ⬛，即可在选择的页面之后添加一个新页面，如图 3.11 所示。

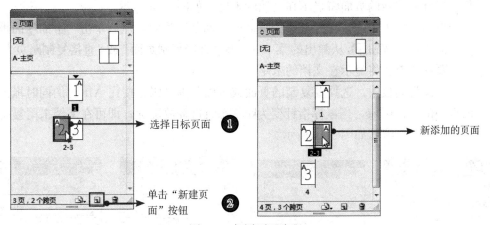

选择目标页面 ❶

单击"新建页面"按钮 ❷

新添加的页面

图3.11 新添页面流程

- 选择目标页面后，执行"版面"│"页面"│"添加页面"命令，或者按 Ctrl+Shift+P 键，也可以快速添加页面。

 提示 新页面将与现有的活动页面使用相同的主页。

- 如果要在文档末尾添加页面，可以执行"文件"│"文档设置"命令，在弹出的"文档设置"对话框的"页数"文本框中重新指定文档的总页数，如图 3.12 所示。单击"确定"按钮退出对话框。InDesign 会在最后一个页面或跨页后添加页面。
- 如果要添加页面并指定文档主页，可以执行"版面"│"页面"│"插入页面"命令，或者单击"页面"面板右上角的面板选项按钮 ▤，从弹出的菜单中选择"插入页面"命令，将弹出"插入页面"对话框，如图 3.13 所示。在对话框中选择要添加的页面的位置以及要应用的主页。

重新定义页面总数

图3.12 "文档设置"对话框

图3.13 "插入页面"对话框

该对话框中各选项的功能如下。

- 页数：指定要添加页面的页数。取值范围介于 1~9999 之间。
- 插入：指定插入页面的位置以及目标页面。
- 主页：单击右侧的三角按钮，从弹出的下拉列表中为新添加的页面来指定主页。

▶▶▶3.1.5 复制页面

在编排的过程中，关于复制页面的操作可以执行以下之一：

- 在"页面"面板中，将要复制的页面或页面范围号码拖至"新建页面"按钮 上，释放鼠标后，新的页面将显示在文档的末尾，如图 3.14 所示。
- 在"页面"面板中，选择要复制的页面或页面范围号码，然后单击"页面"面板右上角的面板选项按钮 ，从弹出的菜单中选择"直接复制页面"或"直接复制跨页"命令。新的页面或跨页将显示在文档的末尾。
- 在"页面"面板中，选择要复制的页面或页面范围号码，按住 Alt 键的同时拖至目标面板中的空白区域，当鼠标指针变为 状态时再释放鼠标，即可在文档末尾复制出新页面，其操作流程如图 3.15 所示。

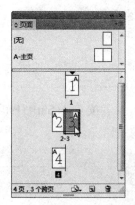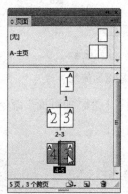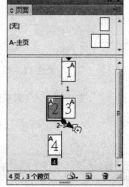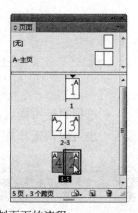

图3.14 拖动页面进行复制　　　　　　图3.15 复制页面的流程

提示　　　复制页面或跨页的同时，也会复制页面或跨页上的所有对象。从复制的跨页到其他跨页的文本串接将被打断，但复制的跨页内的所有文本串接将完好无损，就像原始跨页中的所有文本串接一样。

▶▶▶3.1.6 调整页面的顺序

在编排的过程中，难免会遇到将页面的顺序颠倒、重新调整内容的结构等。此时，就可以使用"页面"面板快速地对页面进行重新调整，以重新编排页码的顺序。具体过程可以通过以下两种方法来实现。

方法一：使用命令来移动页面，其操作过程如下。

① 选择"版面"｜"页面"｜"移动页面"命令，或者单击"页面"面板右上角的面板选项按钮 ，从弹出的菜单中选择"移动页面"命令，将弹出"移动页面"对话框，如图 3.16 所示。

此对话框中各选项的功能如下。

- 移动页面：在该文本框中输入要移动的页面。

提示

> 如果要移动的是单页，可以直接在文本框中输入该页面的面码；如果要移动的是连续的多页，需要在输入的页码间加上"-"，如"5-10页"；如果要移动的是不连续的多页，则需要在页码间加逗号"，"，如"5，7，9"。

- 目标：选择移动页面的目标位置，并根据需要指定页面。
- 移至：选择移动到哪个目标文档。
- 移动后删除页面：选择移动到其他打开的文档时，若勾选此复选框，则可以在移动页面后将移动的页面删除。

图3.16 "移动页面"对话框

② 在"移动页面"文本框中输入要移动的一个或者多个页面。

③ 在"目标"区域中，选择要将页面移动的目标位置并根据需要指定页面。单击"确定"按钮退出对话框。

方法二：使用拖动法来移动页面，其操作过程如下。

① 在"页面"面板中选择需要移动的页面图标（例如第 2 页），如图 3.17 所示。

② 将选取的页面拖至目标位置（例如第 4 页后），当在目标位置出现一条黑色线条时，如图 3.18 所示，释放鼠标即可将第 2 页移至第 4 页之后，如图 3.19 所示。

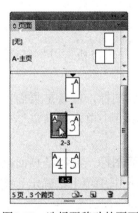 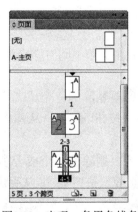 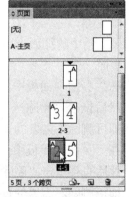

图3.17 选择要移动的页面　　图3.18 出现一条黑色线条　　图3.19 移动页面后的状态

在拖动页面时，竖条将指示当前释放该图标时页面将显示的位置。但需要注意的是，在移动页面时，需要选择"页面"面板选项菜单中的"允许文档页面随机排布"或"允许选定的跨页随机排布"命令，不然会出现拆分跨页或者合并跨页的现象。

3.1.7 以两个页面的跨页作为文档的开始

要以两个页面的跨页（不是一个单独的页面）作为文档的开始，即删除第一个页面，以左页的页面（跨页的左半部分）作为文档的开始。具体的操作如下。

① 新建或打开一个至少有 3 页且页面显示方式为"对页"的文档，如图 3.20 所示。

② 单击"页面"面板右上角的面板选项按钮，从弹出的菜单中选择"页码和章节选项"

命令，在弹出的对话框中设置"起始页码"为 2，如图 3.21 所示。

③ 单击"确定"按钮退出对话框，此时"页面"面板如图 3.22 所示。

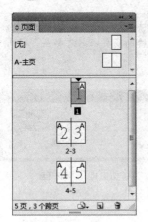 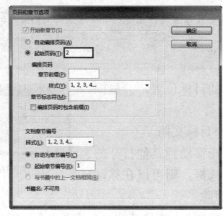 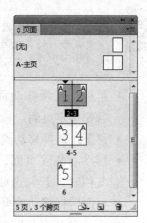

图3.20　文档开始为一个页面　　　图3.21　"页码和章节选项"对话框　　　图3.22　文档开始为二个页面

除了可以用"页面"面板来创建外，还可以用菜单命令来创建。具体的步骤如下。

① 执行"文件"｜"新建"｜"文档"命令（创建新文档时），或执行"文件"｜"文档设置"命令（编辑现有文档时）。

② 在弹出的"新建文档"或"文档设置"对话框中，在"起始页码"文本框中输入一个偶数（如 2），然后单击"确定"按钮即可。

3.1.8　页面的删除

如果文档中的页面未用完或者在文档中间有多余的空白页，可以执行以下操作来删除不需要的页面。

- 在"页面"面板中，选择需要删除的一个或者多个页面图标，或者是页面范围号码，然后拖至"删除选中页面"按钮　　上，从弹出的提示框中单击"确定"按钮退出，即可删除不需要的页面。
- 在"页面"面板中，选择需要删除的一个或者多个页面图标，或者是页面范围号码，然后直接单击"删除选中页面"按钮　　，从弹出的提示框中单击"确定"按钮退出，即可删除不需要的页面。
- 在"页面"面板中，选择需要删除的一个或者多个页面图标，或者是页面范围号码，然后单击"页面"面板右上角的面板选项按钮　　，从弹出的菜单中选择"删除页面"或"删除跨页"命令，从弹出的提示框中单击"确定"按钮退出，即可删除不需要的页面或跨页。

3.1.9　自适应版面

在 InDesign CS6 中，新增了"自适应版面"功能，使用此功能可以非常轻松地设计多个页面大小、方向或者设备的内容。应用自适应页面规则，可以确定创建替代版面和更改大小、方向或长宽比时，页面中的对象如何调整。

选择"版面"｜"自适应版面"命令，或选择"窗口"｜"交互"｜"自适应版面"命令，将弹出"自适应版面"面板，如图 3.23 所示。

"自适应页面规则"下拉列表中的几项解释
如下：

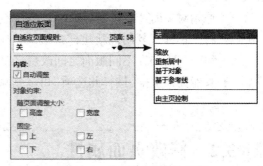

图3.23 "自适应版面"面板

- 缩放：选择此选项，在调整页面大小时，将页面中的所有元素都按比例缩放。结果类似于高清电视屏幕上的信箱模式或邮筒模式。
- 重新居中：选择此选项，无论宽度为何，页面中的所有内容都自动重新居中。与缩放不同的是，内容保持其原始大小。结果类似于视频制作中安全区的结果。
- 基于对象：选择此选项，可以指定每个对象（固定或相对）的大小和位置相对于页面边缘的自适应行为。
- 基于参考线：选择此选项，将以跨过页面的直线作为调整内容的参照。

3.1.10 替代版面

在 InDesign CS6 中，新增了"替代版面"功能，使用此功能可以对同一文档的印刷出版物或数字出版物需要使用不同的页面大小。比如可以用来创建不同大小的印刷广告，或为 Apple iPad 或 Android 平板电脑等设备设计横排、竖排布局。

图3.24 "创建替代版面"对话框

在应用"替代版面"功能时，需要创建替代版面，选择"版面"|"创建替代版面"命令，或单击"页面"面板右上角的面板选项按钮，从弹出的菜单中选择"创建替代版面"命令，将弹出"创建替代版面"对话框，如图 3.24 所示。

该对话框中各选项的功能如下。

- 名称：在该文本框中输入替代版面的名称。
- 从源页面：选择内容所在的源版面。
- 页面大小：为替代版面选择页面大小或输入自定大小。
- 宽度和高度：当选择适当的"页面大小"后，此文本框中将显示相应的数值；如果"页面大小"选择的是"自定"选项，此时可以输入自定义的数值。
- 页面方向：选择替代版面的方向。如果在纵向和横向之间切换，宽度和高度的数值将自动对换。
- 自适应页面规则：选择要应用于替代版面的自适应页面规则。选择"保留现有内容"可继承应用于源页面的自适应页面规则。
- 链接文章：选择此选项，可以置入对象，并将其链接到源版面中的原始对象。当更新原始对象时, 可以更轻松地管理链接对象的更新。

- 将文本样式复制到新建样式组: 选择此选项, 可以复制所有文本样式, 并将其置入新组。当需要在不同版面之间改变文本样式时, 该选项非常有用。
- 智能文本重排: 选择此选项, 可以删除文本中的任何强制换行符以及其他样式优先选项。

3.2 修改页面属性

在一个版面中, 页面的大小、是否对页、边距与分栏等页面属性的设置通常都是最普通的。如果新建文档时页面属性没设置好, 可以对其进行修改。

3.2.1 修改文档设置

执行"文件"|"文档设置"命令, 将弹出"文档设置"对话框, 如图 3.25 所示。

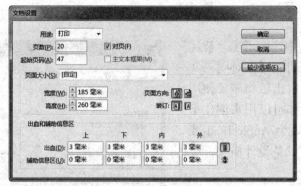

图3.25 "文档设置"对话框

更改该对话框中的参数, 即可对页面的属性进行重新设置。

3.2.2 修改边距及分栏

执行"版面"|"边距和分栏"命令, 将弹出"边距和分栏"对话框, 如图 3.26 所示。

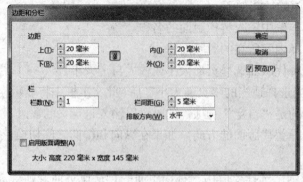

图3.26 "边距和分栏"对话框

更改该对话框中的参数, 即可对边距大小和栏目数进行重新设置。

3.3　主页应用技巧

主页就是具有一类页面共同元素的特殊页面，此页面上所布置的任何一个元素，包括文字、图像、参考线，都将出现在出版物中应用此主页的任何一个页面上。

通常情况下，用户只能在主页面上更改主页上的元素，在出版物中的任何页面上主页元素都不可被选中或更改，从而保证了主页元素与工作页面的相对独立性。

如果以后对出版物的版面不满意，可以在主页上对其做更改，这种改变将即时反映在各出版物的工作页面上。

3.3.1　从零开始创建新主页

在默认情况下，创建一个文档后，InDesign 会自动为其创建 1 个主页。要创建其他的主页，可以从零开始创建。下面来对这种方法进行介绍。

利用"页面"面板选项菜单中的命令可快速创建其他页面，操作步骤如下。

① 在"页面"面板中，单击其右上角的面板选项按钮，从弹出的菜单中选择"新建主页"命令，将弹出"新建主页"对话框，如图 3.27 所示。

该对话框中前 4 个选项的功能如下。

- 前缀：在该文本框中输入一个前缀，以便于识别"页面"面板中各个页面所应用的主页，最多可以键入四个字符。
- 名称：在该文本框中输入主页跨页的名称。
- 基于主页：在其右侧的下拉列表中，选择一个作为主页跨页为基础的现有的主页，或选择"无"。

图3.27　"新建主页"对话框

- 页数：在该文本框中输入新建主页跨页中要包含的页数，取值范围不能超过 10 个。

> 提示　在 InDesign CS6 中，"新建主页"对话框中新添加了"页面大小"、"宽度"、"高度"以及"页面方向"选项设置，其参数意义与"新建文档"对话框中的参数设置一样，在此不再一一叙述。

② 在"新建主页"对话框中设置好相关参数后，单击"确定"按钮退出对话框，即可创建新的主页，如图 3.28 所示。

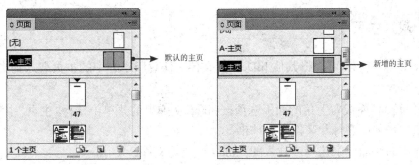

图3.28　创建其他主页前后的对比

》3.3.2 从现有页面或跨页保存为主页

将普通页面转换为主页，即利用现有的主页或文档页面进行创建，操作非常简单，操作方法如下。

① 在"页面"面板中选择要成为主页的页面或跨页，如图 3.29 所示。

② 将指定的跨页拖至"主页"区域，当光标变成 时再释放鼠标左键，即可创建新的主页，如图 3.30 所示。

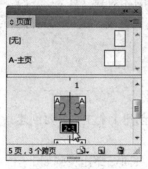

图3.29 指定跨页

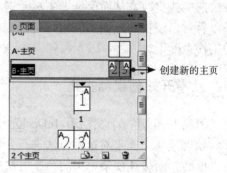

图3.30 创建新的主页

将普通页面转换为主页，还可以直接在"页面"面板中操作，首先指定跨页，然后单击"页面"面板右上角的面板选项按钮，从弹出的菜单中选择"主页"|"存储为主页"命令，如图 3.31 所示。即可完成将普通页面存储为主页的操作，如图 3.32 所示。

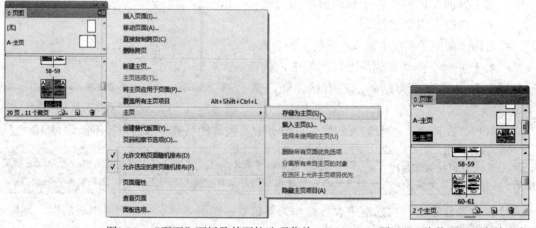

图3.31 "页面"面板及其下拉选项菜单　　　图3.32 将普通页面存储为主页

》3.3.3 载入主页

在 InDesign CS6 中，可以将其他 InDesign 文档（任意版本）中的主页载入到当前文档中。其操作方法如下。

① 单击"页面"面板右上角的面板选项按钮，从弹出的菜单中选择"主页"|"载入主页"命令，将弹出"打开文件"对话框。

② 在弹出的对话框中选择要载入的 *.indd 格式的文件。

③ 单击"打开"按钮，即可将所选择的文件的主页载入到当前页面中。

3.3.4 将主页应用于文档页面

主页的作用就是要应用到普通页面中去,其应用的范围有单页和跨页。具体应用的方法如下。

- 将主页应用于单个页面。在"页面"面板中选择要应用主页的页面,如图 3.33 所示,然后按住 Alt 键的同时再单击要应用的主页名称,即可将该主页应用于所选定的页面,如图 3.34 所示。

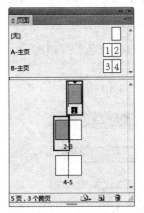
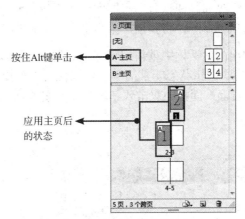

图3.33 选择要应用主页的页面　　图3.34 应用主页后的状态

- 将页面应用于跨页。在"页面"面板中选择要应用的主页,如图 3.35 所示。拖动该主页的图标到目标跨页的左下角或右下角位置(跨页四周显示黑色边框),如图 3.36 所示。释放鼠标即可将主页应用在该跨页中,如图 3.37 所示。

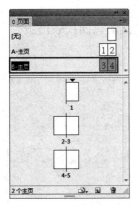
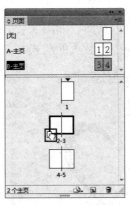
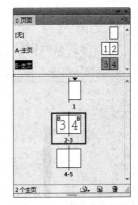

图3.35 选定主页　　　　图3.36 移至目标跨页　　　　图3.37 应用主页后的状态

- 将主页应用于多个页面。执行"版面"|"页面"|"将主页应用于页面"命令,或者单击"页面"面板右上角的面板选项按钮 ,从弹出的菜单中选择"将主页应用于页面"命令,将弹出"应用主页"对话框,如图 3.38 所示。在"应用主页"右侧的下拉列表中选择一个主页,在"于页面"文本框中输入要应用主页的页面,单击"确定"按钮退出对话框。

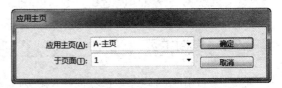

图3.38 "应用主页"对话框

3.3.5　编辑主页

在编排时，可以根据需要来编辑主页的前缀、名称等属性，其操作步骤如下。

① 在"页面"面板中选择要编辑的主页跨页的名称，例如"A- 主页"。

② 单击"页面"面板右上角的面板选项按钮，从弹出的菜单中选择"'A- 主页'的主页选项"命令，将弹出"主页选项"对话框，如图 3.39 所示。

③ 在弹出的对话框中重新编辑好主页的各个选项，单击"确定"按钮即可。

要进入主页编辑状态非常简单，可以执行下列操作之一：

• 在"页面"面板中双击要编辑的主页名称即可，如图 3.40 所示。

图3.39　"主页选项"对话框

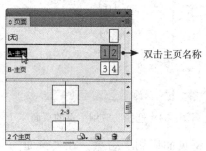

图3.40　"页面"面板

• 在文档底部的状态栏上单击页码切换下拉按钮，从弹出的菜单中选择需要编辑的主页名称，如图 3.41 所示。

默认情况下，主页中包括两个空白页面，如图 3.42 所示，左侧的页面代表出版物中偶数页的版式，右侧的页面则代表出版物中奇数页的版式。

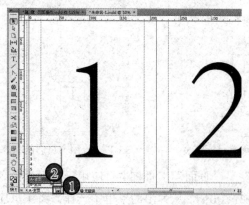

图3.41　选择主页

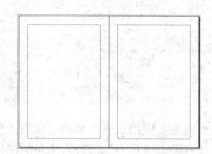

图3.42　默认状态下的主页状态

3.3.6　复制主页

复制主页分为两种，一是在同一文档内复制；二是将主页从一个文档复制到另外一个文档以作为新主页的基础。下面进行详细讲解。

1. 在同一文档内复制主页

在"页面"面板中，执行以下操作之一：

- 将主页跨页的名称拖至面板底部的"新建页面"按钮 上，如图 3.43 所示。
- 选择主页跨页的名称，例如"A- 主页"，然后单击"页面"面板右上角的面板选项按钮 ，从弹出的菜单中选择"直接复制主页跨页'A- 主页'"命令。
- 选择主页跨页的名称，例如"A- 主页"，在主页名称上单击右键，从弹出的菜单中选择"直接复制主页跨页'A- 主页'"命令。

 提示　　当复制主页时，被复制主页的页面前缀将变为字母表中的下一个字母。

2. 将主页复制或移动到另外一个文档

操作步骤如下：

① 打开即将添加主页的文档（目标文档），接着打开包含要复制的主页的文档（源文档）。

② 在源文档的"页面"面板中，执行以下操作之一：

- 选择并拖动主页跨页至目标文档中，以便对其进行复制。
- 首先选择要移动或复制的主页，接着选择"版面"｜"页面"｜"移动主页"命令，将弹出"移动主页"对话框，如图 3.44 所示。

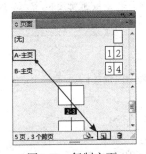

图3.43　复制主页

图3.44　"移动主页"对话框

该对话框中各选项的功能如下。

- 移动页面：选定的要移动或复制的主页。
- 移至：单击其右侧的三角按钮，从弹出的菜单中选择目标文档名称。
- 移动后删除页面：勾选此复选框，可以从源文档中删除一个或多个页面。

③ 设置完毕后，单击"确定"按钮。

 提示　　如果目标文档的主页已具有相同的前缀，则为移动后的主页分配字母表中的下一个可用字母。

3.3.7　重命名主页

在编排时，如果存在多个主页，为了防止混淆的问题出现，可以对主页进行重命名，使之更加清晰明了。其操作步骤如下。

① 在"页面"面板中双击要编辑的主页名称（如"A- 主页"），进入主页。单击"页面"面板右上角的面板选项按钮 ，从弹出的菜单中选择"'A- 主页'的主页选项"命令，将弹出"主页选项"对话框，如图 3.45 所示。

② 在"主页选项"对话框的"名称"文本框中输入所要更改的名称，单击"确定"按钮
退出该对话框，重命名后的状态如图 3.46 所示。

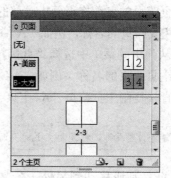

图3.45 "主页选项"对话框   图3.46 重命名主页

▶▶3.3.8 删除主页

在编排过程中，如果存在不需要的主页，可以通过多种方法将其删除，其操作步骤如下。

① 在"页面"面板中，选择一个或者多个主页图标。

提示
> 如要选择所有未使用的主页，可以单击"页面"面板右上角的面板选项按钮 ▾☰，从弹出的菜单中选择"主页"|"选择未使用的主页"命令。

② 执行以下操作之一，完成删除主页的操作。
- 将选择的主页图标拖至面板底部的"删除选中页面"按钮 🗑 上。
- 单击面板底部的"删除选中页面"按钮 🗑。
- 选择面板选项菜单中的"删除主页跨页'主页名称'"命令。

提示
> 删除主页后，"[无]"主页将应用于已删除的主页所应用的所有文档页面。

3.4 修改页面或主页缩览图的大小

通常情况下，"页面"面板中的每一个页面或主页都会显示一个小的页面或主页缩览图，由此小的页面或主页缩览图可以预览该页面或主页中的内容，可以根据需要来修改页面或主页缩览图的大小，以更加方便地选择页面或图层。

改变页面或主页缩览图显示状态的步骤如下。

① 按 F12 键来弹出"页面"面板。

② 单击"页面"面板右上角的面板选项按钮 ▾☰，从弹出的下拉菜单中选择"面板选项"命令。

③ 在弹出的如图 3.47 所示的"面板选项"对话框中，通过相应的选项，来选择页面或主页缩览图的显示大小。

④ 单击"确定"按钮退出对话框。

如图 3.48 所示为页面选择"超大"、主页选择"特大"时,"页面"面板的显示状态。如图 3.49 所示为页面和主页均选择"特小"时,"页面"面板的显示状态。

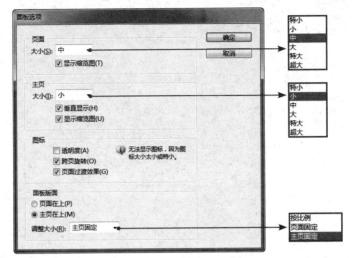

图3.47　"面板选项"对话框

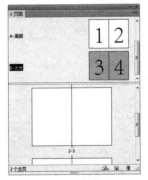

图3.48　"页面"面板状态1

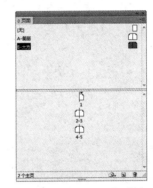

图3.49　"页面"面板状态2

第 4 章

颜色处理

- 颜色模式
- 色彩元素的运用
- 在工具箱底部设置颜色
- 用"吸管工具"拾取颜色
- 使用"颜色"面板设置颜色
- 使用"色板"面板设置颜色
- 将颜色应用于对象
- 使用渐变色
- 在 InDesign CS6 中设置色彩管理

4.1　颜色模式

在 InDesign 软件中，有着 4 种不同功能和用途的颜色模式：灰度模式、CMYK 模式（青、洋红、黄、黑）、RGB 模式（红、绿、蓝）以及 Lab 模式。每一种颜色模式都有它的优缺点及适用范围，最大的区别是对于图形的显示与打印效果。因此，为了让出版物能有个更好的效果，就有必要对颜色模式有个清楚的认识。

4.1.1　灰度模式

色彩可分为有彩色与无彩色两大类，灰色属于无彩色系，则灰度模式属于无彩色模式。灰度模式在图像中由 256 种不同强度的黑色显示，由此它只有 256 级不同的亮度级别，并且仅有一个 Black 通道。简单来说，白色到黑色之间的过渡，转换对象的灰阶（深浅）表示原始对象的明度就是灰度模式。

4.1.2　CMYK模式

CMYK 模式是一种减色模式，根据人的眼睛是用减色模式来识别颜色而应运而生的一种模式。主要应用于图像的打印与输出。该模式通过使用青色（C）、洋红色（M）、黄色（Y）和黑色（K）印刷色油墨的色域来表示所有颜色值，从中可以得到单独的多个分色文件。由于青色、洋红色、黄色三种颜色结合会产生浑浊的棕色而不是纯黑色，如图 4.1 所示，必须引入黑色油墨才能得到纯黑色，所以 CMYK 模式也称为四色印刷。

在"颜色"面板中，单击其右上角的面板选项按钮，从弹出的菜单中选择"CMYK"命令，如图 4.2 所示，即可将颜色模式切换到 CMYK 模式。

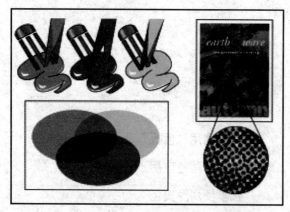

图4.1　CMYK模式

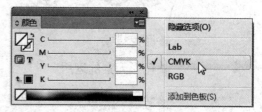

图4.2　选择"CMYK"命令

4.1.3　RGB模式

RGB 模式是由三原色即红色（R）、绿色（G）、蓝色（B）三个颜色通道而组成的一种颜色模式，如图 4.3 所示，因为 RGB 三种颜色合成后产生白色，故此颜色模式也被称为加色模式。

　　绝大部分可见光谱中的颜色，可以用红、绿和蓝（RGB）三色光按不同比例和强度来混合后而生成，当三种颜色两两混合可以分别产生青色、洋红色和黄色，RGB 模式每种颜色都有 256 种不同的亮度值，从理论上可以说是把每一个色谱分成 256 份，从 0~255 颜色由深到浅，也就是 RGB 模式所包含的颜色有 256×256×256，大约 160 万种颜色，虽然自然界中的颜色种类远远不止这个数目，但是这么多种颜色足以模拟自然界中的任何颜色了。彩色显示器所使用的颜色原理就是利用 RGB 模式发出不同强度的红、绿、蓝光束，汇聚在荧光屏上的荧光材料以产生不同颜色的亮点。

　　在"颜色"面板中，单击其右上角的面板选项按钮，从弹出的菜单中选择"RGB"命令，如图 4.4 所示，即可将颜色模式切换到 RGB 模式。拖动面板中的滑块、修改参数或在色谱上吸取颜色，都可以设置新的颜色。

图4.3　RGB模式

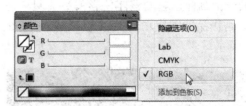

图4.4　选择"RGB"命令

》》4.1.4　Lab模式

　　Lab 模式由一个用于亮度（Luminosity），两个用于色彩范围（用 a 与 b 表示）的 3 个色彩通道所组成的颜色模式。在 InDesign CS6 的 Lab 模式中，亮度值的变化范围是 0~100，a 和 b 的色彩范围是 –128~127。由绿到红的渐变（a）、由蓝到黄的渐变（b）与亮度（L）的相结合，Lab 模式与 RGB 模式基本一样，只在亮度分量上有所不同，因此可以把 Lab 看作是带有亮度与两个通道的 RGB 模式。

　　Lab 模式是在不同颜色模式之间转换的桥梁，如果将 RGB 模式的图片转换成为 CMYK 模式时，在操作中先由 RGB 转换成为 Lab 模式是一个不可缺少的步骤。因为 RGB 在蓝色与绿色、绿色与红色之间的过渡都均匀，CMYK 模式在编辑图片过程中损失的色彩较多，而 Lab 模式在这些方面都可以对这两种模式的缺憾有所补偿，可以弥补它们的不足。但 Lab 颜色只是两者之间的转换时的中间颜色模式，将该模式转换为 CMYK 模式，才能将图像打印到其他彩色输出设备上。

　　在"颜色"面板中，单击其右上角的面板选项按钮，从弹出的菜单中选择"Lab"命令，如图 4.5 所示，即可将颜色模式切换到 Lab 模式。拖动面板中的滑块、修改参数或在色谱上吸取颜色，都可以设置新的颜色。

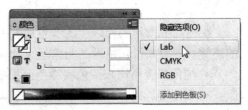

图4.5　选择"Lab"命令

4.2 色彩元素的运用

4.2.1 版面中的色彩运用法则

只有正确地选择颜色、运用颜色，才能完整准确地表达出图像的意境。颜色运用得好，可以使人赏心悦目，有舒服的感觉；反之则会使人产生厌恶的感觉。实际上，正确运用颜色不仅在使用 Photoshop 绘图时非常重要，在服装设计、家居设计、产品设计时同样重要，因此掌握正确运用颜色的方法很重要。

在设计时注意下列几点能够提高作品的视觉效果，完美地表达设计主题。

4.2.2 主调

主调是指画面色彩的整体色彩关系基调，是一幅作品总的色彩倾向，这类似于乐曲中的主旋律，是作品能够成功的关键之一。一幅好的图像，色调倾向一定是非常鲜明、纯正的，如图 4.6 所示。

图4.6 主色调明确的作品

如果作品中的颜色运用没有主次、没有主色调或颜色搭配得不够协调，作品就会显得零乱，从而体现不出图像的完整性与意境。因此，在设计制作作品时，应该首先考虑目标受众的审美取向，确定整体色调。例如，面向儿童的作品，应该是明快的、鲜艳的基调；而如果制作是环保类的招贴，可以考虑将蓬勃的、展示生命活力的绿色作为主色调。

4.2.3 平衡

配色的平衡指两种以上的颜色放在一起，其明暗、大小、位置给人在视觉上的平稳安定的感觉。一般来说，色彩的明暗轻重和面积大小是影响配色的基本要素，其原则是：

- 纯色和暖色比灰调色和冷色面积要小一些，容易达到平衡。
- 明度接近时，纯度高的色比灰色调的面积小，易于取得平衡。
- 明度高的色彩在上，明度低的色彩在下，容易保持平衡，如图 4.7 所示。

图4.7　平衡手法

4.2.4　节奏

在用色时注意按节奏使用某一种或几种颜色重复出现，以交替和渐变的形式形成律动感，能够产生韵感和动感。例如，以疏密、大小、强弱、反正等形式的巧妙配合，则可以使画面产生多层次的韵律感，在视觉上带给人一种有生气、有活力的、跳跃的效果，从而减少视觉疲劳，如图4.8 所示。

图4.8　注重色彩节奏的作品

4.2.5　强调

在有限的空间里加以强烈醒目的色彩，它可以凸现在画面之上自成一层，从而轻易形成画面视觉中心，引起读者的阅读兴趣，如图 4.9 所示。

图4.9　强调手法

分割使对比过弱的色彩鲜明突出、对比过强的色彩调和统一。分割主要使用黑、白、灰三个颜色，易于取得鲜明而和谐的效果。运用金、银色分割，运用得当可取得华丽、典雅的效果，如图 4.10 所示。

图4.10　分割手法

4.3　在工具箱底部设置颜色

在 InDesign 中选择颜色的工作可以在工具箱下方的颜色选择区中进行的，在此区域中可以分别选择填色与描边将颜色应用于对象。操作步骤如下：

① 按 Ctrl+D 键，在弹出的对话框中选择本书配套光盘中的文件"第 4 章 \4.3- 素材 .psd"，如图 4.11 所示。观看工具箱底部的"填色"与"描边"按钮，如图 4.12 所示。

图4.11　素材图像

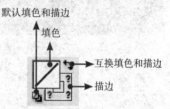

默认填色和描边
填色
互换填色和描边
描边

图4.12　工具箱底部的颜色设置

② 应用"选择工具" 来选中素材图像，双击"填色"按钮，将弹出"拾色器"对话框，然后在对话框中移动滑块或修改参数，如图 4.13 所示。

提示

在"拾色器"对话框中单击任何一点即可选择一种颜色；如果拖动颜色条上的三角形滑块，就可以选择不同颜色范围中的颜色。

③ 单击"确定"按钮，使设置好的颜色对素材图片的背景进行填充，得到的效果如图 4.14 所示。

④ 在"选择工具" 被选定的情况下，按"X"键，使"描边"按钮前置，双击该按钮，将弹出"拾色器"对话框，进行颜色设置，如图 4.15 所示，描边效果如图 4.16 所示。

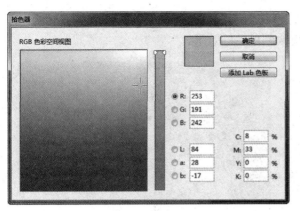

图4.13 设置填色

图4.14 填充颜色后的图像

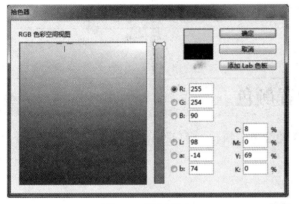

图4.15 设置描边

图4.16 添加描边后的图像

在"选择工具" 被选定的状态下，利用下面的快捷键，可以快速地对工具箱底部的填色与描边进行设置。

- "D"键：按下该键，可以使对象的"填色"与"描边"快速恢复到默认状态。即填充色为"无"，描边色为黑色。
- "X"键：按下该键，可以快速地将"填色"或"描边"按钮置前。当"填色"或"描边"色块置前时，在"色板"面板以及"颜色"面板中，可以选择或调整得到新的颜色。
- "Shift+X"键：按下该键，可以快速地互换"填色"与"描边"的颜色。此时在"颜色"或"色板"面板中设置的颜色，即指定给置前的"填色"或"描边"色块。

提示

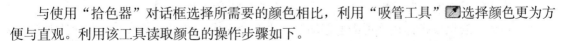

关于"颜色"与"色板"面板的讲解，请参见本章第 4.5 节和第 4.6 节。

4.4 用"吸管工具"拾取颜色

与使用"拾色器"对话框选择所需要的颜色相比，利用"吸管工具" 选择颜色更为方便与直观。利用该工具读取颜色的操作步骤如下。

① 使用"选择工具" 来选择需要更改颜色的对象，使用"吸管工具" 在所需要的颜色上单击。

② 光标变成 ↖ 状态，证明已读取颜色，选中对象的颜色将同步改变，如图 4.17 所示。
如图 4.18 所示为另外两个白色图形更改颜色后的效果。

图4.17　点击所需颜色

图4.18　吸取不同颜色后的效果

提示

用"吸管工具" 📝 读取颜色后，按住 Alt 键在光标变成 🖋 状态时则可以重新进行读取。

4.5　使用"颜色"面板设置颜色

利用"颜色"面板可以精确地调整所需要的颜色。执行"窗口"|"颜色"|"颜色"命令，
将调出"颜色"面板，如图 4.19 所示。

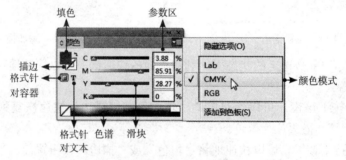

图4.19　"颜色"面板

在"颜色"面板中各选项的含义解释如下。

- 填色：单击此按钮，可以为对象进行颜色填充。
- 描边：单击此按钮，可以为对象的边框色进行填充。
- 参数区：在此文本框中输入参数可对颜色进行设置。
- 隐藏 / 显示选项：选择该命令，可对面板进行隐藏或显示，如图 4.20 所示。
- 颜色模式：在面板选项菜单中，可对颜色模式进行切换，如图 4.21 所示。
- 添加到色板：选择该命令，可快速将设置好的颜色添加到"色板"面板中。
- 格式针对容器：选择此按钮时，颜色的设置只针对容器。
- 格式针对文本：选择此按钮时，颜色的设置只针对文本。
- 色谱：当鼠标指针在该色谱上移动时，光标会变成 🖋 状态，表示可以在此读取颜色，
  在该状态下点击鼠标左键即可读取颜色。
- 滑块：移动该滑块，可对颜色进行设置。

 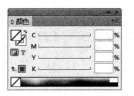

选择"隐藏选项"时的面板　　　　选择"显示选项"时的面板

图4.20　隐藏/显示面板状态

 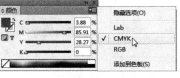 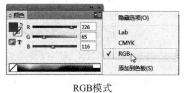

Lab模式　　　　　　　　CMYK模式　　　　　　　　RGB模式

图4.21　颜色模式菜单

使用"颜色"面板可以快速、方便地为对象进行颜色填充与描边操作，步骤如下。

① 按 Ctrl+D 键，在弹出的对话框中选择随书所附光盘中的文件"第 4 章 \4.5- 素材 .jpg"，如图 4.22 所示。

② 打开随书所附光盘中的文件"第 4 章 \4- 素材文件 .indd"，并选中素材图形"16 边形"，复制"16 边形"粘贴在图片上，如图 4.23 所示。

图4.22　素材图片　　　　　　　　图4.23　粘贴"多边形"

 提示

对于多边形的创建，可以选择"多边形工具" 后，在文档页面中双击鼠标，可弹出"多边形"对话框，如图 4.24 所示。在该对话框中通过设置边数与内陷参数，即可得到所需要的多边形。

③ 选择多边形，在"颜色"面板中设置颜色模式为"CMYK"，并将"填色"按钮置前，然后设置"CMYK"的数值，如图 4.25 所示。按下"X"键，快速将"描边"按钮置前，然后设置"CMYK"的数值，如图 4.26 所示。

 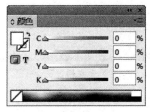

图4.24　"多边形"对话框　　　　图4.25　设置填色

④ 在多边形被选中的状态下，在工具选项栏（"控制"面板）中设置描边的宽度及类型 ，得到的效果如图 4.27 所示。

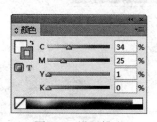

图4.26 设置描边

图4.27 为图形颜色设置

⑤ 选择"16 边形"，按住 Alt 键并拖动以进行复制操作 2 次，直至得到类似如图 4.28 所示的效果。

 提示　在选中对象的情况下，按住 Shift+Alt 键再拖动对象，可使对象副本成水平角度、垂直角度或 45 度进行复制。

⑥ 按照第 3 步的操作方法，对复制的"16 边形"设置不同的颜色，效果如图 4.29 所示。

图4.28 复制多个图形

图4.29 为多边形设置颜色

⑦ 在"素材文件 .indd"中选择素材文字"花之魂"，叠放在多边形上，如图 4.30 所示。

⑧ 使用"选择工具" 来选中素材文字，在"颜色"面板中双击"填色"按钮，在弹出的"拾合色"对话框中对文字颜色进行编辑，颜色值为（C = 0、M = 51、Y = 31、K = 0），效果如图 4.31 所示。

图4.30 添加文字素材

图4.31 最终效果

4.6 使用"色板"面板设置颜色

在"色板"面板中，可以创建和命名颜色、渐变或色调。它主要的作用是用来存放颜色，而且对色板的修改可以应用到该色板的所有对象，不用单独调整每个对象，使图形的填充和描边更加方便。在菜单栏中选择"窗口"|"颜色"|"色板"命令，即可调出"色板"面板，如图 4.32 所示。

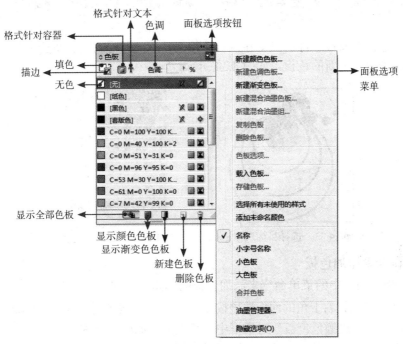

图4.32 "色板"面板及其面板选项菜单

- "格式针对容器"按钮 ：当所要编辑的对象为图形或图像时，该按钮会突出显示。
- "格式针对文本"按钮：当所要编辑的对象为文本时，该按钮会突出显示。
- 色调：在此文本框中输入数值，或单击其右边的三角按钮，在弹出的滑块中进行拖移，可以对色调进行改变。
- 面板选项按钮：单击此按钮，可调出面板选项菜单。
- 填色：选择此按钮，可以为对象进行填色，填充内部色。
- 描边：选择此按钮，可以为对象进行描边，填充边框色。
- 无色：选择此按钮，可以将对象所填充的颜色都清除。
- 面板选项菜单：在该菜单中，列出了更多对色板作调整的命令。
- "显示全部色板"按钮：单击此按钮，将显示全部的色板。
- "显示颜色色板"按钮：单击此按钮，仅显示颜色色板。
- "显示渐变色色板"按钮：单击此按钮，仅显示渐变色色板。
- "新建色板"按钮：单击此按钮，可以新建色板，新建的色板为所选色板的副本。
- "删除色板"按钮：单击此按钮，可以将选中的色板删除。

4.6.1 新建色板

对于色板的应用,新建色板是最基本的操作之一。可以将"颜色"面板中的色板拖至"色板"面板中从而得到新的色板,也可以利用"色板"面板中的"新建色板"按钮 来创建色板。

1. 使用按钮来添加色板

使用"色板"面板中的按钮来添加色板的具体方法如下。

① 在页面中选择目标对象,如图 4.33 所示。

> **提示** 在选择目标对象前,需要确认"色板"面板顶部的"填色"按钮在"描边"按钮之上。

② 单击"色板"面板底部的"新建色板"按钮 ,即可以当前所选择的对象的颜色为基础,创建一个新的色板,如图 4.34 所示。

图4.33　选择目标对象

图4.34　创建的新色板

2. 使用命令来添加色板

使用"色板"面板中的菜单命令来添加色板的具体方法如下。

① 单击"色板"面板右上角的面板选项按钮 ,从弹出的菜单中选择"新建颜色色板"命令。

② 在弹出的"新建颜色色板"对话框中进行设置,如图 4.35 所示。

③ 单击"确定"按钮退出对话框,即可得到新的色板。

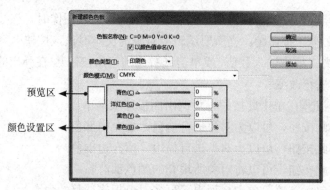

图4.35　"新建颜色色板"对话框

"新建颜色色板"对话框中各选项的含义解释如下。

- 色板名称:如果在"颜色类型"下拉列表中选择了"印刷色",且勾选了"以颜色值命名"复选框时,色板名称会自动命名为参数值;在未勾选"以颜色值命名"复选框时,用户则可以自己创建色板名称;如果在"颜色类型"下拉列表中选择了"专色",则可以直接在"色板名称"文本框中输入当前颜色的名称。

- 颜色类型：选择此下拉列表中的选项，用于指定颜色的类型为印刷色或专色。
- 颜色模式：在此下拉列表中，可选择 CMYK、Lab、RGB 等颜色模式。
- 预览区：在颜色设置区所编辑的颜色可在该区域显示。
- 颜色设置区：在该区域移动小三角滑块或在文本框中输入参数，均可以对颜色进行更改与编辑。
- 添加：单击此按钮，可以将新建好的色板直接添加到"色板"面板中，从而可以继续进行新建色板。

3. 使用拖动法来添加色板

下面讲解如何结合"颜色"和"色板"面板来创建色板，其具体操作如下。

① 执行"窗口"｜"颜色"｜"颜色"命令，来调出"颜色"面板，选择"填色"按钮，使其置于"描边"按钮上方，然后设置需要的颜色。

② 将上一步设置好的颜色，拖拽到"色板"面板中，可以看到"色板"面板中出现一条黑线且光标变成田字形标记，如图 4.36 所示。

③ 释放鼠标，即可将颜色添加到"色板"面板中，如图 4.37 所示。

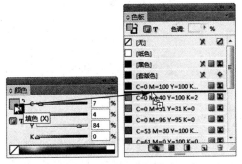

图4.36　拖动中的状态

图4.37　新建色板完成

除了使用以上的方法来添加色板外，还有一种方法也可以快速地添加色板。即选择"色板"面板中的任意色板，单击"色板"面板底部的"新建色板"按钮 ，复制出色板副本，双击色板副本进入"色板选项"对话框进行设置。单击"确定"按钮退出对话框，即可得到新的色板。

4.6.2　复制色板

在"色板"面板中拖拽任一颜色色板至"新建色板"按钮 上，可以快速地复制出该色板的副本，操作步骤如下：

① 在"色板"面板中选择需要复制的色板，按住左键并拖动鼠标，此时光标状态为 。按住鼠标不放移至"新建色板"按钮 上，手形光标会在右下角显示一个小田字标记 ，如图 4.38 所示。

② 释放鼠标，即可得到该色板的副本，如图 4.39 所示。

还可以通过执行以下方法之一来快速地复制色板。

- 选择需要复制的色板，单击鼠标右键，从弹出的菜单中选择"复制色板"命令即可。
- 选择需要复制的色板，单击"色板"面板右上角的面板选项按钮 ，从弹出的菜单中选择"复制色板"命令，完成复制色板的操作。

图4.38　选择需要复制的色板　　图4.39　完成复制色板的操作

>>4.6.3　编辑色板

如果要修改色板的属性，可以双击该色板，进入"色板选项"对话框，然后在对话框中通过移动滑块或修改参数等来编辑色板，如图 4.40 所示。

提示

> 在"色板"面板中，色板右侧如果有 ▨ 图标，表示此色板不可被编辑。

"色板选项"对话框中的选项与"新建颜色色板"对话框中的选项用法一样，在此就不再一一赘述。

>>4.6.4　删除色板

对于色板的删除，有以下的简单方法。

- 选中一个或多个不需要的色板，拖移到"删除色板"按钮 🗑 上即可删除选中的色板。
- 选中一个或多个不需要的色板，单击鼠标右键，从弹出的快捷菜单中选择"删除色板"命令将其删除。
- 选择要删除的色板，单击"色板"面板右上角的面板选项按钮 ▤，从弹出的菜单中选择"删除色板"命令即可其选中的色板删除。

当删除的色板仍在文档中使用时，会弹出"删除色板"对话框，如图 4.41 所示。在该对话框中可以设置需要替换的颜色，以达到删除该色板的目的。

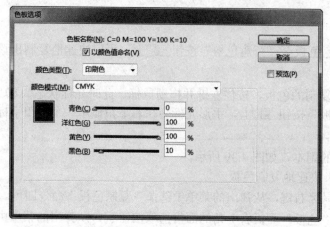

图4.40　"色板选项"对话框

图4.41　"删除色板"对话框

单击"色板"面板右上角的面板选项按钮，从弹出的菜单中选择"选择所有未使用的样式"命令，然后单击面板底部的"删除色板"按钮，即可将多余的颜色删除。

4.6.5 色板的载入

复制色板只可以应用于当前文档中。如果要将色板快速应用于另一个文档中，则可以通过载入色板的方式来实现。具体的操作方法如下。

① 单击"色板"面板右上角的面板选项按钮，从弹出的菜单中选择"载入色板"命令，如图 4.42 所示。

② 在弹出的"打开文件"窗口中选择目标文件，单击"打开"按钮，即可将该目标文件的色板载入到当前文档中（打开"色板"面板即可看到）。

4.6.6 色板的存储

在对色板进行新建、复制、载入等操作后，就可以对色板进行存储，以确保对色板的更改。下面讲解如何对色板进行存储。

① 在"色板"面板中，选择要存储的色板。

图4.42 选择"载入色板"命令

 提示 按住 Ctrl 键单击，可以选择多个不连续的色板；按 Shift 键单击，可以选择多个连续的色板。

② 单击"色板"面板右上角的面板选项按钮，从弹出的菜单中选择"存储色板"命令，在弹出的对话框中指定名称及位置，单击"保存"按钮退出对话框。

 提示 存储的色板交换文件的扩展名为 .ase。在使用时，可直接载入该 .ase 文件。

4.6.7 色板的显示方式

为了适应用户的各种视觉效果，在"色板"面板的选项菜单中可以选择"名称"、"小字号名称"、"小色板"、"大色板"四种方式来显示，如图 4.43 所示。

   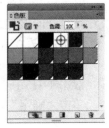

名称　　　　　小字号名称　　　　　小色板　　　　　大色板

图4.43 色板不同的显示方式

4.7 将颜色应用于对象

通过"色板"面板与"颜色"面板的相结合，使颜色应用于对象更为方便快捷。

① 按 Ctrl+D 键，在弹出的对话框中选择随书所附光盘中的文件"第 4 章 \4.7- 素材 .jpg"，如图 4.44 所示。

② 打开随书所附光盘中的文件"第 4 章 \4- 素材文件 .indd"，复制"星形"图案，粘贴在素材图片上，如图 4.45 所示。

图4.44　素材图像

图4.45　添加星形图形

③ 单击"选择工具" ，选择星形图形。执行"窗口"｜"颜色"｜"颜色"命令，在弹出的面板中移动滑块对颜色进行编辑，如图 4.46 所示，得到的效果如图 4.47 所示。

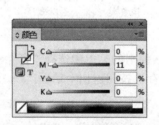

图4.46　"颜色"面板

图4.47　改变颜色后的效果

④ 选择星形图形，进行复制、粘贴并对图形进行缩放。然后将星形图形随意摆放，效果如图 4.48 所示。

> **提示**　　选择对象后，按住 Shift+Ctrl 键的同时对控制句柄进行拖动，可以对图像进行等比例缩放，这样操作的目的是使画面更有层次感，星星更璀璨。

⑤ 在打开的素材文件中选择"星月童话"文字素材，然后复制、粘贴到上一步操作的图片中，执行"窗口"｜"颜色"｜"色板"命令，调出"色板"面板。在该面板中选择紫色，将文字填充为紫色，如图 4.49 所示。

⑥ 双击工具箱底部的"描边"按钮，在弹出的对话框中设置颜色值，如图 4.50 所示。单击"确定"按钮退出对话框，得到的最终效果如图 4.51 所示。

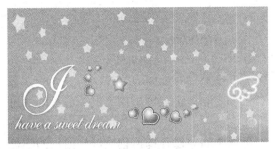

图4.48 制作多个星星图形

图4.49 文字颜色

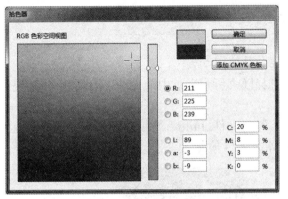

图4.50 "拾色器"对话框

图4.51 最终效果

4.8 使用渐变色

创建渐变填充的方法有很多种,可以使用工具箱中的"渐变色板工具" █ 与"渐变羽化工具" █ ,或执行"窗口" | "颜色" | "渐变"命令,在弹出的"渐变"面板中来创建或应用渐变填充,还可以使用"颜色"面板和"色板"面板来创建渐变。

4.8.1 了解"渐变"面板

渐变是 2 个或多个颜色之间的逐步混合,在 InDesign 中提供了两种渐变效果,即线性渐变和径向渐变。执行"窗口" | "颜色" | "渐变"命令,或双击工具箱中的"渐变色板工具" █ ,将弹出"渐变"面板,如图 4.52 所示。

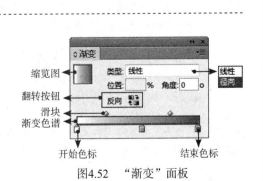

图4.52 "渐变"面板

"渐变"面板中各选项的含义解释如下:

- 缩览图:在此可以查看当前渐变的状态,它将随着渐变及渐变类型的变化而变化。
- 反向:单击此按钮,可以将渐变进行反复的水平翻转。
- 类型:在此下拉列表中可以选择线性和径向两种渐变类型。
- 位置:当选中一个滑块时,该文本框将被激活,拖拽滑块或在文本框中输入数值,即可调整当前色标的位置。

- 角度：在此文本框中输入数值，可以设置渐变的绘制角度。
- 渐变色谱：此处可以显示出当前渐变的过渡效果。
- 滑块：表示起始颜色所占渐变面积的百分比，可调整当前色标的位置。
- 开始色标：位于渐变色谱的颜色最左侧。在色标之间单击，即可创建以当前点的颜色为准的色标。
- 结束色标：位于渐变色谱的颜色最右侧。在色标之间单击，即可创建以当前点的颜色为准的色标。

4.8.2 在"渐变"面板中创建渐变

本节将以制作宣传册为例，讲解渐变的创建及其使用方法：

① 按 Ctrl+D 组合键，在弹出的对话框中选择随书所附光盘中的文件"第 4 章 \4.8.2- 素材 .jpg"，如图 4.53 所示。

② 打开随书所附光盘中的文件"第 4 章 \4- 素材文件 .indd"，将"矩形渐变"素材覆盖在素材图像上，使其位于文字的上方，如图 4.54 所示。

图4.53　素材图像

图4.54　摆放素材

提示
　　该"矩形渐变"素材是已被多个矩形块复合在一起。在该情况下应用渐变，是为了保证渐变会应用于图形整体；否则，渐变将会分别应用于各个矩形块。

③ 单击"选择工具" ▶ 来选择"矩形渐变"素材；执行"窗口"｜"颜色"｜"渐变"命令，以显示"渐变"面板；使用鼠标单击面板底部的渐变色谱，从而激活渐变编辑状态，如图 4.55 所示。

提示
　　本步打开的"渐变"面板可能与读者所打开的面板状态不一致，在此不必刻意一样，因为在下面的操作中会将这些色标进行更换。

④ 使用鼠标单击"开始色标"，执行"窗口"｜"颜色"｜"颜色"命令，将弹出"颜色"面板，在此面板中设置颜色值为（C = 69、M = 15、Y = 0、K = 0），如图 4.56 所示。

⑤ 当更改颜色后，此时的"渐变"面板及对应的效果如图 4.57 和图 4.58 所示。

⑥ 按照第 4 步的方法，将"结束色标"的颜色值修改为（C = 75、M = 5、Y = 100、K = 0），此时的"渐变"面板及对应的效果如图 4.59 和图 4.60 所示。

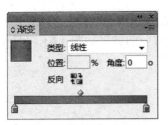

图4.55 "渐变"面板

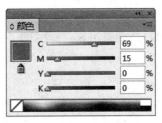

图4.56 设置颜色

图4.57 更改开始颜色后

图4.58 应用渐变色后的效果

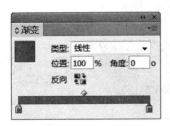

图4.59 更改结束颜色后

图4.60 应用渐变色后的效果

⑦ 使用鼠标在"开始色标"和"结束色标"之间单击,以添加一个色标,此时的"渐变"面板如图 4.61 所示。

 提示

要在渐变中添加色标,也可以直接从"色板"面板中拖动颜色至渐变色谱中。如图 4.62 所示。

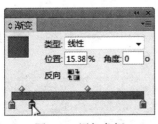

图4.61 添加色标

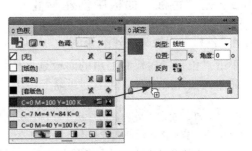

图4.62 另一种添加色标的方法

⑧ 切换至"颜色"面板，设置上一步添加的色标的颜色值为（C＝1、M＝99、Y＝1、K＝0），并调整位置，此时的"渐变"面板及对应的效果如图4.63和图4.64所示。

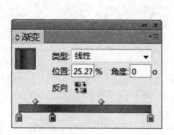

图4.63　"渐变"面板

图4.64　应用渐变色后的效果

⑨ 按照上述的方法，在"渐变"面板中继续添加其他3个色标，直至得到如图4.65所示的效果。

提示　左数第3个色标的颜色值为（C＝4、M＝0、Y＝93、K＝0）；左数第4个色标的颜色值为（C＝11、M＝99、Y＝96、K＝2）；左数第5个色标的颜色值为（C＝100、M＝80、Y＝10、K＝1）。

⑩ 由于在之前的操作中已经选中了"4- 素材文件 .indd"上的矩形，故在调整渐变的过程中，令自动为其应用该渐变，其效果如图4.66所示。

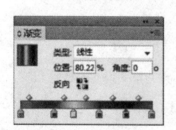

图4.65　继续添加色标

图4.66　最终效果

▶▶4.8.3　在"色板"面板中创建渐变

利用"色板"面板来创建渐变色板，可以快速地将渐变应用于对象中。操作步骤如下。

① 单击"色板"面板右上角的面板选项按钮，从弹出的菜单中选择"新建渐变色板"命令，在弹出的对话框中创建渐变色板，如图4.67所示。

提示　打开"新建渐变色板"对话框时，单击色标即可将渐变颜色设置选项激活，由此对渐变色进行设置。其中色标的颜色值从左至右分别为（C＝0、M＝0、Y＝0、K＝0）、（C＝17、M＝31、Y＝0、K＝9）与（C＝70、M＝17、Y＝0、K＝8）。

② 按 Ctrl+D 组合键，在弹出的对话框中选择随书所附光盘中的文件 "第 4 章 \4.8.3- 素材 .psd"，使用 "选择工具" 来选中素材图片，按 Ctrl+Shift 组合键并向内拖动右上角的控制句柄，以缩小图像并调整图像的位置，在 "色板" 上选择新建的渐变色板，将渐变色板填充到素材图片上。如图 4.68 所示。

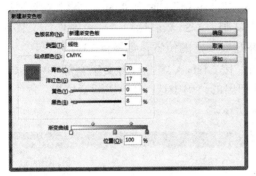

图4.67 "新建渐变色板" 对话框

图4.68 填充渐变色

③ 执行 "窗口" ｜ "效果" 命令，设置弹出的 "效果" 面板，如图 4.69 所示。使整体效果具有朦胧感，如图 4.70 所示。

图4.69 "效果" 面板

图4.70 设置不透明度后的效果

在 "新建渐变色板" 对话框的 "类型" 下拉列表中有 "线性" 和 "径向" 两个选项，如图 4.71 所示，其含义解释如下。

- 线性：选择此选项，渐变的颜色将根据线性的方式排列，可以精确地指定渐变色的始点与终点。
- 径向：选择此选项，渐变的颜色将根据圆形径向的方式向外发散，逐渐过渡到终止颜色。如图 4.72 所示为填充径向渐变色后的效果。

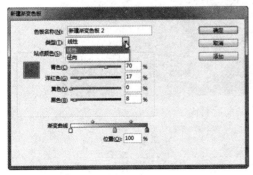

图4.71 "类型" 下拉列表

图4.72 径向渐变效果

▶▶ 4.8.4　渐变应用于文本

在文本中应用渐变，可以使文字更加突出，层次分明。下面以上一节的渐变为例，讲解创建文字渐变的操作方法：

① 打开随书所附光盘中的文件"第 4 章 \4- 素材文件 .indd"，使用"选择工具" ▶ 来选中文字较多的文本框，按 Ctrl+C 组合键执行"复制"命令，然后选择上一节制作的文件，按 Ctrl+V 组合键执行"粘贴"命令，并调整好文本框的位置，如图 4.73 所示。

② 选择"文字工具" T ，将光标插入文本框内，按 Ctrl+A 组合键将文字全部选中。单击"色板"面板右上角的面板选项按钮 ▼ ，从弹出的菜单中选择"新建渐变色板"命令，在弹出的对话框中创建渐变色板，如图 4.74 所示。

图4.73　摆放文字

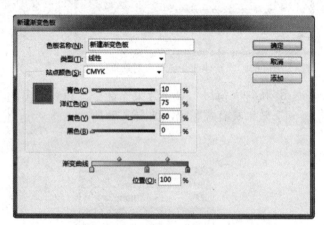

图4.74　"新建渐变色板"对话框

提示

在"新建渐变色板"对话框中，色标颜色值从左至右分别为（C = 3、M = 0、Y = 82、K = 0）、（C = 62、M = 4、Y = 67、K = 0）与（C = 10、M = 75、Y = 60、K = 0）。

③ 选中要应用渐变的文本框，执行"文字"｜"创建轮廓"命令，使文字转换为轮廓，即整个文本框的轮廓变换成文字的轮廓，从上到下的文字渐变应用到文字中，而不是在文本框内填充，对比效果如图 4.75 所示。

图4.75　文字转换为轮廓的前后对比

▶▶ 4.8.5　调整渐变的方向

渐变填充有着各种变化，在调整颜色之余，对方向的调整也可以有不一样的感觉。下面讲解如何通过多种方法来调整渐变的方向。

- 渐变的方向可随渐变的起点与渐变的终点变化而变化。单击"渐变色板工具" 后，向右拖拽与向左拖拽鼠标的效果，如图 4.76 所示。

图4.76　鼠标拖拽的效果

提示　改变渐变的方向时，终点位置的不同，得到的效果也不同。按住 Shift 键并拖拽，可以保证渐变的方向水平、垂直或成 45°的倍数进行填充。

- 可以在渐变色谱上调整渐变方向。在"渐变"面板中拖拽色标，也可改变渐变方向，如图 4.77 所示。

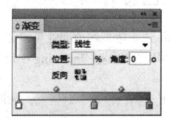

图4.77　调整色标位置

- 在"渐变"面板中单击"反向"按钮 ，可以快速改变颜色渐变的方向。渐变方向的始点与终点快速对换。
- 在"渐变"面板的"角度"文本框中修改参数，可以改变渐变的方向。如图 4.78 所示为修改前后的对比效果。

角度为0°时　　　　　　　　　　　　　角度为90°时

图4.78　角度改变渐变方向

>>> 4.8.6 同时将渐变应用于多个对象

对于多个对象同时应用渐变，如果对象中带有渐变的复合路径，则只需在"渐变"面板中编辑即可将渐变应用于多个对象。对于不带复合路径的多个对象，可使用"渐变色板工具" 来完成此操作。

选择"椭圆工具" 绘制出一个椭圆形，接着填充渐变，然后复制多个图形，如图 4.79 所示。对该对象执行"对象"｜"编组"命令进行编组，然后单击"渐变色板工具" ，在四个图形中间拖拽渐变，同时将渐变应用于多个对象，效果如图 4.80 所示。

图4.79 原图形 图4.80 将渐变应用于多个对象

4.9 在InDesign CS6中设置色彩管理

如果显示器中的画面与打印画面的颜色不一致，达不到预期效果，最大的原因是屏幕颜色与印刷颜色不统一。为了防止出现该情况，解决方法是在 InDesing 中设置色彩管理，把双方的色彩要求统一起来。

执行"编辑"｜"颜色设置"命令，将弹出"颜色设置"对话框，如图 4.81 所示。

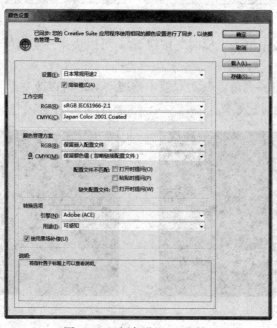

图4.81 "颜色设置"对话框

在"颜色设置"对话框中各选项的含义解释如下：

- "载入"按钮：单击此按钮，在弹出的"载入颜色设置"对话框中选择要载入的颜色配置文件，然后单击"打开"按钮，即可将所需要的颜色配置文件载入到 InDesign 中。

提示

> 颜色配置文件可以是 Photoshop、Illustrator 等软件定义的扩展名为 .csf 的文件。

- 设置：此下拉列表中的选项为 InDesign CS6 提供了让出版物的颜色与预期效果一致的预设颜色管理配置文件，如图 4.82 所示。
- 工作空间：在此区域的 RGB 及 CMYK 下拉列表中，可以选择工作空间的配置文件，如图 4.83 所示。

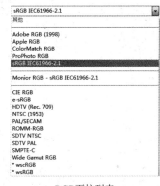

RGB下拉列表   CMYK下拉列表

图4.82   "设置"下拉列表   图4.83   "工作空间"区域的下拉列表

- 颜色管理方案：在此区域的 RGB 及 CMYK 下拉列表中的选项，为色彩的全部管理方案，如图 4.84 所示。

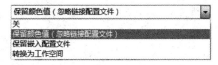

RGB下拉列表   CMYK下拉列表

图4.84   颜色管理方案的下拉列表

第 5 章

绘制与编辑图形

学 习 重 点

- 理解矢量图形与位图图像
- 直线工具
- 铅笔工具
- 矩形工具
- 椭圆工具

- 多边形工具
- 钢笔工具
- 为图形设置描边
- 变换图形
- 使用"路径查找器"编辑图形

5.1 理解矢量图形与位图图像

▶▶ 5.1.1 矢量图形

矢量是用来表达图形的一系列数学公式，而矢量图形也就是一系列由数学公式代表的线条所构成的图形。构成图形的线条所具有的颜色、位置、曲率、粗细等属性，都由许多复杂的数学公式来表达，这也是为什么矢量图形文件的尺寸非常小的原因。

用矢量表达的图形，线条非常光滑、流畅，且具有优秀的缩放平滑性，如图 5.1 所示，即当用户对矢量图形进行缩放时，线条依然能够保持非常好的光滑性及比例相似性，从而在整体上保持了图形不变形。因为当用户对矢量图形执行缩放、变形操作时，对于矢量图形软件而言，无非是在表达图形的数学公式上改变比例因子。

图5.1　矢量图形放大操作示例

用于生成矢量图形的软件，通常被称为矢量软件，常用的矢量软件有 CorelDRAW、Illustrator 等。

提示　在此所说的矢量软件定义并非绝对，因为使用上述矢量软件也可以生成位图图像，因此笔者强调的是软件的主要功能。

▶▶ 5.1.2 位图图像

与矢量图形不同，位图图像是由像素点来表达、构成图形的。即所有位图图像都是由一个个颜色不同的颜色方格来组成的。不同的颜色方格排列在不同的位置上，便形成了不同的图像，如图 5.2 所示为原位图图像；如图 5.3 所示为放大显示的情况下，位图显示出的马赛克，可清晰地看到组成图像的像素点。

图5.2　原位图图像　　　　　图5.3　放大情况下显示出的颜色方格（像素）

5.2 直线工具

在工具箱中选择"直线工具" ，鼠标指针变为 ÷ 状态，在页面中确定合适的位置，然后按住鼠标拖动到需要的位置再释放鼠标，即可绘制一条任意角度的直线线段，如图 5.4 所示。

从左上方至右下方绘制直线　　　　　　　从左下方至右上方绘制直线

图5.4　绘制直线

提示

　　在使用"直线工具" 绘制图形时，若按住 Shift 键后再进行绘制，即可绘制出水平、垂直或 45° 角及其倍数的直线；按住 Alt 键，可以以单击点为中心绘制直线；按住 Shift+Alt 组合键，则可以以单击点为中心绘制出水平、垂直或 45° 角及其倍数的直线。

5.3 铅笔工具

使用"铅笔工具" 可以像使用铅笔在纸上画画那样，绘制开放路径和闭合路径，实现手工绘图与电脑绘图的平滑过渡。另外，使用"铅笔工具" 还可以设置它的保真度以及平滑度等属性，使用其绘图便更加方便和灵活。

在工具箱中双击"铅笔工具" 图标，弹出"铅笔工具首选项"对话框，如图 5.5 所示。其中的参数控制了"铅笔工具" 对鼠标或所用光笔的响应速度，以及在路径绘制之后是否仍然被选定。

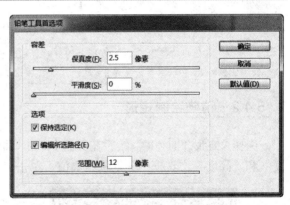

图5.5　"铅笔工具首选项"对话框

在"铅笔工具首选项"对话框中各选项的含义解释如下。

* 保真度：此选项控制了在使用"铅笔工具" 绘制曲线时对路径上各点的精确度。数值越高，路径就越平滑，复杂度就越低；数值越低，曲线与指针的移动就越匹配，从而将生成更尖锐的角度。其取值范围介于 0.5 ~ 20 像素之间。
* 平滑度：此选项控制了在使用"铅笔工具" 绘制曲线时所产生的平滑效果。百分比越低，路径越粗糙；百分比越高，路径越平滑。其取值范围介于 0 ~ 100% 之间。
* 保持选定：勾选此复选框，可以使"铅笔工具" 所绘制的路径处于选中的状态。
* 编辑所选路径：勾选此复选框，可以确定当与选定路径相距一定距离时，是否可以更改或合并选定路径（通过"范围：_ 像素"选项来指定）。

- "范围：_像素"：决定鼠标或光笔与现有
  路径必须达到多近距离，才能使用"铅笔
  工具"  对路径进行修改。此选项仅在选
  择了"编辑所选路径"选项时可用。

通常情况下，使用"铅笔工具" 绘制出的
都是开放路径，如果想绘制出一条闭合路径，可
以绘制开始后按住 Alt 键，此时光标将变为 状，
然后，在创建完想要的路径后先释放鼠标按钮，
再释放 Alt 键，则路径的起始点与终点之间会出
现一条边线来闭合路径，如图5.6 所示。

光标状态　　　　绘制的闭合路径

图5.6　绘制路径

5.4　矩形工具

在工具箱中选择"矩形工具" ，在工作页面上向任意方向拖动，即可创建一个矩形图
形。矩形图形的一个角由开始拖动的点所决定，而对角的位置则由释放鼠标键的点确定。

▶▶5.4.1　绘制任意矩形

选择"矩形工具" ，鼠标指针变为 ＋ 状态，在页面中确定合适的位置，然后按住鼠
标并拖动到需要的位置，然后释放鼠标，即可绘制一个矩形，如图 5.7 所示。

提示

在使用"矩形工具" 绘制图形时，若按住 Shift 键后再进行绘制，即可创建一个正方形；按
住 Alt 键，可以以单击点为中心绘制矩形；按住 Shift+Alt 组合键，则可以以单击点为中心绘制正方形。

▶▶5.4.2　精确绘制矩形

选择"矩形工具" ，然后在页面上单击，将弹出"矩形"对话框，如图 5.8 所示。在"宽
度"和"高度"文本框中分别输入数值，单击"确定"按钮，将得到一个矩形。

图5.7　绘制矩形

图5.8　"矩形"对话框

提示

在创建一个矩形后，如果需要微调矩形的宽度和高度，可以通过工具选项栏中的"宽度"微
调框 W: 64.648毫米 和"高度"微调框 H: 26.62毫米 来控制。

⋙5.4.3 制作多种边缘效果

通过上面的方法绘制矩形后,执行"对象"│"角选项"命令,将弹出"角选项"对话框,如图 5.9 所示。对该对话框中的选项解释如下。

图5.9 "角选项"对话框

- 四个小矩形图标,分别代表矩形的左上角、右上角、左下角以及右下角的位置。
- 在"统一所有设置"按钮激活的状态下,单击任一小矩形图标右侧的三角按钮,即可在下拉列表中选择需要的角效果;如果在文本框中输入数值,则可以控制角效果到每个角的扩展半径。如图 5.10 所示为使用"角选项"所制作的多种边缘效果。

原矩形　　　　　　　　　花式效果　　　　　　　　　斜角效果

内陷效果　　　　　　　反向圆角效果　　　　　　　圆角效果

图5.10 矩形的不种边缘效果

- 在"统一所有设置"按钮未激活的状态下,以图 5.10 中的"圆角效果"为例,设置左上角的角效果为"花式",如图 5.11 所示,此预览效果如图 5.12 所示。

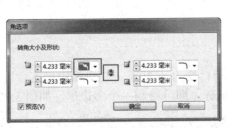

图5.11 "角选项"对话框

图5.12 改变其中一个角的效果

5.5 椭圆工具

使用"椭圆工具" 可以绘制椭圆形，在绘制的过程中的第一点与第二点将决定所绘制的椭圆的大小、位置，同时还决定了此图形是椭圆还是正圆。

5.5.1 绘制椭圆形

在工具箱中选择"椭圆工具" ，鼠标指针变为 ÷ 状态，在页面中确定合适的位置，然后按住鼠标并拖动到需要的位置，然后释放鼠标，即可绘制一个椭圆形，如图 5.13 所示。

> **提示** 在使用"椭圆工具" 绘制图形时，若按住 Shift 键后再进行绘制，即可创建一个正圆；按住 Alt 键，可以以单击点为中心绘制椭圆；按住 Shift+Alt 组合键，则可以以单击点为中心绘制正圆。

5.5.2 精确绘制椭圆形

选择"椭圆工具" ，然后在页面上单击，将弹出"椭圆"对话框，如图 5.14 所示。在"宽度"和"高度"文本框中分别输入数值，单击"确定"按钮，将得到一个椭圆形。

图5.13　绘制椭圆形

图5.14　"椭圆"对话框

> **提示** 在创建一个椭圆形后，如果需要微调椭圆形的宽度和高度，可以通过工具选项栏中的"宽度"微调框 W: 64.648毫米 和"高度"微调框 H: 26.62毫米 来控制。

5.6 多边形工具

使用"多边形工具" 在页面上拖动可以创建多边形，拖动时的起点与终点决定了所绘的多边形的大小及位置。

5.6.1 绘制多边形

在工具箱中选择"多边形工具" ，鼠标指针变为 ÷ 状态，在页面中确定合适的位置，然后按住鼠标并拖动到需要的位置，然后释放鼠标，即可绘制一个多边形，如图 5.15 所示。

> **提示** 在使用"多边形工具" 绘制图形时，若按住 Shift 键后再进行绘制，即可创建一个正多边形；按住 Alt 键，可以以单击点为中心绘制多边形；按住 Shift+Alt 组合键，则可以以单击点为中心绘制正多边形。

5.6.2 精确绘制多边形及星形

选择"多边形工具" ，然后在页面上单击，将弹出"多边形"对话框，如图 5.16 所示。在此对话框中可以设置多边形的宽度、高度、边数以及星形内陷程度，单击"确定"按钮，将得到一个多边形。

图5.15　绘制多边形　　　　　图5.16　"多边形"对话框

该对话框中各选项的功能如下。

- 多边形宽度：在该文本框中输入数值，以控制多边形的宽度，数值越大，多边形的宽度就越大。
- 多边形高度：在该文本框中输入数值，以控制多边形的高度，数值越大，多边形就越高。
- 边数：在该文本框中输入数值，以控制多边形的边数。但输入的数值必须介于 3~100 之间。
- 星形内陷：在该文本框中输入数值，以控制多边形角度的锐化程度。数值越大，两条边线间的角度越小；数值越小，两条边线间的角度越大。当数值为 0% 时，显示为多边形；数值为 100% 时，显示为直线。如图 5.17 所示为所绘制的不同星形。

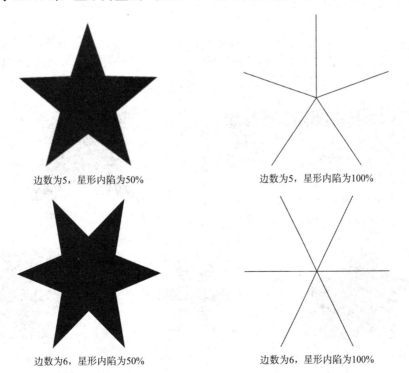

边数为5，星形内陷为50%　　　　边数为5，星形内陷为100%

边数为6，星形内陷为50%　　　　边数为6，星形内陷为100%

图5.17　绘制不同的星形

绘制星形后，执行"对象"｜"角选项"命令，在弹出的对话框中对各个选项进行设置，如图 5.18 所示为对星形设置的不同角的效果。

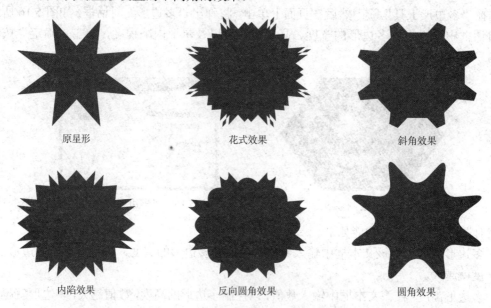

原星形　　　　　　　　　　花式效果　　　　　　　　　　斜角效果

内陷效果　　　　　　　　　反向圆角效果　　　　　　　　圆角效果

图5.18　对星形设置的不同角的效果

提示

在创建一个多边形后，如果需要微调多边形的宽度和高度，可以通过工具选项栏中的"宽度"微调框 W: 64.648毫米 和"高度"微调框 H: 26.62毫米 来控制。

5.6.3　多边形设置

绘制多边形后，双击"多边形工具" ，将弹出"多边形设置"对话框，如图 5.19 所示。在对话框中可以通过设置"边数"和"星形内陷"参数来修改多边形，如图 5.20 所示为原图状态，如图 5.21 所示为设置不同参数值后的效果。

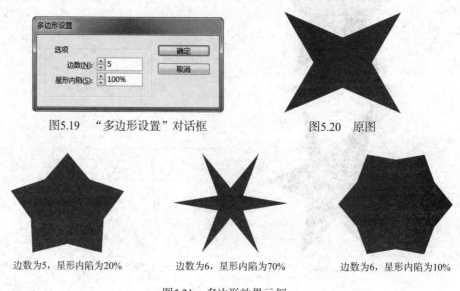

图5.19　"多边形设置"对话框　　　　　　　　　图5.20　原图

边数为5，星形内陷为20%　　　边数为6，星形内陷为70%　　　边数为6，星形内陷为10%

图5.21　多边形效果示例

5.6.4　设置多边形的角的效果

　　绘制多边形后,执行"对象"｜"角选项"命令,在弹出的对话框中对各个选项进行设置,如图 5.22 所示为对多边形设置的不同角的效果。

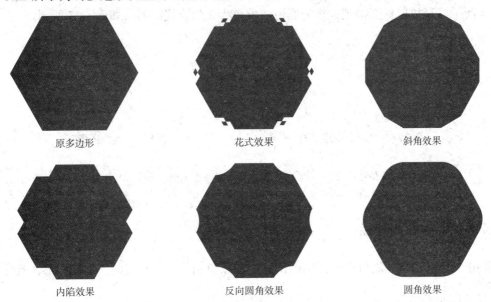

| 原多边形 | 花式效果 | 斜角效果 |
| 内陷效果 | 反向圆角效果 | 圆角效果 |

图5.22　对多边形设置的不同角的效果

5.7　钢笔工具

　　"钢笔工具"是绘制不规则路径的首选工具,是绘图工具中功能最强大的工具之一,可以绘制出高精确度的直线型路径及光滑的曲线型路径。在讲解"钢笔工具"绘制图形前,首先讲解路径线、控制句柄与锚点等。因为只有弄清楚这几个知识点后,才能正确掌握"钢笔工具"的使用方法。

5.7.1　认识路径线、锚点、控制句柄

　　一条路径由路径线、锚点、控制句柄 3 个部分组成,锚点用于连接路径线,锚点上的控制句柄用于控制路径线的形状,如图 5.23 所示为一条典型的路径,图中使用小方块标注的是锚点,而使用小圆点标注的是控制句柄,锚点与锚点之间则是路径线。

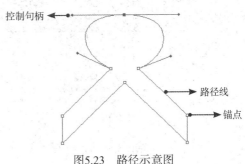

图5.23　路径示意图

▶▶ 5.7.2 绘制直线图形

在工具箱中选择"钢笔工具"，鼠标指针变为 状态，将光标置于页面的任意位置单击一下作为起点，然后在页面的另一位置再次单击一下，则两点间出现了一条直线段，如图 5.24 所示。释放鼠标，得到描边为黑色，填色为无的直线图形，如图 5.25 所示。

图5.24　绘制直线路径段　　　　　　　　　图5.25　直线图形

提示

在绘制直线路径时，使用"钢笔工具" 确定一个点后，按住 Shift 键，则可以绘制出水平、垂直或 45°角的线段。

▶▶ 5.7.3 绘制曲线路径

使用"钢笔工具" 可以绘制圆滑型路径，以便制作具有曲线的不规则图形。具体操作步骤如下。

① 将"钢笔工具" 放在要绘制路径的起点位置单击，以作为起点的锚点。

② 确定第 2 个锚点，单击并按住鼠标不放，此时光标变为 状，如图 5.26 所示。向任意方向拖动即可出现曲线。如图 5.27 所示。

图5.26　单击鼠标不放的状态　　　　　　　图5.27　拖动后的状态

提示

绘制第 2 个锚点时，拖动控制句柄的方向及其方向线的长度，决定了曲线的方向及曲率；在绘制曲线的过程中，如果要移动其中某一锚点的位置，则需要按住 Ctrl 键，将光标置于要移动位置的锚点附近，当光标变为 状时，如图 5.28 所示，按住鼠标左键拖动即可移动此锚点，如图 5.29 所示。

图5.28　光标状态　　　　　　　　　　　图5.29　移动锚点后的状态

③ 释放鼠标后，得到曲线图形。下面分别是描边为黑色、填色为无的曲线图形和描边为黑色、填色为（C＝0、M＝0、Y＝100、K＝0）的曲线图形，如图 5.30 所示。

图5.30 曲线图形

提示　对于曲线的描边与填色，可以通过工具箱底部的"颜色"按钮▣来设置。

5.7.4 绘制直线后接曲线路径

使用"钢笔工具"▨可以在创建直线路径后接曲线路径，以便绘制更丰富的图形效果。其操作步骤如下。

① 使用"钢笔工具"▨绘制一条直线路径，如图 5.31 所示。

② 确定下一个锚点，单击并按住鼠标不放，向任意方向拖动即可绘制曲线路径，如图 5.32 所示。

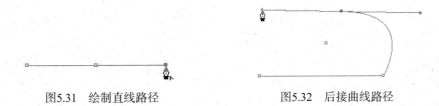

图5.31 绘制直线路径　　　　　　　　　　图5.32 后接曲线路径

5.7.5 绘制曲线后接直线路径

也可以尝试一下绘制曲线接直线的路径，其操作步骤如下。

① 使用"钢笔工具"▨绘制一条曲线路径，如图 5.33 所示。

② 将光标置于最后一次绘制的锚点附近，当光标成▨时，如图 5.34 所示。接着单击一下，此时则收回了一侧的控制句柄，如图 5.35 所示。

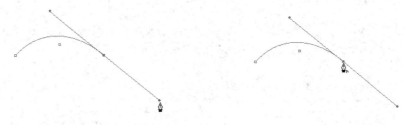

图5.33 绘制曲线路径　　　　　　　　　　图5.34 光标状态

③ 最后确定下一个锚点，即可绘制直线路径，如图 5.36 所示。

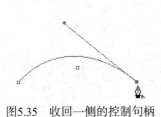
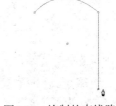

图5.35 收回一侧的控制句柄　　　　　　　图5.36 绘制的直线路径

▶▶5.7.6　绘制封闭路径

使用"钢笔工具" 绘制路径时，在不断单击的过程中，路径不会自己结束或断开。要结束一条正在绘制的路径去创建一条开放路径，可以单击工具箱中的其他工具，也可以按住 Ctrl 键再单击路径之外的任何地方。

下面通过绘制一个花形图形来讲解如何绘制封闭图形，其操作步骤如下。

① 将"钢笔工具"放在要绘制路径的起点位置单击，以作为起点的锚点，如图 5.37 所示。

② 确定第 2 个锚点，单击并按住鼠标不放，此时光标变为 ▶ 状，向任意方向拖动即可出现曲线路径，如图 5.38 所示。

③ 确定第 3 个锚点，绘制一个花形的花瓣，如图 5.39 所示。

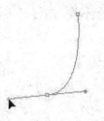
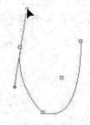

图5.37　确定锚点　　　　图5.38　绘制曲线路径　　　　图5.39　花瓣效果

④ 按照第 2~3 步的操作方法，确定多个锚点，并创建曲线路径，如图 5.40 和图 5.41 所示。

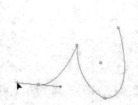
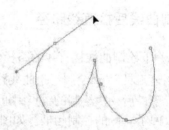

图5.40　创建曲线路径　　　　　图5.41　绘制第2个花瓣

⑤ 重复上面的操作，当"钢笔工具" 右下角出现一个小圆环时，如图 5.42 所示。单击鼠标以封闭该路径，为此路径描边后的效果如图 5.43 所示。

图5.42　闭合路径　　　　　图5.43　花形效果

提示　　"钢笔工具" 的操作绝非靠上面的讲解就可以完全明白，这些只是带领读者了解到它可以做哪些操作。要真正可以灵活、快速、准确地绘制路径，读者还需要亲自动手多实践，慢慢培养出用它绘制路径的"感觉"。

▶▶5.7.7 断开路径

断开路径就是将封闭的路径断开，变成开放的路径。具体方法可参考下列操作之一。

- 在工具箱中选择"直接选择工具" ，选中要断开路径的锚点，如图 5.44 所示。然后选择"剪刀工具" ，将光标置于锚点上，当光标变成中间带有小圆形的十字架时（如图 5.45 所示），单击鼠标左键，再按 Ctrl 键并拖动断开的锚点，此时状态如图 5.46 所示。

图5.44　选中锚点　　　　　图5.45　光标状态　　　　　图5.46　断开后的路径状态

- 应用"直接选择工具" 来选择一个闭合的路径，如图 5.47 所示。执行"对象"｜"路径"｜"开放路径"命令，即可将闭合的路径断开，其中呈选中状态的锚点就是路径的断开点，如图 5.48 所示。通过拖动该锚点的位置以断开路径，如图 5.49 所示。

图5.47　选中闭合路径　　　　图5.48　断开点　　　　　图5.49　断开后的路径状态

提示

> 关于"剪刀工具" 的具体讲解，请参见第 5.7.14 节的内容。

▶▶5.7.8 连接路径

连接路径就是将断开的路径重新连接为一条完整的路径。具体方法可参考下列操作之一。

- 使用"钢笔工具" 连接开放路径。将"钢笔工具" 置于其中一条开放路径的终点位置，当光标变为 时（如图 5.50 所示），单击该锚点将其激活，接着将"钢笔工具" 移至另外一条开放路径的起始点位置，当光标变为 时（如图 5.51 所示），单击该锚点，即可将两条开放路径连接成为一条路径，如图 5.52 所示。

图5.50　终点位置的光标状态　　　图5.51　起点位置的光标状态　　　图5.52　连接后的状态

- 使用命令连接路径。使用"直接选择工具" 将要连接的两个锚点选中，执行"对象" | "路径" | "连接"命令，即可在两个锚点间自动生成一条线段并将两条路径连接在一起，如图 5.53 所示。

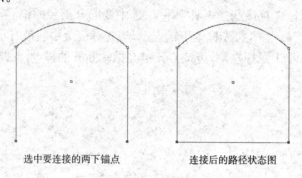

选中要连接的两下锚点　　　　　　连接后的路径状态图

图5.53　连接路径

▶▶5.7.9　添加锚点

选择"添加锚点工具" ，可以在已绘制完成的路径上增加锚点。在路径被激活的状态下，选用"添加锚点工具" ，再直接单击要增加锚点的位置，即可增加一个锚点，如图 5.54 所示。

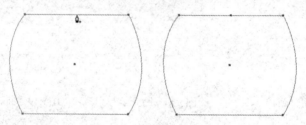

图5.54　添加锚点的过程

▶▶5.7.10　删除锚点

要删除锚点，选择"删除锚点工具" ，将光标放在要删除的锚点上，当光标变为删除锚点钢笔图标 时再单击一下，即可删除锚点，如图 5.55 所示。

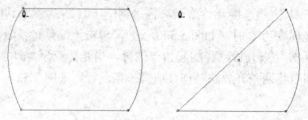

图5.55　删除锚点的过程

▶▶5.7.11　转换锚点类型

在对锚点进行编辑时，经常需要将一个两侧没有控制句柄的直线型锚点转换为两侧具有控制句柄的圆滑型（曲线）锚点，或将圆滑型（曲线）锚点转换为直线型锚点。要完成此类操作任务，可以使用"转换方向点工具"，使用此工具在直线型锚点上单击并拖动，可以将此锚点转换为圆滑型锚点；反之，如果使用此工具单击圆滑型锚点，则可以将此锚点转换为直线型锚点。

如图 5.56 所示为转换前的路径，如图 5.57 所示为将直线型锚点转换为圆滑型锚点后的路径。

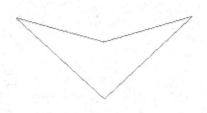

图5.56　转换前的路径

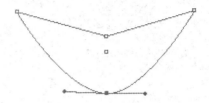

图5.57　转换后的路径

▶▶5.7.12　平滑工具

"平滑工具" 可以对任意一条路径进行平滑处理，移去现有路径或某一部分路径中的多余尖角，最大限度地保留路径的原始形状，一般平滑后的路径具有较少的锚点。

在工具箱中双击"平滑工具" ，将弹出"平滑工具首选项"对话框，如图 5.58 所示。其中的参数控制了平滑路径的程度以及是否在路径绘制之后仍然被选中。

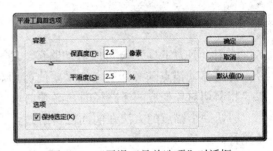

图5.58　"平滑工具首选项"对话框

在"平滑工具首选项"对话框中各选项的含义解释如下。

- 保真度：此选项控制了在使用"平滑工具"平滑时对路径上各点的精确度。数值越高，路径就越平滑；数值越低，路径越粗糙。其取值范围介于 0.5～20 像素之间。
- 平滑度：此选项控制了在使用"平滑工具"对修改后的路径的平滑度。百分比越低，路径越粗糙；百分比越高，路径越平滑。其取值范围介于 0～100% 之间。
- 保持选定：勾选此复选框，可以使平滑时的路径处于选中的状态。

使用"平滑工具" 之前，首先应确保路径处于选中的状态，然后选择"平滑工具" ，在路径上沿需要平滑的区域拖动，如果一次不能达到满意效果，可以反复拖动将路径平滑，直至达到满意的平滑度为止。平滑后路径上的锚点数量一般比原来的少。如图 5.59 所示为平滑前后的对比效果。

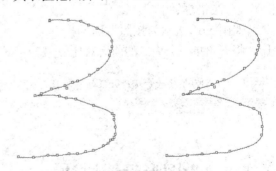

图5.59　平滑前后的对比效果

 提示　如果当前选择的是"铅笔工具" ，要实现"平滑工具" 的功能，可以在平滑路径时按住 Alt 键。

>>> 5.7.13 涂抹工具

"涂抹工具" 🖊 可以清除路径或笔画的一部分。在工具箱中选择"涂抹工具" 🖊，然后在需要清除的路径区域拖动，即可清除所拖动的范围。如图 5.60 所示为清除部分路径前后的对比效果。

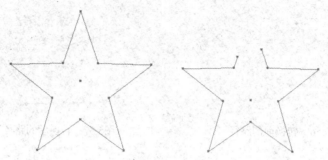

图5.60 清除部分路径前后的对比效果

>>> 5.7.14 剪刀工具

使用"剪刀工具" ✂ 可以剪切路径、图形、文本路径等对象中的锚点，使其变为开放路径，并可移动锚点随意拖动。如果要使剪切对象保持一条路径状态，只能剪切一个锚点；如果要将剪切对象变成两条路径时，必须剪切两个锚点。

剪切一个锚点的方法在前面已讲解过，下面讲解如何剪切两个锚点，使剪切对象变为两条路径。

① 在工具箱中选择"剪刀工具" ✂，将光标移至路径线或锚点上再单击。

② 继续将光标移至另外一个要断开的路径线或锚点上单击，即可将一个图形分为两个独立的图形。

如图 5.61 所示为按照上面的操作，将五角星一分为二的前后对比效果。

图5.61 分离五角星前后的对比效果

提示

为了使读者观看效果的直观性，这里将完成的效果图进行了移动处理。另外，将剪切对象无论剪切成多少个单独对象，每一个单独对象将保持原有的属性，如线型、内部填充和颜色等。

5.8 为图形设置描边

描边也就是对一个图形的边缘或路径进行填充。在默认状态下，在 InDesign CS6 中绘制的图形都带有很细的描边效果。通过修改锚边的宽度、颜色，可以绘制出不同宽度、颜色的描边线。另外，还可以对描边的斜接限制、对齐描边和描边类型等进行修改。

▶▶5.8.1 使用"描边"面板改变描边属性

执行"窗口" | "描边"命令，或按 F10 键，将弹出"描边"面板，如图 5.62 所示。

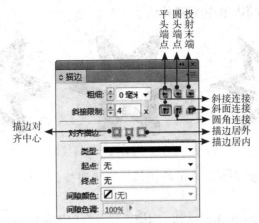

图5.62 "描边"面板

此面板中各选项的功能解释如下。

- 粗细：在此文本框中输入数值，可以指定笔画的粗细程度，用户也可以在弹出的下拉列表框中选择一个值以定义笔画的粗细。数值越大，线条越粗；数值越小，线条越细；当数值为 0 时，即没有描边效果。如图 5.63 所示为修改描边粗细前后的对比效果。

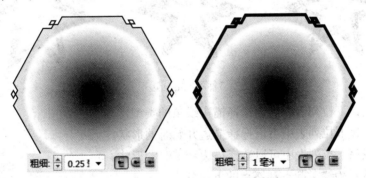

图5.63 修改描边粗细前后的对比效果

- "平头端点"按钮：单击此按钮，可定义描边线条为方形末端。
- "圆头端点"按钮：单击此按钮，可定义描边线条为半圆形末端。
- "投射末端"按钮：单击此按钮，可定义描边线条为方形末端，同时在线条末端外扩展线宽的一半作为线条的延续。

如图 5.64 所示为 3 种不同的端点状态。

图5.64 不同的端点状态

- 斜接限制：在此用户可以输入 1 ～ 500 之间的一个数值，以控制什么时候由斜角合并转成平角。默认的斜角限量是 4，意味着线条斜角的长度达到线条粗细的 4 倍时，程序将斜角转成平角。

- "斜接连接"按钮▣：单击此按钮，可以将图形的转角变为尖角。
- "圆角连接"按钮▣：单击此按钮，可以将图形的转角变为圆角。
- "斜面连接"按钮▣：单击此按钮，可以将图形的转角变为平角。

如图 5.65 所示为 3 种不同的转角连接状态。

图5.65　3种不同的转角连接状态

- "描边对齐中心"按钮▣：单击此按钮，则描边线条会以图形的边缘为中心，对内、外两侧进行绘制。
- "描边居内"按钮▣：单击此按钮，则描边线条会以图形的边缘为中心，向内进行绘制。
- "描边居外"按钮▣：单击此按钮，则描边线条会以图形的边缘为中心，向外进行绘制。

如图 5.66 所示为 3 种不同的描边对齐状态。

图5.66　3种不同的描边对齐状态

- 类型：在该下拉列表中可以选择描边线条的类型，如图 5.67 所示。
- 起点：在该下拉列表中可以选择描边开始时的形状。
- 终点：在该下拉列表中可以选择描边结束时的形状。

如图 5.68 所示为线条起点和终点的下拉列表。

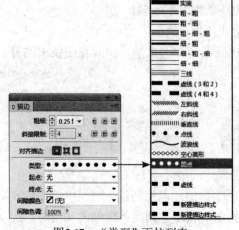

图5.67　"类型"下拉列表

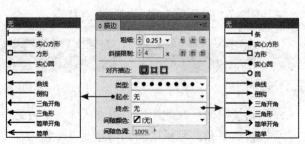

图5.68　"起点"和"终点"下拉列表

- 间隙颜色：该颜色是用于指定虚线、点线和其他描边图案间隙处的颜色。该下拉列表只有在"类型"下拉列表中选择了一种描边类型后才会被激活。
- 间隙色调：在设置了一个间隙颜色后，该输入框才会被激活，输入不大于100的数值即可设置间隙颜色的淡色。

如图 5.69 所示为面板的参数设置，图 5.70 所示为创建间隙颜色和间隙色调后的效果。

图5.69　"描边"面板

图5.70　创建间隙颜色和间隙色调后的效果

5.8.2　自定义描边线条

1. 描边的线条

如果没有符合要求的描边线条，可以通过新建描边样式来进行自定义描边。具体的操作步骤如下：

① 单击"描边"面板右上角的面板选项按钮，从弹出的菜单中选择"描边样式"命令，将弹出"描边样式"对话框，如图 5.71 所示。

② 单击"新建"按钮，将弹出"新建描边样式"对话框，如图 5.72 所示。在该对话框中对描边线条进行设置，单击"确定"按钮退出，即可完成自定义描边线条的操作。

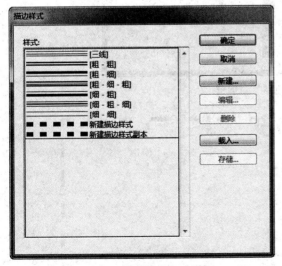

图5.71　"描边样式"对话框

图5.72　"新建描边样式"对话框

如图 5.73 所示为按照上面的操作方法，在其他参数不变的情况下，分别设置粗细为 1 和 0.5 时的描边效果。

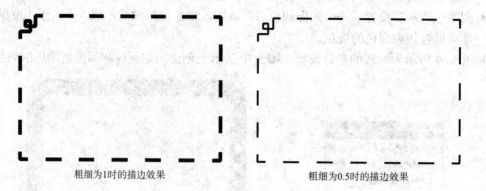

粗细为1时的描边效果　　　　　　粗细为0.5时的描边效果

图5.73　不同粗细的描边效果

2. 描边的颜色

选择指定的描边对象，双击工具箱下方的"描边"图标，将弹出"拾色器"对话框，如图 5.74 所示，在该对话框中设置颜色，单击"确定"按钮即可为指定的对象描边。如图 5.75 所示为同一对象设置不同颜色的描边效果。

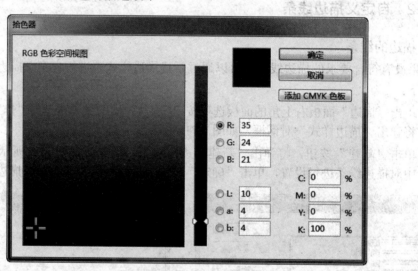

图5.74　"拾色器"对话框

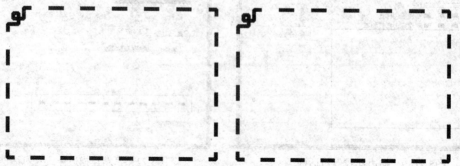

图5.75　不同颜色的描边效果

5.9 变换图形

>>5.9.1 移动图形

移动图形是编辑图形时最简单的操作。在 InDesign CS6 中可以通过多种方法来实现，下面来讲解具体的使用方法。

1. 使用工具进行移动

在工具箱中有 3 种移动图形的工具，它们分别是"选择工具" ![选择工具图标]、"直接选择工具" ![直接选择工具图标] 和"自由变换工具" ![自由变换工具图标]，使用的方法基本相似。

选择适当的移动工具，选中要移动的图形，然后按住鼠标左键不放并拖动到目标位置，释放鼠标即可完成移动操作。如图 5.76 所示为移动前后的对比效果。

图5.76 移动图形前后的对比效果

提示

> 使用"直接选择工具" ![图标]，还可以移动编组对象中的某个对象。

2. 用"移动"命令进行移动

此命令可以对移动对象进行精确移动，选中要移动的对象，然后执行"对象"｜"变换"｜"移动"命令，将弹出"移动"对话框，如图 5.77 所示。

图5.77 "移动"对话框

该对话框中各选项的功能解释如下。

- 水平：在此文本框中输入数值，以控制水平移动的位置。
- 垂直：在此文本框中输入数值，以控制垂直移动的位置。
- 距离：在此文本框中输入数值，以控制输入对象的参考点在移动前后的差值。
- 角度：在此文本框中输入数值，以控制移动的角度。
- "复制"按钮：单击此按钮，可以复制多个移动的对象。

如图 5.78 所示为原图像，要将图像中的蝴蝶呈 20°向左下方移动 40 毫米，移动后的效果如图 5.79 所示。

图5.78　原图像

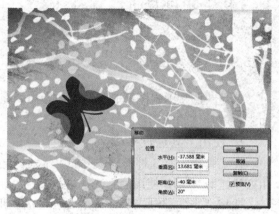

图5.79　移动后的图形状态

3. 使用"变换"面板进行移动

在前面讲解了利用"移动"命令对图形进行精确移动,在本小节中将讲解如何使用"变换"面板对图形进行精确移动。执行"窗口"｜"对象和版面"｜"变换"命令,将弹出"变换"面板,如图 5.80 所示。

该面板中部分选项的功能解释如下:

- 参数点:在使用"变换"面板对图形进行精确移动操作时,可以使用面板中的 ⊞ 来确定操作参考点。在 ⊞ 中,用户可以确定 9 个参考点的位置。例如,要以图形的左上角点为参考点,单击 ⊞,使其显示为 ⊞ 形即可。

- 精确移动图形:要精确改变图形的水平、垂直位置,分别在"X"、"Y"文本框中输入数值即可。

4. 使用控制栏进行移动

使用"选择工具" ▶ 选中要移动的对象,然后在控制栏的"X"、"Y"文本框中输入数值即可,如图 5.81 所示。

指定参考点,确
定移动的位置 ←

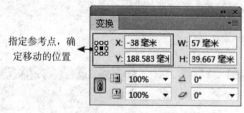

图5.80　"变换"面板

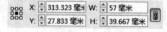

图5.81　控制栏

5. 使用方向键进行移动

选中要移动的图形,通过按键盘中的"→"、"←"、"↑"、"↓"方向键,可以实现对图形进行向右、向左、向上、向下的移动操作。每按一次方向键,图形就会向相应的方向移动一个特定的距离。

提示　　在按方向键的同时,按住 Shift 键,可以按特定的距离的 10 倍进行移动;如果要持续移动图形,则可以按住方向键直到图形移至所需要的位置,最后松手即可。

≫≫5.9.2 缩放图形

缩放图形的操作方法有很多种，最常用的有使用"选择工具" ▶ 直接拖动缩放，也可以通过控制面板、"变换"面板、"缩放工具" 📷、"缩放"命令等进行缩放。具体讲解如下。

1. 使用工具进行缩放

"选择工具" ▶、"自由变换工具" 📷 不仅可以选择图形，还可以缩放图形。其操作方法为选中要缩放的对象，将光标置于对象的右上角参考点上，当光标成 ⤢ 时，按住鼠标左键再随意拖动即可调整对象的大小。

2. 使用缩放工具进行缩放

其操作方法具体如下。

① 使用"选择工具" ▶ 选中要缩放的对象，如图 5.82 所示 。

② 在工具箱中选择"缩放工具" 📷，将光标置于右上角的参考点上，如图 5.83 所示。

③ 按住鼠标左键，当光标成 ▶ 状时，随意拖动即可调整对象的大小。如图 5.84 所示。

图5.82　选中缩放的对象　　　　图5.83　确定参考点的位置　　　　图5.84　调整对象的大小

3. 使用"缩放"命令进行缩放

此命令可以对缩放对象进行精确缩放，选中要缩放的对象，然后执行"对象"｜"变换"｜"缩放"命令,将弹出"缩放"对话框，如图 5.85 所示。

该对话框中各选项的功能解释如下。

- X 缩放：用于设置水平的缩放值。
- Y 缩放：用于设置垂直的缩放值。

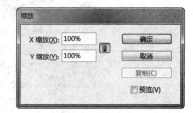

图5.85　"缩放"对话框

提示

　　在设置"X 缩放"和"Y 缩放"参数时，如果输入的数值为负数，则图形将出现水平或垂直的翻转状态。

- "约束缩放比例"按钮：如果要保持对象的宽高比例，可以单击此按钮，使其处于被按下的状态。
- "复制"按钮：单击此按钮，可以复制多个缩放的对象。

4. 使用快捷菜单命令进行缩放

选中要缩放的对象，单击右键并从弹出的快捷菜单中选择"缩放"命令下的子命令，如图 5.86 所示，也可以完成缩放操作。

5. 使用"变换"面板进行缩放

执行"窗口"|"对象和版面"|"变换"命令，将弹出"变换"面板，如图 5.87 所示。

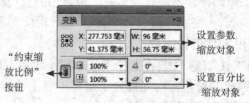

图5.86 "缩放"命令下的子命令　　　　图5.87 "变换"面板

- 精确缩放图形：要精确改变图形的宽度和与高度，可以分别在"W"和"H"文本框中输入数值。
- "约束缩放比例"按钮：单击此按钮使其处于被按下的状态，在缩放时可以保持图形的宽高比。
- 图标：在此文本框中输入数值，将以此数值进行水平缩放。
- 图标：在此文本框中输入数值，将以此数值进行垂直缩放。

下面以一个小实例讲解缩放的方法，具体操作步骤如下。

① 使用"选择工具"选中要缩放的对象，如图 5.88 所示。
② 在打开的"变换"面板中单击左下角的参考点，并确认"约束缩放比例"按钮处下被按下的状态，在"X 缩放百分比"文本框中输入 140，将缩放对象放大到140%的状态。
③ 设置好后，按 Enter 键确认变换操作。此时图像效果如图 5.89 所示。

图5.88 选中缩放的对象　　　　图5.89 缩放后的图像状态

6. 使用控制栏进行缩放

使用"选择工具"选中要缩放的对象，然后在控制栏的"W"、"H"文本框中输入数值即可，如图 5.90 所示。

图5.90 设置缩放参数

提示　　如果要保持对象的宽高比例，可以单击"约束宽度和高度的比例"按钮，使其处于被按下的状态。

7. 使用快捷键进行缩放

选中要缩放的对象，按 Ctrl+">"键，可以将对象放大 1%；按 Ctrl+"<"键，可以将对象缩小 1%；按住组合键不放，则可以将对象进行连续缩放（在按住的过程中没有变化）。

5.9.3 旋转图形

1. 使用"自由变换工具"进行旋转

"自由变换工具" 不仅可以对图形进行选择、缩放，还可以对图形进行旋转。具体操作如下。

① 选择要旋转的图形，如图 5.91 所示。

② 将光标置于变换框的任意一个控制点附近（此时在右上角），当光标成 ↔ 状时，如图 5.92 所示。

③ 按住鼠标拖动即可将图形旋转一定的角度，如图 5.93 所示。

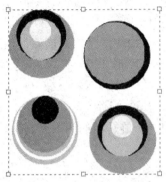 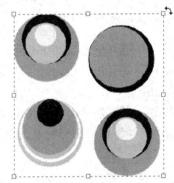 

图5.91 选定旋转的图形　　　图5.92 光标状态　　　图5.93 转换后的状态

> 按住 Shift 键并旋转图形，可以将图形以 45° 的倍数进行旋转。

提示

2. 使用"旋转工具"进行旋转

使用"旋转工具" 可以围绕某个指定的点来旋转图形，一般默认的旋转中心点是图形的左上角控制句柄，也可以改变此点的位置。具体操作方法如下。

① 在工具箱中选择"旋转工具" ，然后选择需要旋转的图形，将显示图形的变换框，如图 5.94 所示。

② 其中左上角 ✦ 形为旋转中心点，单击并移动旋转中心点可以改变旋转中心点的位置，从而使旋转中心点发生变化，如图 5.95 所示。

 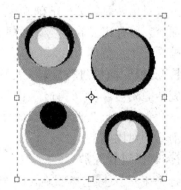

图5.94 选中要旋转的图形　　　图5.95 移动中心参考点

③ 稍许移动鼠标，当光标成 ╬ 状时，按住鼠标拖动即可旋转图形，旋转中的状态如图 5.96 所示，释放鼠标后的状态如图 5.97 所示。

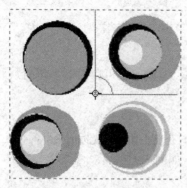

图5.96　旋转中的状态

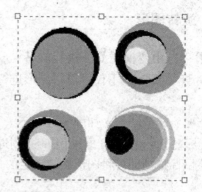

图5.97　旋转后的状态

双击"旋转工具" 🔘，或按住 Alt 键并单击旋转中心点，即可弹出"旋转"对话框，如图 5.98 所示。其中的参数可以精确设置旋转的角度，还可以复制旋转图形。

该对话框中的各选项功能解释如下。

- 角度：在该文本框中输入数值，可以精确设置旋转角度。
- "复制"按钮：在确定旋转角度后，将在原图形的基础上创建一个旋转后的图形复制品。如图 5.99 所示。

图5.98　"旋转"对话框

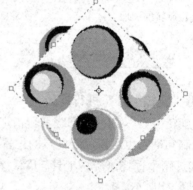

图5.99　复制品

3. 使用"旋转"命令进行旋转

此命令可以对旋转对象进行精确旋转，选中要旋转的对象，然后执行"对象"｜"变换"｜"旋转"命令，将弹出"旋转"对话框，此对话框与双击"旋转工具"🔘所打开的对话框是一样的，故在此不再赘述。

4. 使用"变换"面板进行旋转

选中要旋转的图形，执行"窗口"｜"对象和版面"｜"变换"命令，将弹出"变换"面板，在此面板中的"旋转角度"图标 △ 后的文本框中输入数值，以确定旋转的角度。如图 5.100 所示为旋转前后的对比效果。

5. 使用控制栏进行缩放

使用"选择工具"🔖选择要旋转的图形，然后在控制栏中的"旋转角度"图标 △ 后的文本框中输入数值，以确定旋转的角度。按 Enter 键确认，即可旋转图形。

另外，单击"顺时针旋转 90°"按钮🔘，即可将图形顺时针旋转 90°；单击"逆时针旋转 90°"按钮🔘，即可将图形逆时针旋转 90°。

提示　当单击某个旋转按钮后，右侧的 P 图标中的"P"也将随着旋转。

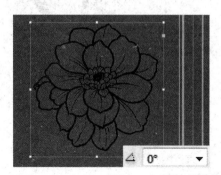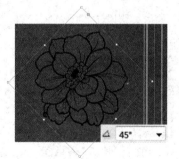

图5.100　旋转花形前后的对比效果

5.9.4 倾斜图形

使用"切变工具" ⬚ 可以使所选择的图形按指定的方向倾斜，一般用来模拟图形的透视效果或图形投影。

1. 使用"切变工具"进行切变

选中要切变的图形，在工具箱中选择"切变工具" ⬚，此时图形的状态如图 5.101 所示。拖动鼠标即可使图形切变，如图 5.102 所示。

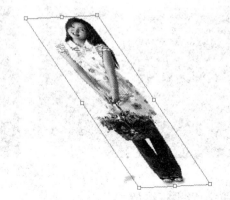

图5.101　切变前的状态　　　　　图5.102　切变后的状态

提示　在使用"切变工具" ⬚ 切变时按住 Shift 键，可以约束图形沿 45° 角倾斜；如果在切变时按住 Alt 键，将可创建图形倾斜后的复制品。

双击"切变工具" ⬚，或按住 Alt 键并单击切变中心点，即可弹出"切变"对话框，如图 5.103 所示。其中的参数可以精确设置倾斜的状态。

该对话框中的各选项功能解释如下。

- 切变角度：在此文本框中输入数值，以精确设置倾斜的角度。
- 水平：选中此单选项，可使图形沿水平轴进行倾斜。
- 垂直：选中此单选项，可使图形沿垂直轴进行倾斜。
- "复制"按钮：在确定倾斜角度后，将在原图形的基础上创建一个倾斜后的图形复制品。
  如图 5.104 所示。

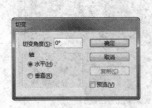

图5.103 "切变"对话框　　　　图5.104 复制品

2. 使用"切变"命令进行切变

此命令可以对切变对象进行精确切变,选中要切变的对象,然后执行"对象"|"变换"|"切变"命令,将弹出"切变"对话框,此对话框与双击"切变工具"所打开的对话框是一样的,故在此不再赘述。

3. 使用"变换"面板进行切变

选中要切变的图形,执行"窗口"|"对象和版面"|"变换"命令,将弹出"变换"面板,在此面板中的"切换角度"图标后的文本框中输入数值,以确定切变的角度。如图 5.105 所示为切变前后的对比效果。

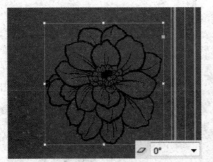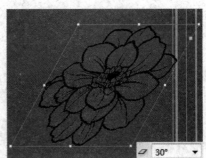

图5.105 切换前后的对比效果

4. 使用控制栏进行缩放

使用"选择工具"选择要切变的图形,然后在控制栏中的"切变角度"图标后的文本框中输入数值,以确定切变的角度。按 Enter 键确认,即可切变图形。

>>> 5.9.5 镜像图形

镜像图形也就是在指定参考点处使图形翻转到不可见轴的另一侧,通俗地讲,就是将图形进行水平翻转或垂直翻转,所产生的镜像效果。

1. 使用工具进行镜像

在工具箱中选择"选择工具"、"自由变换工具"或者"旋转工具",选中要镜像的图形,按住鼠标左键将控制点拖至相对的位置,释放鼠标即可产生镜像效果。

2. 使用菜单命令进行镜像

选中要镜像的图形,执行"对象"|"变换"|"水平翻转"命令,即可将图形进行水

1. 相加

单击"路径查找器"区域的"相加"按钮，可以将 2 个或多个形状复合成为一个形状。如图 5.111 所示为选中的图形，然后在"路径查找器"面板中单击"相加"按钮，此时的图形状态如图 5.112 所示。

图5.111　选中的对象　　　　　　图5.112　相加后的效果

2. 减去

单击"路径查找器"区域的"减去"按钮，则前面的图形将挖空后面的图形。如图 5.113 所示为选中的图形，然后在"路径查找器"面板中单击"减去"按钮，此时的图形状态如图 5.114 所示。

图5.113　选中的对象　　　　　　图5.114　减去后的效果

3. 交叉

单击"路径查找器"区域的"交叉"按钮，则按所有图形重叠的区域将创建形状。如图 5.115 所示为选中的图形，然后在"路径查找器"面板中单击"交叉"按钮，此时的图形状态如图 5.116 所示。

图5.115　选中的对象　　　　　　图5.116　交叉后的效果

4. 排除重叠

单击"路径查找器"区域的"排除重叠"按钮，即所有图形相交的部分被挖空，保留未重叠的图形。如图 5.117 所示为选中的图形，然后在"路径查找器"面板中单击"排除重叠"按钮，此时的图形状态如图 5.118 所示。

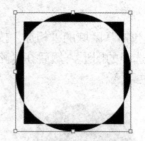

图5.117　选中的对象　　　　　图5.118　排除重叠后的效果

5. 减去后方对象

单击"路径查找器"区域的"减去后方对象"按钮，则后面的图形将挖空前面的图形。如图 5.119 所示为选中的图形，然后在"路径查找器"面板中单击"减去后方对象"按钮，此时的图形状态如图 5.120 所示。

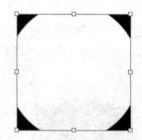

图5.119　选中的对象　　　　　图5.120　减去后方对象后的效果

▶▶5.10.4　转换形状

单击"转换形状"选项组中的各个按钮，可以将当前图形转换为对应的图形，例如在当前选择了一个多边形的情况下，单击"转换为三角形"按钮△后，该多边形就会变为三角形，如图 5.121 所示。

图5.121　多边形转换为三角形

提示

当水平线或垂直线转换为图形时，会弹出如图 5.122 所示的提示框。此时直接单击"确定"按钮。

图5.122　提示框

第 6 章

置入与编辑图像

- 置入图像
- 通过"剪切路径"去除图像的背景
- 裁剪图像
- 调整图像在框架中的位置
- 让图像适合框架
- 变换图像
- 管理图像链接

6.1 置入图像

　　一个成功的出版物设计作品必然离不开图片的装饰。在 InDesign 中，可以通过"置入"命令将多种格式的图像导入到文档中加以利用。

▶▶6.1.1　直接置入图像

　　执行"文件"｜"置入"命令或按 Ctrl+D 组合键，来打开"置入"对话框，如图 6.1 所示。

图6.1　"置入"对话框

　　该对话框中各选项的功能解释如下。

- 显示导入选项：勾选此复选框，单击"打开"按钮后，就会弹出"图像导入选项"对话框。
- 替换所选项目：在应用"置入"命令之前，如果选择了一幅图像，那么勾选此复选框并单击"打开"按钮后，就会替换之前所选中的图像。
- 创建静态题注：勾选此复选框后，可以添加基于图像元数据的题注。
- 应用网格格式：勾选此复选框后，导入的文档将带有网格框架。反之，则将导入纯文本框架。
- 预览：勾选该选框后，可以在上面的方框中看到当前图像的缩览图。

▶▶6.1.2　置入行间图

　　在 InDesign CS6 中不仅可以直接置入图像，还可以将图像插入文本行间，操作步骤如下。

① 选择"文字工具" T，将光标在文本框中需要插入图片的位置单击，将光标插入文本框。

② 执行"文件"｜"置入"命令，再选择一个图片，然后单击"打开"按钮，即可将图片置入文本框中。

可以将图像置入到某个特定的路径、图形或框架中。置入图像后，无论是路径还是图形都会被系统转换为框架，如图 6.2 ～图 6.4 所示。

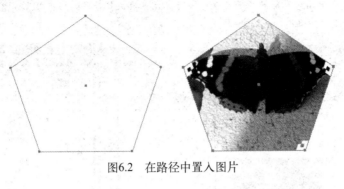

图6.2　在路径中置入图片

图6.3　在图形中置入图片

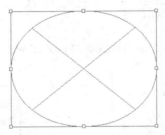

图6.4　在框架中置入图片

6.1.3　置入透明背景的图像

在 InDesign CS6 中为了版面的美观，可以置入透明背景的图像，如 PSD、PNG 格式等带有透明底的图像。

PSD 格式图像是 Adobe Photoshop 软件所专用的图像格式，由于它与 InDesign 属同一公司所开发的软件，所以相互之间具有非常好的兼容性。

PNG 格式图像可用于网络图像，该格式可以保存 24 位真彩色图像，并且支持透明背景和消除锯齿边缘的功能，可以在不失真的情况下压缩保存图像。

置入 PSD、PNG 格式的图像与置入其他格式图像的方法并没有什么区别，但如果置入的 PSD 或 PNG 格式图像为透明背景，则该图像置入后仍然会保留其透明属性。

6.1.4　让置入的图像替换现有图像

在工具箱中选择"选择工具" ，选中要替换的图像，执行"文件"｜"置入"命令，在弹出的对话框中选择图像，单击"打开"按钮，可将置入的图像替换现有图像。

> **提示** 从文件夹中选择准备置入的图像，再将它直接拖至要替换的图像之上，也可让置入图像快速替换现有图像，如图6.5和图6.6所示。

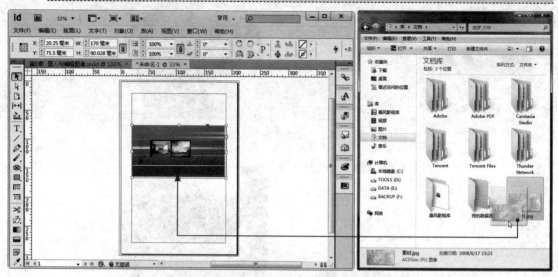

图6.5 拖拽置入图像来替换现有图像

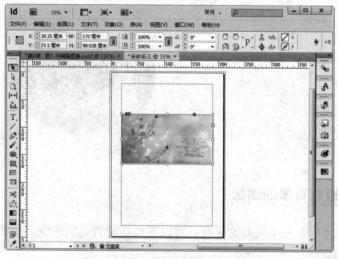

图6.6 让拖入的图像替换现有图像

6.2 通过"剪切路径"去除图像的背景

6.2.1 了解剪切路径

使用剪切路径可以去除图像的背景（裁剪掉部分原图），以便只有原图中的一部分透过创建的形状显示出来。通过创建图像的路径和图形的框架，可以创建剪切路径来隐藏图像中不需要的部分；通过保持剪切路径和图形框架彼此分离，可以使用"直接选择工具" [▷] 和工具箱中的其他绘制工具来自由地修改剪切路径，而不会影响图形框架。下面讲解几种创建剪切路径的方法。

- 使用路径或 Alpha（蒙版）通道（InDesign 可以自动使用）置入已存储的图形。可以使用如 Adobe Photoshop 之类的程序将路径和 Alpha 通道添加到图形中。
- 使用"剪切路径"对话框中的"检测边缘"选项，为已经存储但没有剪切路径的图形生成一个剪切路径。
- 使用"钢笔工具" [✎] 在所需的形状中绘制一条路径，然后使用"贴入内部"命令将图形粘贴到该路径中。

▶▶6.2.2 自动创建剪切路径

如果要从没有存储剪切路径的图形中去除背景，可以使用"剪切路径"对话框中的"检测边缘"选项自动完成此操作。"检测边缘"选项将隐藏图形中颜色最亮或最暗的区域，因此当背景为纯白或纯黑时，效果最佳。具体创建的步骤如下。

① 选择置入的对象后，执行"对象"｜"剪切路径"｜"选项"命令，将弹出"剪切路径"对话框，然后在"类型"下拉列表中选择"检测边缘"选项，如图 6.7 所示。

该对话框中各选项的功能解释如下。

图6.7 "剪切路径"对话框

- **类型**：在该下拉列表中可以选择创建镂空背景图像的方法。
- **阈值**：此处的数值决定了有多少高亮的颜色被去除，用户在此输入的数值越大，则被去除的颜色从亮到暗依次越多。
- **容差**：容差参数控制了用户得到的去底图像边框的精确度，数值越小得到的边框的精确度也越高。因此，在此输入较小的数值有助于得到边缘光滑、精确的边框，并去掉凹凸不平的杂点。
- **内陷框**：此参数控制用户得到的去底图像内缩的程度，用户在此处输入的数值越大，则得到的图像内缩程度越大。
- **反转**：选中此选项，得到的去底图像与以正常模式得到的去底图像完全相反，在此选项被选中的情况下，应被去除的部分保存，而本应存在的部分被删除。
- **包含内边缘**：在此选项被选中的情况下，InDesign 在路径内部的镂空边缘处也将创建边框并做去底操作。
- **限制在框架中**：选择该选项，可以使剪贴路径停止在图像的可见边缘上，当使用图框来裁切图像时，可以产生一个更为简化的路径。
- **使用高分辨率图像**：在此选项未被选中的情况下，InDesign 以屏幕显示图像的分辨率来计算生成的去底图像效果，在此情况下用户将快速得到去底图像效果，但其结果并不精确。所以，为了得到精确的去底图像及其绕排边框，应选中此项。

② 设置各选项后单击"确定"按钮退出对话框。如图 6.8 所示为原图像，如图 6.9 所示为去除白色背景应用到广告设计作品中的效果。

图6.8 原图像

图6.9 应用效果

6.3 裁剪图像

置入图像后，可以利用 InDesign 中的工具或命令对图像进行裁剪编辑，使版面更为美观。

▶▶6.3.1 用"选择工具"来裁剪

对于图像的大小可通过工具箱中的"选择工具" 进行简单快速的裁剪。操作步骤如下：

① 在"选择工具" 选中的状态下，选择所要裁剪的图像。

② 将光标移至图形的最右面，当光标变为 ↔ 状态时，按下鼠标左键向左拖动，如图 6.10 所示。

③ 拖动光标至不需要裁剪的部分，放开鼠标，裁剪后的效果如图 6.11 所示。

图6.10 裁剪图形

图6.11 裁剪效果

▶▶6.3.2 用"直接选择工具"来裁剪

选择"直接选择工具" ，对置入的图像选中后按住鼠标左键不放并进行移动，可对图像进行裁剪，如图 6.12 所示。

图6.12　使用"直接选择工具"进行图像裁剪

对于上面使用"直接选择工具"拖移鼠标进行规整的图像裁剪操作外，还可以使用该工具选中图像框架中的某一个控制点，对图像进行不规则的图像裁剪操作，如图 6.13 所示。

图6.13　使用"直接选择工具"进行不规则裁剪

6.3.3　路径的裁剪

在 InDesign CS6 中，可以利用"钢笔工具"或"铅笔工具"来绘制路径，然后对置入的图像进行不规则的裁剪，操作步骤如下：

① 在工具箱中选择"钢笔工具"或"铅笔工具"，在置入的图像上绘制一条不规则的路径。

② 选中图像，按下快捷键 Ctrl+X 对图像进行剪切，将图像剪切到剪贴板上。

③ 选中不规则路径，单击鼠标右键，从弹出的菜单中选择"贴入内部"命令，即可将图像贴入不规则路径中，形成不规则裁剪效果。

如图 6.14 所示为图像进行不规则裁剪的效果。

图6.14　利用路径对图像进行不规则裁剪

6.4 调整图像在框架中的位置

通过工具箱中的"文字工具" T 将图像插入文本框之后，图像将与文本串联起来，即当文本框进行移动时，图像会与文本框一起移动。对于图像在框架中位置的调整，可以通过图像剪切、粘贴的方法进行，操作步骤如下：

① 选择工具箱中的"选择工具" ，选择需要调整框架中位置的图像，如图 6.15 所示。

② 执行"编辑" | "剪切"命令或使用快捷键 Ctrl+X 将图像进行剪切。

③ 选择工具箱中的"文字工具" T ，将光标插入文本框中的目标位置，执行"编辑" | "粘贴"命令，将图像粘贴到目标位置，如图 6.16 所示。

图6.15 选择图形

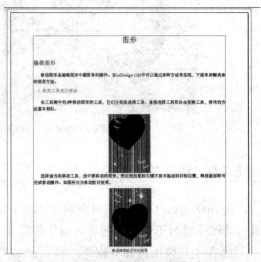

图6.16 调整图形位置

6.5 让图像适合框架

当置入图像后，执行"对象" | "适合"命令，在打开的子菜单中可以选择调整置入图像与框架位置的命令，如图 6.17 所示。

在工具选项中对应的按钮如图 6.18 所示。

图6.17 "适合"命令的子菜单

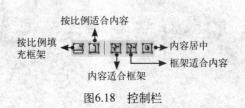

图6.18 控制栏

>>6.5.1 内容适合框架

对内容进行适合框架大小的缩放。该操作下的框架比例不会更改，内容比例则会改变。选择操作对象，在工具选项栏中单击"内容适合框架"按钮，即可对图像进行内容适合框架操作，效果如图 6.19 所示。

原图像　　　　　　　　　　　效果图像

图6.19　"内容适合框架"图像操作的前后对比

>>6.5.2 框架适合内容

对框架进行调整以适合内容的大小。该操作下的内容大小、比例不会更改，框架则会根据内容的大小进行适合内容的调整。选择操作对象，在工具选项栏中单击"框架适合内容"按钮，即可对图像进行框架适合内容的操作，如图 6.20 所示为原图像和进行框架适合内容操作后等比例缩放的效果图像。

原图像　　　　　　　　　等比例缩放后的效果图像

图6.20　"框架适合内容"图像操作的前后对比

>>6.5.3 按比例适合内容

在保持内容比例与框架尺寸不变的状态下，调整内容大小以适合框架，如果内容和框架的比例不同，将会导致一些空白区。选择操作对象，在工具选项栏中单击"按比例适合内容"按钮，即可对图像进行按比例适合内容的操作，效果如图 6.21 所示。

提示　　如果内容和框架比例不同，进行按比例适合内容的操作时，将会存在一些空白区。

原图像　　　　　　　　　　　　　　效果图像

图6.21　"按比例适合内容"图像操作的前后对比

▶▶6.5.4　按比例填充框架

在保持内容比例与框架尺寸不变的状态下，将内容填充框架。选择操作对象，在工具选项栏中单击"按比例填充框架"按钮 ，即可对图像进行按比例填充框架的操作，效果如图6.22所示。

原图像　　　　　　　　　　　　　　效果图像

图6.22　"按比例填充框架"图像操作的前后对比

提示　　　如果内容和框架比例不同，进行按比例填充框架的操作时，效果图像将会根据框架的外框对内容进行一部分的裁剪。

▶▶6.5.5　内容居中

在保持内容和框架比例、尺寸大小不变的状态下，将内容摆放在框架的中心位置。选择操作对象，在工具选项栏中单击"内容居中"按钮 ，即可对图像进行内容居中的操作，效果如图 6.23 所示。

原图像　　　　　　　　　　　　　　效果图像

图6.23　"内容居中"图像操作的前后对比

6.6　变换图像

变换图像与变换图形的操作方法一样，但缩放时要按住 Ctrl 键，否则即为裁剪操作。在第 5 章已经对如何变换图形做了详细讲解，故在本节中不再一一赘述。

6.7　管理图像链接

在文档中置入一张图片，这仅是在页面中添加了一个以屏幕分辨率显示供用户查看的版本，其实，在原始文件和置入图片之间已经创建了一个链接。该链接虽然连接到图片，但仍与文档保持独立，也就是并没有把该图片复制到文档中。"链接"面板是图片与文档之间的一个桥梁，如果图片在没有嵌入的情况下，可以跟随外部原文件的更新而更新。

6.7.1　了解"链接"面板

执行"窗口"｜"链接"命令，将弹出"链接"面板，如图 6.24 所示。"链接"面板的作用在于，可以方便快速地选择、更新、查看当前文档所有页面中的外部链接图片。

在"链接"面板中各选项的含义解释如下。

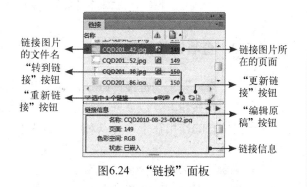

图6.24　"链接"面板

- 链接图片的文件名：在页面中选择某个链接图片，在"链接"面板中即可查看该链接图片的文件名；双击某个链接图片的文件名，则可以显示或隐藏面板下方的"链接信息"区域。
- "转到链接"按钮 ：在选中某个链接的基础上，单击"链接"面板底部的"转到链接"按钮 ，可以切换到该链接所在页面进行显示。
- "重新链接"按钮 ：该按钮可以对已有的链接进行替换。在选中某个链接的基础上，单击"链接"面板中的"重新链接"按钮 ，将弹出"重新链接"对话框，如图 6.25 所示。在该对话框中选择要替换的图片后单击"打开"按钮，完成替换。
- "更新链接"按钮：链接文件被修改过，就会在文件名右侧显示一个叹号图标 ，单击面板底部的"更新链接"按钮 或按下 Alt 键的同时单击鼠标可以更新全部。
- "编辑原稿"按钮 ：单击此按钮，可以快速转换到图片编辑软件来编辑原文件。

提示

单击"链接"面板右上角的面板选项按钮 ，从弹出的菜单中可以调出"链接"面板中的任一个快捷按钮对应的命令，如图 6.26 所示。

图6.25 "重新链接"对话框　　　　图6.26 隐含菜单

6.7.2 查看链接信息

执行"窗口"｜"链接"命令，将弹出"链接"面板，单击面板左下角的三角按钮▷，以展开"链接信息"区域，如图 6.27 所示。

链接信息的作用在于，可以对图片的基本信息进行了解。部分参数解释如下：

- 名称：该处显示为图片名称。
- 页面：该处显示的数字为图片在文档中所处的页面位置。
- 状态：该处显示图片的是否嵌入、是否缺失状态。
- 大小：该处可快速查看图片大小。
- 实际 PPI：该处可快速查看图片的实际分辨率。
- 有效 PPI：该处可快速查看图片的有效分辨率。
- 尺寸：该处可快速查看图片的原始尺寸。
- 路径：该处显示图片所处的文件夹位置，有利于查找缺失的链接。
- 缩放：该处可快速查看图片的缩放比例。
- 透明度：该处可快速查看图片是否应用了透明度效果。

图6.27 查看链接信息

6.7.3 跳转至链接图所在的位置

利用"链接"面板，可快速查看文档中的图片。在"链接"面板中选择所要查看图片的缩览图，然后单击"链接"面板中的"转到链接"按钮，文档页面即可快速跳转到链接图所在的位置，具体操作如图 6.28 所示。

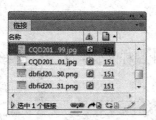

选择缩览图

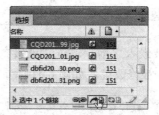

单击"转到链接"按钮

图6.28 跳转至链接图所在位置的操作

6.7.4 重新链接

当链接图像在没有被嵌入的状态下却对其文件夹位置进行了更改时，将导致链接的丢失，在"链接"面板中会出现问号小图标 ❷。单击"链接"面板中的"重新链接"按钮 ⟨⟩，即可快速恢复丢失的链接。操作步骤如下：

① 选择工具箱中的"选择工具" ▣ ，选择"链接"面板中丢失链接的选项。

② 单击"链接"面板底部的"重新链接"按钮 ⟨⟩ ，在弹出的"定位"对话框中选择目标文件，如图 6.29 所示。

③ 单击"打开"按钮，如图 6.30 所示，退出该对话框，即可恢复丢失的链接。

图6.29 "链接"面板

图6.30 "定位"对话框

提示

将丢失的图片文件，移回该正文的文件夹中，可恢复丢失的链接。对于链接的替换，也可以利用"重新链接"按钮 ⟨⟩ ，在打开的"重新链接"对话框中选择所要替换的图片。

6.7.5 更新图片链接

图片在没有被嵌入之前，通过"链接"面板中图标的显示可以看到图片的是否被修改过，如图 6.31 所示。

图6.31　图片状态改变所显示的图标

 提示　如果图片被修改过，则会在"链接"面板中的文件名称右侧显示一个叹号图标▲。

当"链接"面板中出现"已修改"图标▲表示其所对应的图片已经修改过，要更新此修改过的链接，可以在面板中选中此带有"已修改"图标▲的链接，然后单击"链接"面板底部的"更新链接"按钮 ，或单击"链接"面板右上角的面板选项按钮 ，从弹出的菜单中选择"更新链接"命令，即可完成链接的更新。

 提示　如果"链接"面板中显示多个"已修改"图标▲，可在按下 Alt 键的同时再单击"更新链接"按钮 ，即可更新全部。

6.7.6 使用默认的图像编辑器来打开图像

当图片在没有被嵌入的状态下，单击"链接"面板右上角的面板选项按钮 ，从弹出的菜单中选择"编辑原稿"命令，如图 6.32 所示。该操作可使用默认的图像编辑器来打开图像进行基本的图像编辑，如图 6.33 所示。当图片处于已嵌入状态时，对于使用默认的图像编辑器来打开图像的操作则无效。

 提示　选择面板选项菜单中的"编辑工具"子菜单下面的命令，也可对图像编辑所使用的工具进行选择，如图 6.34 所示。

图6.32　选择"编辑原稿"命令

图6.33　默认编辑器

图6.34　编辑工具

6.7.7 嵌入链接图

图片的嵌入是将文件存储在出版物中，嵌入后会增大文件的大小，嵌入的文件已断开文件的链接，文件也会不再跟随外部原文件的更新而更新。

在"链接"面板中选中所需嵌入的链接文件，然后单击鼠标右键，从弹出的快捷菜单中选择"嵌入链接"命令，即可将所选的链接文件嵌入到当前出版物中，完成嵌入的链接图片文件名的后面会显示"嵌入"图标![嵌入]，如图 6.35 所示。

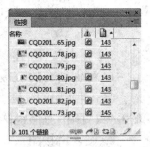

图6.35　嵌入文件

提示　　单击"链接"面板右上角的面板选项按钮![按钮]，从弹出的菜单中可以选择"嵌入链接"命令。如果该文件含有多个实例，可以在弹出的菜单中选择"嵌入'此文件名'的所有实例"命令。

6.7.8　取消嵌入链接图

要取消链接文件的嵌入，操作步骤如下：

① 在"链接"面板中，选择一个或多个嵌入文件。

② 单击"链接"面板右上角的面板选项按钮![按钮]，从弹出的菜单中选择"取消嵌入链接"命令。如果该文件含有多个实例，可以从弹出的菜单中选择"取消嵌入'此文件名'的所有实例"命令。

③ 选择"取消嵌入'此文件名'的所有实例"命令后，会打开 InDesign 提示框，提示用户是否要链接至原文件，如图 6.36 所示。

该提示框中各按钮的含义解释如下。

• "是"按钮：单击此按钮，可以直接取消链接文件的嵌入并链接至原文件。

• "否"按钮：单击此按钮，将打开"选择文件夹"对话框，如图 6.37 所示。选择文件夹将当前的嵌入文件作为链接文件的原文件存放到文件夹中。

图6.36　InDesign提示框　　　　　　　图6.37　"选择文件夹"对话框

• "取消"按钮：单击此按钮，将放弃"取消嵌入链接"命令。

▶▶ 6.7.9　2招保证不会丢失链接

2 个招术如下所述。

1. 确保所有的链接图与ID文件在相同文件夹内

当文件夹中的链接图更换文件夹时，将会导致 InDesign 正文的链接图缺失。为了避免链接的丢失，可确保所有链接图与 InDesign 正文在相同的文件夹内，或不随便更改链接图的文件夹。

2. 嵌入链接图

在"链接"面板中选择没有嵌入链接图的选项，单击鼠标右键，从弹出的菜单中选择"嵌入链接"命令，即可对链接图完成嵌入操作。

嵌入链接图，可以防止图片的丢失。不足之处在于，嵌入链接后，图片原文件的更改在 InDesign 正文中将不会伴随更改。

▶▶ 6.7.10　内容收集器工具

在 InDesign CS6 中，新增了"链接内容"功能，使用此功能可以管理内容的多个版本，以减少复制粘贴操作所耗费的时间。在实际操作过程中，主要结合了"内容收集器工具" 📠和"内容置入器工具" 📠（具体的使用方法请参见下一小节）。

使用"内容收集器工具" 📠，可以将页面项目添加到"内容传送装置"面板中。具体的操作步骤如下。

① 在工具箱中选择"内容收集器工具" 📠，以打开"内容传送装置"面板，如图 6.38 所示。

图6.38　"内容传送装置"面板

"内容传送装置"面板中的部分选项解释如下。

- "内容置入器工具" 📠：使用此工具可以将"内容传送装置"面板中的项目置入到文档中。
- 收集所有串接框架：勾选此选项，可以收集文章和所有框架；如果不勾选此选项，则仅收集单个框架中的文章。
- 载入传送装置 📇：单击此按钮，将弹出"载入传送装置"对话框，如图 6.39 所示。选中"选区"选项，可以载入所有选定项目；选中"页面"选项，可以载入指定页面上的所有项目；选中"所有"选项，可以载入所有页面和粘贴板上的项目。如果需要将所有项目归入单个组中，则勾选"创建单个集合"选项。

② 使用"内容收集器工具" 📠选择一个对象或页面，此时选择的对象四周将出现蓝色框架，如图 6.40 所示，然后单击将其添加到传送装置。

③ 按照上一步的操作方法，可以继续在打开的文档中或打开的文档间置入和链接多个页面项目。如图 6.41 所示为置入多个页面和对象后的状态。

图6.39 "载入传送装置"对话框   图6.40 选取页面时的状态

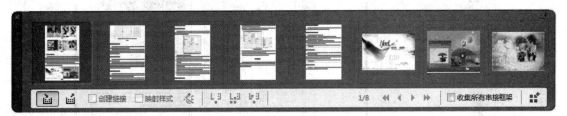

图6.41 添加多个页面及对象后的状态

▶▶6.7.11 内容置入器工具

在上一小节中，主要讲解了如何将页面项目添加到"内容传送装置"面板中，在本节中将主要讲解如何将"内容传送装置"面板中的项目置入到文档中。具体的操作步骤如下。

①打开需要置入项目的文档，在工具箱中选择"内容置入器工具" ，以打开"内容传送装置"面板（面板中的项目与上一小节添加的项目一致）。不同的是面板下方的灰色选项将启用，如图 6.42 所示。

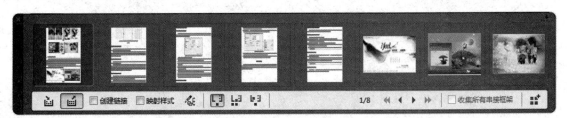

图6.42 "内容传送装置"面板

"内容传送装置"面板中的部分参数解释如下。

● 创建链接：勾选此选项，可以将置入的项目链接到所收集项目的原始位置。可以通过"链接"面板来管理链接。

- 映射样式：勾选此选项，将在原始项目与置入项目之间映射段落、字符、表格或单元格样式。默认情况下，映射时采用样式名称。

- 编辑自定样式映射 🔩：单击此按钮，在弹出的"自定样式映射"对话框中可以定义原始项目和置入项目之间的自定样式映射。映射样式以便在置入项目中自动替换原始样式。关于"自定样式映射"对话框中的参数讲解请参见第 10.9 节。

- 🔲：单击此按钮，在置入项目之后，可以将该项目从"内容传送装置"面板中删除。

- 🔲：单击此按钮，可以多次置入当前项目，但该项目仍载入到置入喷枪中。

- 🔲：单击此按钮，置入该项目，然后移至下一个项目。但该项目仍保留在"内容传送装置"面板中。

- ⏮ ◀ ▶ ⏭：单击相应的三角按钮，可以浏览"内容传送装置"面板中的项目。

② 将光标移至需要置入项目的位置并单击，如图 6.43 和图 6.44 所示。

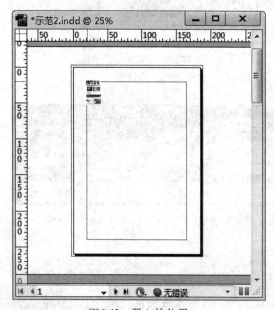

图6.43　置入的位置

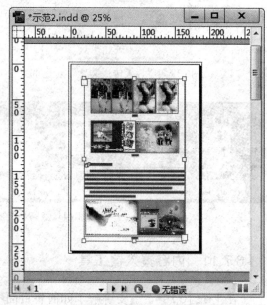

图6.44　置入后的状态

③ 按照上一步的操作方法，选择需要置入的项目并放到合适的位置。

第 7 章

编辑并赋予对象特殊效果

- 选择对象
- 复制对象
- 对齐与分布选中的对象
- 调整对象的顺序
- 粘贴对象

- 对象的编组与解组
- 对象的锁定与解锁
- 设置对象的混合
- 效果的应用

7.1 选择对象

  对象是文档页面或草稿区的任何一个可打印元素，如图形或路径等。进行对象编辑的前提是必须选择对象，在 InDesign CS6 中，可以通过"选择工具" ▶ 与"直接选择工具" ▷ 来进行对象的选择，如图 7.1 所示。

图7.1 使用"选择工具"与"直接选择工具"来选择对象的对比效果

▶▶ 7.1.1 用"选择工具"选择对象

  "选择工具" ▶ 主要进行定位对象或调整对象整体大小的操作，对对象框架进行选择，使用对象的定界框进行快速裁剪等操作。使用"选择工具" ▶ 选择对象时，可进行简单的对象编辑。

- 在 InDesign CS6 中，当"选择工具" ▶ 光标移至图像上面时，会变成一个抓手形的光标，即"内容手形抓取工具" 🖑，如图 7.2 所示。在抓手光标状态下按住鼠标左键不放并移动鼠标时，可选择框架的内容进行移动，得到裁剪效果，如图 7.3 所示。

图7.2 光标状态   图7.3 裁剪图像后的效果

提示

> 在 InDesign CS6 中，"内容手形抓取工具" 🖑 取代了 CS5 以前版本中的"位置工具"。

- 当"选择工具" ▶ 光标移到图像抓手形区域以外时，光标则为正常光标状态，如图 7.4 所示。单击后表示对对象的框架进行了选择，如果需要同时选中多个对象，可以按住 Shift 键的同时再单击，如图 7.5 所示。如果被单击的对象处于选中的状态，则会取消对该对象的选择。

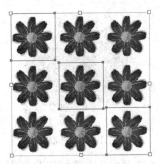

图7.4 正常状态下的选择　　　　图7.5 选择多个对象

- 使用"选择工具" 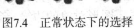在对象附近按住鼠标左键不放，拖拽出一个矩形框，以确定将需要的对象选中，如图 7.6 所示。释放鼠标即可将框选到的图形选中，如图 7.7 所示。

图7.6 拖拽出一个矩形框　　　　图7.7 选中框选的对象

▶▶7.1.2 用"直接选择工具"选择对象

对对象框架中的内容进行编辑时可使用"直接选择工具" 。该工具主要用于在不影响框架的状态下调整导入图形的大小、绘制和编辑路径以及对已转换为路径的文本进行编辑。

- 选择锚点。选择"直接选择工具" ，将光标置于图形对象的锚点位置，当光标成 状态时，如图 7.8 所示，单击鼠标即可选中该锚点，如图 7.9 所示。

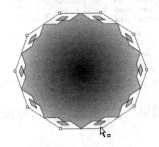

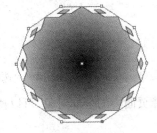

图7.8 光标状态　　　　　　图7.9 选择单个锚点

提示　　如果要选择多个锚点，可以按住 Shift 键的同时再单击要选择的锚点即可。另外，利用"直接选择工具" 在适当的位置拖出一个矩形框也可以选择一个或多个锚点。

- 选择整个图形。选择"直接选择工具" ，将光标置于图形对象内，当光标成 状态时，如图 7.10 所示，单击鼠标即可选中整个图形，如图 7.11 所示。

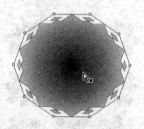

图7.10　光标状态

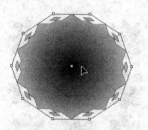

图7.11　选中整个图形

- 激活路径。选择"直接选择工具" ，将光标置于图形对象的边缘，当光标成 状态时，如图 7.12 所示，单击鼠标即可激活整个图形的锚点。如图 7.13 所示为拖动路径线后的图形状态。

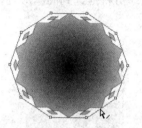

图7.12　光标状态

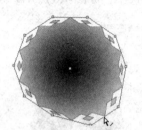

图7.13　编辑路径后的状态

7.1.3　菜单命令选择对象

方法如下：

- 除了"选择工具" 和"直接选择工具" 能选择图形对象外，还可以使用菜单命令来选择对象。执行"对象" | "选择"命令，如图 7.14 所示，在其子菜单中选择相应的命令，即可完成对图形对象的选择。

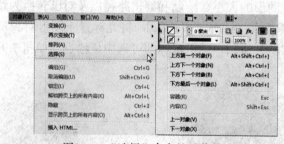

图7.14　"选择"命令的子菜单

- 如果要选择页面中的全部对象，可以执行"编辑" | "全选"命令，或按 Ctrl+A 组合键。

7.2　复制对象

在 InDesign CS6 中，不仅可以使用菜单栏中的命令来复制对象，也可以使用快捷键来快速复制对象。在复制对象时，可以对对象进行普通的复制，还可以对对象进行更快速、更方便的直接或多重复制操作。

7.2.1 快速复制对象

进行对象的复制,在 InDesign CS6 应用中是较普通与使用广泛的操作。该复制操作需要配合菜单中的"编辑"|"粘贴"命令来使用。其操作方法如下:

- 单击"选择工具" 选择对象,执行"编辑"|"复制"命令对对象进行复制。
- 单击"选择工具" 选择对象,按快捷键 Ctrl+C 可以对已选中的对象进行复制。
- 单击"选择工具" 选择对象,单击鼠标右键并从弹出的快捷菜单中选择"复制"命令对对象进行复制。

对象被复制后(此时对象已被复制到剪贴板),执行"编辑"|"粘贴"命令,或按 Ctrl+V 组合键,即可将被复制的对象副本粘贴到页面中。

7.2.2 拖动法复制对象

选择要复制的对象,并确定光标还在对象上,按住 Alt 键并拖动鼠标左键至合适的位置,释放鼠标和 Alt 键,即可复制出一个新的对象。

提示　在复制对象时,按住 Shift 键可以沿水平、垂直或成 45° 的方向来复制对象。

7.2.3 直接复制对象

与"编辑"|"复制"命令不同,执行"编辑"|"直接复制"命令,或按 Ctrl+Shift+Alt+D 组合键,可以直接复制选定的对象,新副本将会出现在版面上(稍微偏移原稿),如图 7.15 所示为原图及直接复制对象后的状态。

图7.15　原图及直接复制对象后的状态

提示　按住 Alt 键时还可以通过箭头键来移动对象从而进行对象的复制操作。

7.2.4 多重复制对象

执行"编辑"|"多重复制"命令,将弹出"多重复制"对话框,如图 7.16 所示。在此对话框中进行参数设置,可直接将所要复制的对象创建为成行或成列的副本。

"多重复制"对话框中各选项的含义解释如下：

- 计数：在此文本框中输入参数，可以控制生成副本的数量（不包括原稿）。
- 创建为网格：选择此选项，在"水平"与"垂直"的输入框中进行参数设置，对象副本将以网格的模式进行复制。

图7.16 "多重复制"对话框

- 水平：在此文本框中输入参数，可以控制在 X 轴上的每个新副本位置与原副本的偏移量。
- 垂直：在此文本框中输入参数，可以控制在 Y 轴上的每个新副本位置与原副本的偏移量。

当页面中具有大量的复制对象，可以使用"多重复制"对话框来快速完成。操作步骤如下：

① 按 Ctrl+D 组合键，在弹出的对话框中选择随书所附光盘中的文件"第 7 章 \7.2.4- 素材 .jpg"。选择该对象，执行"编辑" | "多重复制"命令，设置弹出的对话框如图 7.17 所示。

② 单击"确定"按钮退出对话框，将创建一行水平方向的副本，如图 7.18 所示。

图7.17 设置多重复制选项

如图 7.19 所示为将"多重复制"对话框中的"垂直"设置为 15 毫米，"水平"设置为 0 毫米时得到的效果。

图7.18 应用"多重复制"命令后的效果

图7.19 改变"垂直"与"水平"参数后的效果

7.3 对齐与分布选中的对象

无论是使用 InDesign 软件进行排版还是处理图片，对于对象的对齐与分布是经常需要用到的。执行"窗口" | "对象与版面" | "对齐"命令，或按 Shift+F7 快捷键，在弹出的"对齐"面板中选择相应的对象对齐按钮与对象分布按钮，可快速对对象进行准确的对齐与分布，如图 7.20 所示。

提示 　　"对齐"面板中的选项对已应用"锁定"命令的对象不存在影响，而且不会改变文本框架中文本的对齐方式。

≫ 7.3.1 对齐选中的对象

在"对齐"面板中共有 6 种方式，可对所选中的两个或两个以上的对象进行对齐操作，分别是左对齐、水平居中对齐、右对齐、顶对齐、垂直居中对齐和底对齐，如图 7.21 所示。

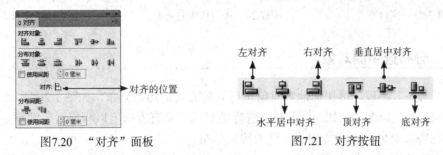

图7.20 　"对齐"面板　　　　　　　　　图7.21 　对齐按钮

各按钮的含义解释如下：

- 左对齐：当对齐的位置的基准为对齐选区时，单击该按钮可将所有选择的对象以最左边的对象的左边缘为边界进行垂直方向的靠左对齐。
- 水平居中对齐：当对齐的位置的基准为对齐选区时，单击该按钮可将所有被选择的对象以各自的中心点进行垂直方向的水平居中对齐。
- 右对齐：当对齐的位置的基准为对齐选区时，单击该按钮可将所有选择的对象以最右边的对象的右边缘为边界进行垂直方向的靠右对齐。

如图 7.22 所示为原图、左对齐、水平居中对齐及右对齐时的图像状态。

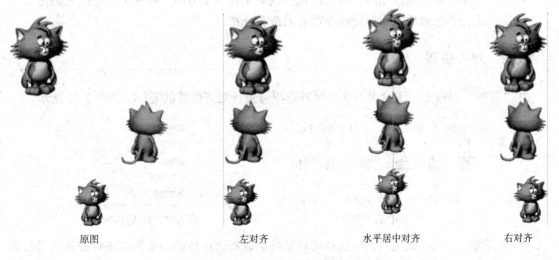

原图　　　　　　　　　左对齐　　　　　　　水平居中对齐　　　　　　右对齐

图7.22 　原图及不同的对齐方式

- 顶对齐：当对齐的位置的基准为对齐选区时，单击该按钮可将所有选择的对象以最上边的对象的上边缘为边界进行水平方向的顶点对齐，如图 7.23 所示。
- 垂直居中对齐：当对齐的位置的基准为对齐选区时，单击该按钮可将所有被选择的对象以各自的中心点进行水平方向的垂直居中对齐，如图 7.24 所示。

- 底对齐：当对齐的位置的基准为对齐选区时，单击该按钮可将所有选择的对象以最底下的对象的下边缘为边界进行水平方向的底部对齐，如图 7.25 所示。

图7.23　顶对齐　　　　　　　图7.24　垂直居中对齐　　　　　　　图7.25　底对齐

7.3.2　分布选中的对象

借助"对齐"面板，可快速地对对象进行 6 种方式的均匀分布，如图 7.26 所示。

- 按顶分布：单击该按钮时，可对已选择的对象在垂直方向上以相邻对象的顶点为基准，进行所选对象之间保持相等距离的按顶分布。
- 垂直居中分布：单击该按钮时，可对已选择的对象在垂直方向上以相邻对象的中心点为基准，进行所选对象之间保持相等距离的垂直居中分布。
- 按底分布：单击该按钮时，可对已选择的对象在垂直方向上以相邻对象的最低点为基准，进行所选对象之间保持相等距离的按底分布。
- 按左分布：单击该按钮时，可对已选择的对象在水平方向上以相邻对象的左边距为基准，进行所选对象之间保持相等距离的按左分布。
- 水平居中分布：单击该按钮时，可对已选择的对象在水平方向上以相邻对象的中心点为基准，进行所选对象之间保持相等距离的水平居中分布。
- 按右分布：单击该按钮时，可对已选择的对象在水平方向上以相邻对象的右边距为基准，进行所选对象之间保持相等距离的按右分布。

7.3.3　对齐位置

在"对齐"面板中，还给出了 5 个对齐选项可进行对齐位置的定位，如图 7.27 所示。

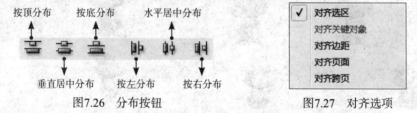

图7.26　分布按钮　　　　　　　　　图7.27　对齐选项

- 对齐选区：选择此选项，所选择的对象将会以所选区域的边缘为位置对齐基准进行对齐分布。
- 对齐关键对象：此选项为 InDesign CS6 中新增的额外选项，选择该选项后，所选择的对象中将对关键对象增加粗边框显示。
- 对齐边距：选择此选项，所选择的对象将会以所在页面的页边距为位置对齐基准，进行相对于页边距的对齐分布。

- 对齐页面：选择此选项，所选择的对象将会以所在页面的页面为位置对齐基准，进行相对于页面的对齐分布。
- 对齐跨页：选择此选项，所选择的对象将会以所在页面的跨页为位置对齐基准，进行相对于跨页的对齐分布。

7.3.4 分布间距

在"对齐"面板中，提供了两种精确指定对象间的距离的方式，即垂直分布间距和水平分布间距，如图 7.28 所示。

图7.28 分布间距按钮

- 垂直分布间距：选中"分布间距"区域中的"使用间距"选项，并在其右侧的文本框中输入数值，然后单击此按钮，可将所有选中的对象从最上面的对象开始自上而下分布选定对象的间距。
- 水平分布间距：选中"分布间距"区域中的"使用间距"选项，并在其右侧的文本框中输入数值，然后单击此按钮，可将所有选中的对象从最左边的对象开始自左而右分布选定对象的间距。

7.4 调整对象的顺序

在 InDesign CS6 中，由于对象的叠放顺序是根据它们被创建的顺序而决定的，新创建的对象将会覆盖现有对象。因此，如果需要对已被覆盖的对象进行编辑，则需要对对象进行排列顺序的调整。

执行"对象"｜"排列"命令，将弹出一个子菜单，利用其中的命令可以对对象的顺序进行调整，如图 7.29 所示。

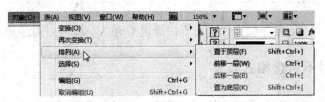

图7.29 "排列"命令子菜单

- 置于顶层：选择此命令，可将已选中的对象置于所有对象的顶层，也可按下快捷键 Shift+Ctrl+"]"对该操作进行快速的执行。
- 前移一层：选择此命令，可将已选中的对象在叠放顺序中上移一层，也可按下快捷键 Ctrl+"]"对该操作进行快速的执行。
- 后移一层：选择此命令，可将已选中的对象在叠放顺序中下移一层，也可按下快捷键 Ctrl+"["对该操作进行快速的执行。
- 置于底层：选择此命令，可将已选中的对象置于所有对象的底层，也可按下快捷键 Shift+Ctrl+"["对该操作进行快速的执行。

对于对象叠放顺序的不同页面效果，可以通过图 7.30 来表示。

原图

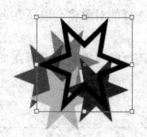
置于顶层

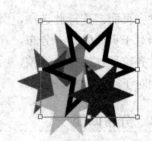
前移一层

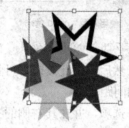
后移一层

置于底层

图7.30　不同叠放顺序的效果

7.5　粘贴对象

在 InDesign CS6 中，复制与粘贴在对对象进行编辑时是较为普遍的操作，而且对于粘贴方式的三种选择，使对对象的编辑更为快速与方便。

7.5.1　基本的粘贴操作

执行"编辑"｜"粘贴"命令，或按下快捷键 Ctrl+V，即可对对象进行基本的粘贴操作。

7.5.2　粘贴时不包含格式

执行"编辑"｜"粘贴时不包含格式"命令，或按下快捷键 Shift+Ctrl+V，即可对对象进行粘贴时不包含格式应用为目标对象的段落样式的操作。

提示　　该操作一般是对于从 InDesign 中带有段落样式的对象，对于从另一软件复制过来的对象，则该操作为无效。

7.5.3　原位粘贴对象

执行"编辑"｜"原位粘贴"命令，可以将创建的复制对象与被拷贝对象相吻合，其位置与原被拷贝对象的位置完全相同。

提示　　如果要简洁方便地得到操作对象原位放大或缩小的拷贝对象,可利用"编辑"│"原位粘贴"命令来得到拷贝对象,再缩放其整体百分比即可。另外,由于执行"编辑"│"原位粘贴"命令后,在页面上无法识别是否操作成功,在必要的情况下可以选择并移动被操作对象,以识别是否操作成功。

7.6　对象的编组与解组

在 InDesign CS6 中,可以把几个对象合并为一组,在操作时将其作为一个整体看待,不会影响各组成对象的属性及各组成对象之间的相对位置。

▶▶7.6.1　对象的编组

选择要组合的对象,执行"对象"│"编组"命令,即可将选择的对象进行编组。如图 7.31 所示。

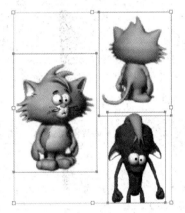

图7.31　编组前后的对比效果

 提示　　按 Ctrl+G 组合键可以快速将选中的对象进行编组。

多个对象组合之后,使用"选择工具" 选定组中的任何一个对象,都将选定整个群组。如果要选择群组中的单个对象,可以使用"直接选择工具" 进行选择。

如果将多个群组对象选中后再执行"对象"│"编组"命令,即可将所有选择对象再次进行组合。

▶▶7.6.2　对象的解组

选择要解组的对象,执行"对象"│"取消编组"命令,即可将组合的对象进行取消编组。

 提示　　按 Shift+Ctrl+G 组合键可以快速将选中的组合对象进行解组。

7.7　对象的锁定与解锁

在处理图形对象的过程中，如果对象的位置已经被确定，不再被更改，此时可以通过锁定对象位置来防止对该对象的位置进行误操作。

7.7.1　对象的锁定

选择要锁定的对象，执行"对象"｜"锁定"命令，可以使工作页面上的被选择对象处于锁定状态，即不可被移动、旋转、缩放等，也不可将锁定对象删除。锁定对象后，当选择该对象并移动位置时，将出现一个锁形图标 🔒，表示该对象被锁定，不能移动。锁定后移动对象时的状态如图 7.32 所示。

 提示　按 Ctrl+L 组合键可以快速将选中的对象锁定。另外，如果对某一对象进行锁定后，不能选中该对象，此时可以执行"编辑"｜"首选项"｜"常规"命令，在弹出的对话框中关闭"阻止选取锁定的对象"选项。

7.7.2　对象的解锁

选择要解锁的对象，执行"对象"｜"解锁跨页上的所有内容"命令，即可解锁当前跨页上的内容。

 提示　按 Ctrl+Alt+L 组合键可以快速将跨页上的所有锁定内容进行解锁。

7.8　设置对象的混合

默认情况下，在 InDesign CS6 中创建的对象都是不透明的，即不透明度为 100%。而在 InDesign CS6 中则可以对对象设置透明度，从而实现与重叠完全不同的对象层次效果。执行"窗口"｜"效果"命令，或按 Ctrl+Shift+F10 组合键，将弹出"效果"面板，如图 7.33 所示。

图7.32　锁定后移动时的状态

图7.33　"效果"面板

"效果"面板中各选项的含义解释如下：

- 混合模式 [正常 ▼]：在此下拉列表中，共包含了 16 种混合模式，如图 7.34 所示，用于创建对象之间不同的混合效果。
- 不透明度：在此文本框中输入数值，用于控制对象的透明属性，该数值越大则越不透明，该数值越小则越透明。当数值为 100% 时完全不透明，而数值为 0% 时完全透明。
- 分离混合：当多个设置了混合模式的对象群组在一起时，其混合模式效果将作用于所有其下方的对象，选择了该选项后，混合模式将只作用于群组内的图像。
- 挖空组：当多个具有透明属性的对象群组在一起时，群组内的对象之间也存在透明效果，即透过群组中上面的对象可以看到下面的对象。选择该选项后，群组内对象的透明属性将只作用于该群组以外的对象。
- "清除所有效果并使对象变为不透明"按钮 [⊠]：单击此按钮，清除对象的所有效果，使混合模式恢复默认情况下的"正常"，不透明度恢复为 100%。
- "向选定的目标添加对象效果"按钮 [fx.]：单击此按钮，可显示包含透明度在内的 10 种效果列表，如图 7.35 所示。

图7.34 "混合模式"下拉列表　　图7.35 "对象效果"下拉列表

- "从选定的目标中移去效果"按钮 [🗑]：选择目标对象效果，单击该按钮即可移去此目标的对象效果。

7.8.1 设置不透明度

在"效果"面板中可以对"对象"、"描边"、"填色"、"文本"分别进行不透明度设置，如图 7.36 所示。

- 设置"对象"的不透明度：在"效果"面板中选择"对象"，然后把不透明度设置为 50%，操作前后的对比效果如图 7.37 所示。
- 设置"描边"的不透明度：在"效果"面板中选择"描边"，然后把不透明度设置为 50%，操作前后的对比效果如图 7.38 所示。

图7.36 设置不透明度

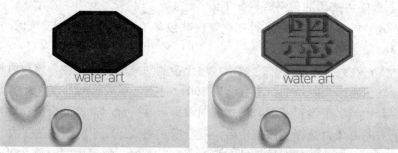

图7.37 "对象"不透明度的操作前后的对比效果

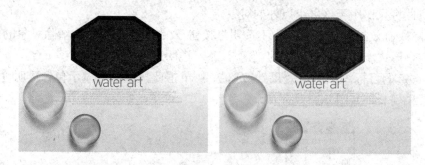

图7.38 "描边"不透明度的操作前后的对比效果

- 设置"填色"的不透明度：在"效果"面板中选择"填色"，然后把不透明度设置为 50%，操作前后的对比效果如图 7.39 所示。

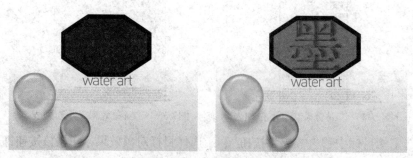

图7.39 "填色"不透明度的操作前后的对比效果

- 设置"文本"的不透明度：输入文字，选择文本框，在"效果"面板中选择"文本"，然后把不透明度设置为 50%，操作前后的对比效果如图 7.40 所示。

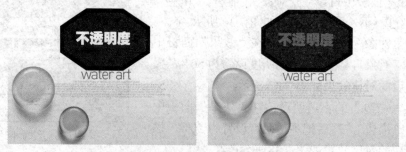

图7.40 "文本"不透明度的操作前后的对比效果

- 设置"组"的不透明度：对编组对象进行不透明度设置时，选择编组好的图片，发现在"效果"面板中只能选择"组"，而"描边"、"填色"、"文本"已经变成了不可用选项。把不透明度设置为 50%，操作前后的对比效果如图 7.41 所示。

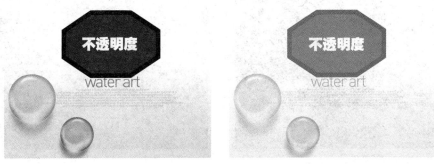

图7.41 "组"不透明度的操作前后的对比效果

7.8.2 设置混合模式

两种或两种以上的对象重叠在一起时，使用混合模式可以设置出各种想要的艺术效果。各混合模式的介绍如下。

- 正常：该模式为混合模式的默认模式，只是把两个对象重叠在一起，不会产生任何混合效果，如图 7.42 所示。在修改不透明度的情况下，下层图像才会显示出来。
- 正片叠底：基色与混合色的复合，得到的颜色一般较暗。与黑色复合的任何颜色会产生黑色，与白色复合的任何颜色则会保持原来的颜色。选择对象，在"混合模式"选项框选择"正片叠底"，效果如图 7.43 所示。此效果类似于使用多支魔术水彩笔在页面上添加颜色。

图7.42 正常模式

图7.43 正片叠底模式

- 滤色：与正片叠底模式不同，该模式下对象重叠得到的颜色显亮，使用黑色过滤时颜色不改变，使用白色过滤得到白色。应用滤色模式后，效果如图 7.44 所示。
- 叠加：该模式的混合效果使亮部更亮，暗调部更暗，可以保留当前颜色的明暗对比，以表现原始颜色的明度和暗度。应用该模式后，效果如图 7.45 所示。
- 柔光：使颜色变亮或变暗，具体取决于混合色。如果上层对象的颜色比 50% 灰色亮，则图像变亮；反之，则图像变暗。效果如图 7.46 所示。

- 强光：此模式的叠加效果与柔光类似，但其加亮与变暗的程度较柔光模式大许多，效果如图 7.47 所示。

图7.44　滤色模式

图7.45　叠加模式

图7.46　柔光模式

图7.47　强光模式

- 颜色减淡：选择此命令可以生成非常亮的合成效果，其原理为上方对象的颜色值与下方对象的颜色值采取一定的算法相加，此模式通常被用来创建光源中心点极亮效果，此模式效果如图 7.48 所示。
- 颜色加深：此模式与颜色减淡模式相反，通常用于创建非常暗的阴影效果，此模式效果如图 7.49 所示。

图7.48　颜色减淡模式

图7.49　颜色加深模式

- 变暗：选择此命令，将以上方对象中的较暗像素代替下方对象中与之相对应的较亮像素，且以下方对象中的较暗区域代替上方图层中的较亮区域，因此叠加后整体图像呈暗色调，效果如图 7.50 所示。

- 变亮：此模式与变暗模式相反，将以上方对象中较亮像素代替下方对象中与之相对应的较暗像素，且以下方对象中的较亮区域代替上方对象中的较暗区域，因此叠加后整体图像呈亮色调，效果如图 7.51 所示。

图7.50　变暗模式

图7.51　变亮模式

- 差值：此模式可在上方对象中减去下方对象相应处像素的颜色值，通常用于使图像变暗并取得反相效果。若想反转当前基色值，则可以与白色混合，与黑色混合则不会发生变化，效果如图 7.52 所示。
- 排除：选择此命令可创建一种与差值模式相似但具有高对比度低饱和度、色彩更柔和的效果。若想反转基色值，则可以与白色混合，与黑色混合则不会发生变化，效果如图 7.53 所示。

图7.52　差值模式

图7.53　排除模式

- 色相：选择此命令，最终图像的像素值由下方对象的亮度与饱和度及上方对象的色相值构成，效果如图 7.54 所示。
- 饱和度：选择此命令，最终对象的像素值由下方图层的亮度和色相值及上方图层的饱和度值构成，效果如图 7.55 所示。
- 颜色：选择此命令，最终对象的像素值由下方对象的亮度及上方对象的色相和饱和度值构成。此模式可以保留图片的灰阶，在给单色图片上色和给彩色图片着色的运用上非常有用，效果如图 7.56 所示。
- 亮度：选择此命令，最终对象的像素值由上层对象与下层对象的色调、饱和度进行混合，创建最终颜色。此模式下的对象效果与颜色模式下的对象效果相反，效果如图 7.57 所示。

图7.54 色相模式

图7.55 饱和度模式

图7.56 颜色模式

图7.57 亮度模式

7.9 效果的应用

本节介绍各种效果的应用。

7.9.1 添加投影效果

利用"投影"命令可以为任意对象添加阴影效果，还可以设置阴影的混合模式、不透明度、模糊程度及颜色等参数。

执行"对象"|"效果"|"投影"命令，将弹出"效果"对话框，如图 7.58 所示。该对话框中各选项的功能解释如下。

- 模式：在该下拉列表中可以选择阴影的混合模式。
- 设置阴影颜色色块：单击此色块，将弹出"效果颜色"对话框，如图 7.59 所示。从中可以设置阴影的颜色。
- 不透明度：在此文本框中输入数值，用于控制阴影的透明属性。
- 距离：在此文本框中输入数值，用于设置阴影的位置。
- X 位移：在此文本框中输入数值，用于控制阴影在 X 轴上的位置。
- Y 位移：在此文本框中输入数值，用于控制阴影在 Y 轴上的位置。

- 角度：在此文本框中输入数值，用于设置阴影的角度。
- 使用全局光：勾选此复选框，将使用全光。
- 大小：在此文本框中输入数值，用于控制阴影的大小。
- 扩展：在此文本框中输入数值，用于控制阴影的外散程度。
- 杂色：在此文本框中输入数值，用于控制阴影包含杂点的数量。

如图 7.60 所示为原图像，按照"效果"对话框中的设置，得到的效果如图 7.61 所示。

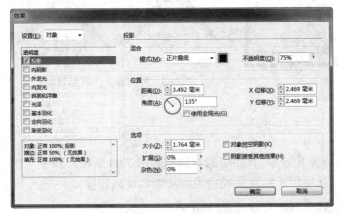

图7.58　"投影"选项组对话框　　　　　　图7.59　"效果颜色"对话框

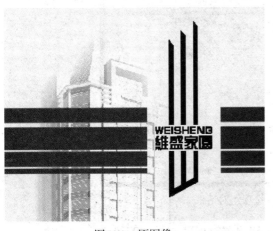

图7.60　原图像　　　　　　　　　　图7.61　添加投影效果

提示　　　由于下面讲解的各类效果所弹出的对话框与设置"投影"效果时类似，故对于其他"效果"对话框中相同的选项就不再重复讲解。

》》7.9.2　添加内阴影效果

使用"内阴影"命令可以为图像添加内阴影效果，并使图像具有凹陷的效果。其相应的对话框如图 7.62 所示。

该对话框中的"收缩"选项用于控制内阴影效果边缘的模糊扩展程度。如图 7.63 所示为原图像效果和添加内阴影后的效果。

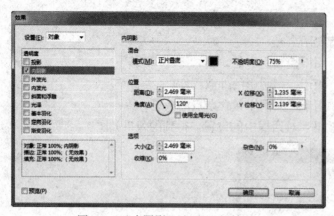

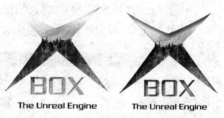

图7.62 "内阴影"选项组对话框　　　　图7.63 原图像及内阴影效果

7.9.3 添加外发光效果

使用"外发光"命令可以为图像添加发光效果,其相应的对话框如图 7.64 所示。其中"方法"下拉列表中的"柔和"和"精确"选项用于控制发光边缘的清晰和模糊程度。

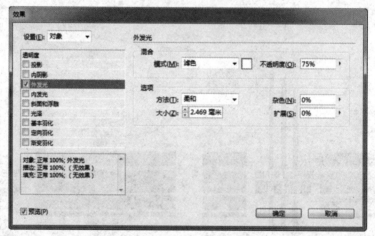

图7.64 "外发光"选项组对话框

如图 7.65 所示为原图像,如图 7.66 所示为人物图像添加外发光后的效果。

图7.65 原图像　　　　图7.66 添加外发光后的效果

7.9.4 添加内发光效果

使用"内发光"命令可以为图像内边缘添加发光效果，其相应的对话框如图 7.67 所示。其中"源"下拉列表中的"中心"和"边缘"选项，用于控制创建发光效果的方式。

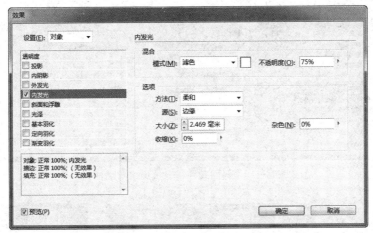

图7.67 "内发光"对话框

如图 7.68 所示为原图像，如图 7.69 所示为文字添加内发光后的效果。

图7.68 原图像

图7.69 添加内发光后的效果

7.9.5 添加斜面和浮雕效果

使用"斜面和浮雕"命令可以创建具有斜面或者浮雕效果的图像，其相应的对话框如图 7.70 所示。

该对话框中部分选项的功能解释如下。

- 样式：在此下拉列表中选择各选项可以设置不同的效果，包括"外斜面"、"内斜面"、"浮雕"和"枕状浮雕"4 种效果。如图 7.71 为原图像，经常用到的"外斜面"、"内斜面"效果如图 7.72 所示。

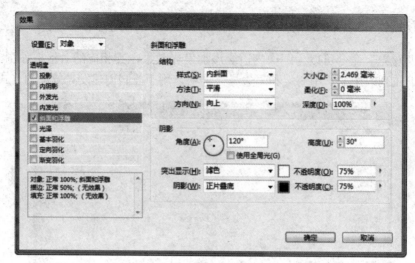

图7.70　"斜面和浮雕"选项组对话框

图7.71　原图像　　　　　　　　图7.72　"外斜面"、"内斜面"样式效果

- 方法：在此下拉列表中可以选择"平滑"、"雕刻清晰"、"雕刻柔和" 3 种添加"斜面和浮雕"效果的方式。如图 7.73 所示为分别选择此 3 个选项后的效果。

图7.73　创建不同的"斜面和浮雕"效果

- 柔化：此选项控制"斜面和浮雕"效果亮部区域与暗部区域的柔和程度。数值越大，则亮部区域与暗部区域越柔和。
- 方向：在此可以选择"斜面和浮雕"效果的视觉方向。选择"向上"选项，在视觉上"斜面和浮雕"样式呈现凸起效果；选择"向下"选项，在视觉上"斜面和浮雕"样式呈现凹陷效果。
- 深度：此数值控制"斜面和浮雕"效果的深度。数值越大，效果越明显。
- 高度：在此文本框中输入数值，用于设置光照的高度。

- 突出显示、阴影：在这两个下拉列表中，可以为形成倒角或者浮雕效果的高光与阴影区域选择不同的混合模式，从而得到不同的效果。如果分别单击右侧的色块，还可以在弹出的对话框中为高光与阴影区域选择不同的颜色。因为在某些情况下，高光区域并非完全为白色，可能会呈现某种色调；同样，阴影区域也并非完全为黑色。

7.9.6 添加光泽效果

"光泽"命令通常用于创建光滑的磨光或者金属效果，其相应的对话框如图 7.74 所示。其中"反转"选项，用于控制光泽效果的方向。

图7.74 "光泽"选项组对话框

如图 7.75 所示为原图像，如图 7.76 所示为佛身添加光泽后的效果。

图7.75 原图像　　　　图7.76 添加光泽后的效果

7.9.7 添加基本羽化效果

"基本羽化"命令用于为图像添加柔化的边缘，其相应的对话框如图 7.77 所示。

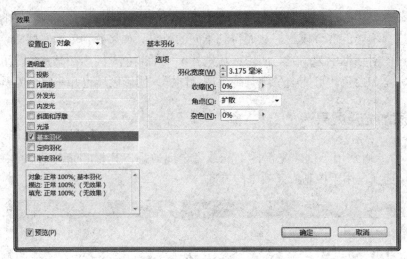

图7.77 "基本羽化"选项组对话框

该对话框中各选项的功能解释如下。

- 羽化宽度：在此文本框中输入数值，用于控制图像从不透明渐隐为透明需要经过的距离。
- 收缩：与"羽化宽度"设置一起，控制边缘羽化的强度值；设置的值越大，不透明度越高；设置的值越小，透明度越高。
- 角点：在此下拉列表中可以选择"锐化"、"圆角"和"扩散"3个选项。"锐化"选项适合于星形对象，以及对矩形应用特殊效果；"圆角"选项可以将角点圆角化处理，应用于矩形时可取得良好效果；"扩散"选项可以产生比较模糊的羽化效果。

如图7.78所示为原图像，如图7.79所示为对图像设置基本羽化后的效果。

图7.78 原图像

图7.79 设置基本羽化后的效果

7.9.8 添加定向羽化效果

"定向羽化"命令用于为图像的边缘沿指定的方向实现边缘羽化，其相应的对话框如图7.80所示。

该对话框中部分选项的功能解释如下。

- 羽化宽度：可以通过设置上、下、左、右的羽化值来控制羽化半径。单击"将所有设置为相同"按钮，使其处于被按下的状态，可以同时修改上、下、左、右的羽化值。

- 形状：在此下拉列表中可以选择"仅第一个边缘"、"前导边缘"和"所有边缘"选项，
  以确定图像原始形状的界限。

如图 7.81 所示为原图像，如图 7.82 所示为对图像设置定向羽化后的效果。

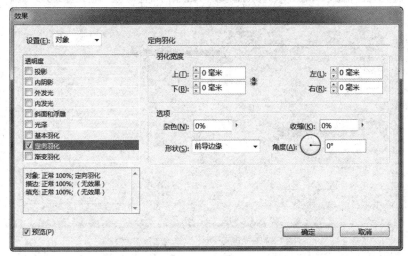

图7.80 "定向羽化"选项组对话框

图7.81 原图像

图7.82 设置定向羽化后的效果

7.9.9 添加渐变羽化效果

"渐变羽化"命令可以使对象所在区域渐隐为透明，从而实现此区域的柔化。其相应的
对话框如图 7.83 所示。

该对话框中部分选项的功能解释如下。

- 渐变色标：该区域中的选项用来编辑渐变羽化的色标。在"位置"文本框中输入数值
  用于控制渐变中心点的位置。

> 提示　要创建渐变色标，可以在渐变滑块的下方单击（将渐变色标拖离滑块可以删除色标）；要调
> 整色标的位置，可以将其向左或向右拖动；要调整两个不透明度色标之间的中点，可以拖动渐变
> 滑块上方的菱形，菱形位置决定色标之间过渡的剧烈或渐进程度。

- "反向渐变"按钮 ：单击此按钮可以反转渐变方向。

- 类型：在此下拉列表中可以选择"线性"、"径向"2个选项，以控制渐变的类型。

如图 7.84 所示为原图像，如图 7.85 所示为对图像设置渐变羽化后的效果。

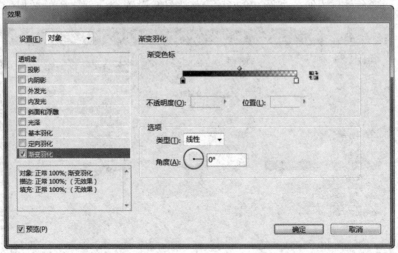

图7.83 "渐变羽化"选项组对话框

图7.84 原图像

图7.85 设置渐变羽化后的效果

▶▶7.9.10 显示图像的特殊效果

通过设置"显示性能"选项组对话框中的参数，可以控制新文档和已修改首选项存储文档中透明对象在屏幕上的显示质量，也可以将首选项设置为打开或关闭文档的透明度显示，在显示首选项中关闭透明度，不会导致在打印或导出文件时关闭透明度。

提示　　在打印包含透明效果的文件之前，请务必先检查透明度首选项。打印操作会自动拼合图稿，这可能会影响透明效果的外观。

① 执行"编辑"|"首选项"|"显示性能"命令，将弹出"显示性能"选项组对话框，如图 7.86 所示。

② 在"调整视图设置"区中选择一个选项，如快速、典型或高品质，以确定文档中的任何效果的屏幕分辨率。

- 快速：选择此选项，将关闭透明度以提高显示性能，并将分辨率设置为 24dpi。

- 典型：选择此选项，将显示低分辨率效果，并将分辨率设置为 72dpi。
- 高品质：选择此选项，将提高效果的显示质量（在 PDF 和 EPS 文件中尤为显著），并将分辨率设置为 144dpi。

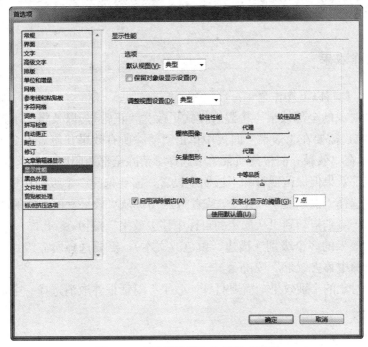

图7.86 "显示性能"选项组对话框

③ 拖动"透明度"滑块，默认设置为"中等品质"，会显示投影和羽化效果，单击"确定"按钮退出对话框。

> 执行"视图"｜"显示性能"命令或"对象"｜"显示性能"命令，在弹出的子菜单可选择"快速显示"、"典型显示"或"高品质显示"来快速更改透明度显示。

7.9.11 修改效果

添加效果后，难免有不如意的时候，此时可以修改效果。其步骤如下：

① 选择一个或多个已应用效果的对象。

② 在"效果"面板中双击"对象"右侧（非面板底部）的 *fx* 图标，或者单击"效果"面板底部的按钮 *fx.*，从弹出的下拉列表中选择一个效果名称。

③ 在弹出的"效果"对话框中编辑效果。

7.9.12 复制效果

要复制效果，执行以下操作之一：

- 要有选择地在对象之间复制效果，请使用"吸管工具" 🖋。要控制用"吸管工具" 🖋 复制哪些透明度描边、填色和对象设置，请双击该工具来打开"吸管选项"对话框。然后，选择或取消选择"描边设置"、"填色设置"和"对象设置"区域中的选项。

- 要在同一对象中将一个级别的效果复制到另一个级别，在按住 Alt 键时，在"效果"面板上将一个级别的 fx 图标拖动到另一个级别（"描边"、"填充"或"文本"）即可。

提示

> 可以通过拖动 fx 图标来将同一个对象中一个级别的效果移到另一个级别。

≫ 7.9.13 删除效果

要删除效果，执行以下操作之一：

- 要清除某对象的全部效果，将混合模式更改为"正常"，以及将"不透明度"设置更改为 100%，需要在"效果"面板中单击"清除所有效果并使对象变为不透明"按钮 ⊠，或者在"效果"面板选项菜单中选择"清除全部透明度"命令。
- 要清除全部效果但保留混合和不透明度设置，需要选择一个级别并在"效果"面板选项菜单中选择"清除效果"命令，或者将 fx 图标从"效果"面板中的"描边"、"填色"或"文本"级别拖动到"从选定的目标中移去效果"按钮 🗑 上。
- 若要清除效果的多个级别（描边、填色或文本），需要选择所需级别，然后单击"从选定的目标中移去效果"按钮 🗑 。
- 要删除某对象的个别效果，需要打开"效果"对话框并取消选择一个透明效果。

第 **8** 章

文本

- 文字元素的运用
- 在文档中添加文本
- 排文方式
- 导出文本
- 格式化字符属性
- 格式化段落属性
- 设定复合字体
- 文章编辑器
- 查找与更改文本及其格式
- 输入沿路径绕排的文本
- 将文本转换为路径

8.1 文字元素的运用

文字在任意一个出版物中的作用都是勿庸置疑的，优秀的文字编排也是美化文字并吸引浏览者目光的关键之一，本节将对设置文字基本属性及段落属性的作用进行讲解。

例如图 8.1 所示为一些利用文字属性，设计得到的优秀作品。

图8.1 文字设计示例

8.1.1 字符属性对版面的影响

字号、字体是进行版面编排时，最常关注的几个基本文字特征，不同的字体和字号时都能够表达出不同的含义，下面将分别对其进行讲解。

1. 字号

对于一个出版物中的文字，当该文字用于书籍中的标题、广告的标语以及宣传的口号等方面时，可以采用较大的字号，以给读者以提示和引导，如图 8.2 所示。

当文字用于书籍中的正文、广告中的说明文字等方面时，可采用较小但阅读性较好的字号进行编排，如图 8.3 所示。

在进行版面设计的过程中，必须能够熟练地在适当的情况下选择合适的字号。例如为了醒目，标题用字的字号一般应该 14 点以上，而正文用字一般为 9 ～ 12 点，文字多的版面，字号甚至可以缩小至 7 ～ 8 点。需要注意的是，字号越小在视觉上整体性越强，但阅读效果也越差，因此不适合用于需要进行长时间阅读的文字段落。

图8.2 较大的字号

图8.3 较小的字号

2. 字体

字体是指文字的风格款式，不同的字体表现出的风格都不相同，而一款字体的风格就决定了它适用于哪种风格的版式。例如对于中国传统的商品，较适合使用楷体、隶书等字体；对于现代商品则较适合使用等线及黑体等字体。当主题是标语式的文字时，可使用宽粗醒目的综艺、大黑体等；当主题偏于陈述及理性内容时，可使用宋体、等线体等标准字体。

受每一种字体所具有特点及其所能够体现的情感的不同所决定，针对每一个具有不同内容、主题的版面，我们都应该慎重地选择一款适合的字体。因为字体选择是否得当，将直接影响整个版面的视觉效果与主题传达。

下面分别讲解中文与英文两种不同文字的字体特点。

（1）中文字体

通常我们较为常用的中文字体主要包括黑体、楷体、宋体以及隶书等标准字体，另外，一些具有更多特色的字体，例如金书体、柏青体、立黑体、准圆体、综艺体以及水滴体等，也逐渐被读者认可，正广泛地应用于各类版式设计作品中。

下面简述中文字体中常见常用的若干种字体的特点。

- 隶书：隶书的特点是将小篆字形改因为方形，笔画改曲为直，结构更趋向简化。横、点、撇、拣、挑、钩等笔画开始出现，后来又增加了具有装饰味的"波势"和"挑脚"，从而形成一种具有特殊风格的字体，其整体效果平整美观、活泼大方、端庄稳健、古朴雅致，是在设计中用于体现古典韵味时最常用的一种字体，如图 8.4 所示。

- 小篆：秦始皇统一六国后，经过李斯等人对秦文收集、整理、简化后的一种文字称为小篆。小篆是古文字史上第一次文字简化运动的总结。小篆的特征是字体竖长、笔画粗细一致、行笔圆转、典雅优美。小篆的缺点是线条用笔书写起来很不方便，所以在汉代以后就很少使用了，但在书法、印章等方面却得到发扬，其效果如图 8.5 所示。

- 楷书：楷书即楷体书，又称"真书"、"正书"、"正楷"，最初用于书体的名称。楷书在西汉时开始萌芽，东汉末成熟，魏以后兴盛起来；到了唐代，楷书进入了鼎盛时期。楷书的特点是字体端正、结构严谨、笔画工整、多用折笔、挺拔秀丽，楷书效果如图 8.6 所示。

- 草书：草书即草体书，包括章草、今草、行草等。它是由隶书演变而来，始创于东汉，是从楷书演化而成，发展到现在，草书又分小草、大草和狂草等。由于草书字字相连变化多端，较难辨认又风驰电掣，因此在设计中多将其作为装饰图形来处理。

- 行书：行书即行体书，是兴于东汉介于草书和楷书之间的一种字体，行书作为一种书体，在风格上行书灵活自然、气脉相通，在设计中也很常用，如图 8.7 所示。

- 黑体：黑体是因笔画较粗壮而得名，它的特点是横竖笔画精细、一致，方头方尾。黑体字在风格上显得庄重有力、朴素大方，多用于标题、标语、路牌等的书写，如图 8.8 所示。

- 准圆体：准圆体是近代发展出来的一种印刷字体，由于准圆体文字圆头圆尾，笔画转折圆润，因此许多人都感觉准圆体较贴近女性特有的气质，其效果如图 8.9 所示。

图8.4　隶书　　　　　　　图8.5　小篆　　　　　　　图8.6　楷书

图8.7　行书　　　　　　　图8.8　黑体　　　　　　　图8.9　准圆体

除上述字体外，舒体、姚体、彩云体等字体也各具特色，如图 8.10 所示，能够应用在不同风格的版面中。

舒体　　　　　　　　　　姚体　　　　　　　　　　彩云体

图8.10　其他计算机字体

在一个版面中，选用 2 到 3 种以内的字体为版面最佳视觉效果。超过 3 种以上则显得杂乱，缺乏整体感。要达到版面视觉上的丰富与变化，只需将有限的字体加粗、变细、拉长、压扁，或调整行距的宽窄，或变化字号大小。

（2）英文字体

在设置英文字体时，也可以根据版面风格的需要来选择合适的字体，例如图 8.11 中英文所用的字体名称为"English111 Vivace"，这种字体能够展示出一种浪漫的气息。图 8.12 中英文所用的字体名称为"Times New Roman"，这种字体是最为常用而且也最为规正的一种字体，常用于英文的正文。

图 8.13 中英文所用的字体名称为"Impact"，这种字体由于其笔画较粗，因此在使用方面有些近似于中文字体中的黑体。与之类似的常用字体还有"Arial"及"Arial Black"，图 8.14 所示为将字体设置为"Arial"时的效果。

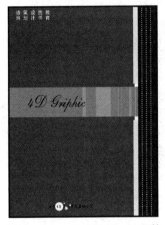
图8.11　English111 Vivace字体

图8.12　Times New Roman字体

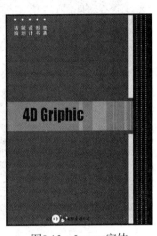
图8.13　Impact字体

除此之外，在英文字体中还有利用增强版面横向视觉流程的英文字体，其效果如图 8.15 所示，及利用增强版面竖向视觉流程的英文字体，其效果如图 8.16 所示。

图8.14　Arial字体

图8.15　增强横向视觉流程的字体

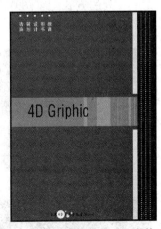
图8.16　增强竖向视觉流程的字体

>>> 8.1.2 段落属性对版面的影响

设置文字的字体及字号等属性，对于单独存在或表现的文字具有很重要的意义。

但在许多出版物中文字都是成段出来的，因此必须要通过设置整个文字段落的相关属性，才可以起到优化版面整体效果的作用。

在设置文字段落属性的过程中，以设置不同的对齐方式最为重要，使用频率较高的段落对齐方式包括左右均齐、居中对齐以及齐左 / 齐右 3 种。

- 左右均齐：使用此种对齐方式，可以使文字段落的首尾排列整齐，远观文字段落，整个版面显得端正、严谨、美观。这种排列对齐方式也是目前书籍、报刊及出版物最常用的一种，效果如图 8.17 所示。

图8.17　左右均齐

- 居中对齐：此种对齐方式是让文字以中心为轴线，文字由中心轴线向两旁侧呈现发散对齐的效果。其特点是视线更集中、中心更突出、版面的整体性更强。用文字齐中排列的方式配置图片时，文字的中轴线可以与图片的中轴线对齐，以取得整齐划一的版面效果，如图 8.18 所示。

图8.18　居中对齐

- 齐左或齐右：齐左或齐右的排列方式使文字段落看上去有松有紧、有虚有实、有较强的节奏感。效果如图 8.19 所示。

图8.19 左、右对齐文字示例

8.2 在文档中添加文本

本节介绍几种向文档中添加文本的方法。

▶▶ 8.2.1 直接输入横排或直排文本

在 InDesign CS6 中，所有的文本都放置在文本框架内，和图形框架一样，可以对文本框架进行移动、调整大小和更改等操作，这样更有利于编辑出版物。

文本框架有两种类型：即框架网格和纯文本框架。框架网格是亚洲语言排版特有的文本框架类型，其中字符的全角字框和间距都显示为网格；纯文本框架是不显示任何网格的空文本框架。下面讲解如何创建文本框架并输入文字，具体的操作方法如下：

① 在工具箱中选择"文字工具" T 或者"直排文字工具" T。

② 将光标移至页面中的目标位置，此时光标变为 状态，按住鼠标左键来拖出一个框，直至得到满意的框架后再释放鼠标，将有闪动的光标出现在文本框的上方，即可输入文字。如图 8.20 所示。

创建文本框架

输入文字

图8.20 在文本框内输入文字

> 在拖动鼠标时按住 Shift 键，可以创建正方形文本框架；按住 Alt 键拖动，可以从中心创建文本框架；按住 Shift+Alt 键拖动，可以从中心创建正方形文本框架。

如果在页面中存在文本，要添加文字时，可以使用"选择工具" 在现有文本框架内双击目标位置或者选择"文字工具" 来插入文字光标，然后输入文本。

8.2.2 粘贴文本

在上一小节中讲解了如何直接输入横排或直排文本，在本节中将讲解如何利用粘贴的方式添加文本。

1. 直接粘贴文本

选中需要添加的文本，执行"编辑"｜"复制"命令，或者按 Ctrl+C 组合键，然后在指定的位置插入文字光标。再执行"编辑"｜"粘贴"命令，或者按 Ctrl+V 组合键即可。

> 如果将文本粘贴到 InDesign 中时，插入点不在文本框架内，则会创建新的纯文本框架。

2. 粘贴时不包含格式

选中需要添加的文本，执行"编辑"｜"复制"命令，或者按 Ctrl+C 组合键，然后在指定的位置插入文字光标。再执行"编辑"｜"粘贴时不包含格式"命令，或者按 Shift+Ctrl+V 组合键即可。

> 应用"粘贴时不包含格式"命令，可以清除所粘贴文字的颜色、字号和字体等格式，而使用当前文本的格式效果。

3. 粘贴时不包含网格格式

复制文本后，执行"编辑"｜"粘贴时不包含网格格式"命令，或者按 Alt+Shift+Ctrl+V 组合键可以在粘贴文本时不保留其源格式属性。通常可以随后通过执行"编辑"｜"应用网格格式"命令，以应用网格格式。

8.2.3 置入Word文件

在 InDesign CS6 中，可以利用"文字工具"直接输入文本，也可以通过粘贴文本得到，还可以通过置入文本的方式获得。下面以置入 Word 文档为例讲解其操作方法。

① 选择"文件"｜"新建"｜"文档"命令，创建一个空白的 InDesign CS6 文档。

② 执行"文件"｜"置入"命令，在弹出的"置入"对话框中将"显示导入选项"复选框选中，然后选择要导入的 Word 文档，如图 8.21 所示。

"置入"对话框中各选项的解释如下：

- 显示导入选项：选择此选项，将弹出包含所置入文件类型的"导入选项"对话框。单击"打开"按钮后，将打开"Microsoft Word 导入选项"对话框，在此对话框中设置所需的选项，单击"确定"按钮即可置入文本。
- 替换所选项目：选择此选项，所置入的文本将替换当前所选文本框架中的内容。否则，所置入的文档将排列到新的框架中。
- 创建静态题注：选择此选项，可以在置入图像时生成基于图像元数据的题注。

- 应用网格格式：选择此选项，所置入的文本将自动带有网格框架。

③ 单击"打开"按钮，将弹出"Microsoft Word 导入选项"对话框，如图 8.22 所示。

图8.21　"置入"对话框

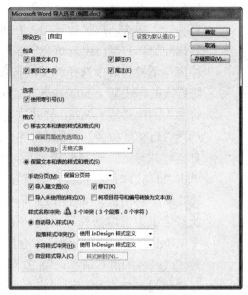

图8.22　"Microsoft Word 导入选项"对话框

"Microsoft Word 导入选项"对话框中各选项的解释如下：

- 预设：在此下拉列表中，可以选择一个已有的预设。若想自行设置可以选择"自定"选项。
- "包含"选项组：用于设置置入文档时所包含的内容。选择"目录文本"选项，可以将目录作为纯文本置入到文档中；选择"脚注"选项，可以置入 Word 脚注，但会根据文档的脚注设置重新编号；选择"索引文本"选项，可以将索引作为纯文本置入到文档中；选择"尾注"选项，可以将尾注作为文本的一部分置入到文档的末尾。

 提示　如果 Word 脚注没有被正确置入，可以尝试将 Word 文档另存储为 RTF 格式，然后置入该 RTF 文件。

- 使用弯引号：选择此选项，可以使置入的文本中包含左右引号（" "）和单引号（'），而不包含英文的引号（" "）和单引号（'）。
- 移去文本和表的样式和格式：选择此选项，所置入的文本将不带有段落样式和随文图。选择"保留页面优先选项"复选框，可以在选择删除文本和表的样式和格式时，保持应用到段落某部分的字符格式，如粗体和斜体。若取消选择该复选项，可删除所有格式。在选择"移去文本和表的样式和格式"选项时，选择"转换表为"复选框，可以将表转换为无格式表或无格式的制表符分隔的文本。

 提示　如果希望置入无格式的文本和格式表，则需要先置入无格式文本，然后将表从 Word 粘贴到 InDesign。

- 保留文本和表的样式和格式：选择此选项，所置入的文本将保留 Word 文档的格式。选择"导入随文图"复选框，将置入 Word 文档中的随文图；选择"修订"复选框，会将 Word 文档中的修订标记显示在 InDesign 文档中；选择"导入未使用的样式"复选框，将导入 Word 文档的所有样式，即包含全部使用和未使用过的样式；选择"将项目符号和编号转换为文本"复选框，可以将项目符号和编号作为实际字符导入，但如果对其进行修改，不会在更改列表项目时自动更新编号。

- 自动导入样式：选择此选项，在置入 Word 文档时，如果样式的名称同名，在"样式名称冲突"右侧将出现黄色警告三角形，此时可以从"段落样式冲突"和"字符样式冲突"下拉列表中选择相关的选项进行修改。如果选择"使用 InDesign 样式定义"，将置入的样式基于 InDesign 样式进行格式设置；如果选择"重新定义 InDesign 样式"，将置入的样式基于 Word 样式进行格式设置，并重新定义现有的 InDesign 文本；如果选择"自动重命名"，可以对导入的 Word 样式进行重命名。

- 自定样式导入：选择此选项后，可以单击"样式映射"按钮，将弹出"样式映射"对话框，如图 8.23 所示。在此对话框中可以选择导入文档中的每个 Word 样式，应该使用哪个 InDesign 样式（具体的讲解请参见第 10 章）。

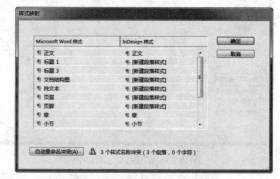

- 存储预设：单击此按钮，将存储当前的 Word 导入选项以便在以后的置入中使用，更改预设的名称，单击"确定"按钮。下次导入 Word 样式时，可以从"预设"下拉列表中选择存储的预设。

图8.23　"样式映射"对话框

④ 设置好所有的参数后，单击"确定"按钮退出。然后在页面中合适的位置单击，即可将 Word 文档置入到 InDesign 中，如图 8.24 所示。

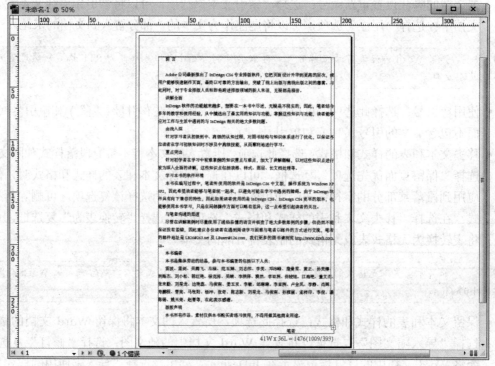

图8.24　置入的Word文档

8.2.4 置入记事本文件

执行"文件"|"置入"命令来置入记事本文件时，如果选中了"显示导入选项"复选框，将弹出"文本导入选项"对话框，如图 8.25 所示。

图8.25 "文本导入选项"对话框

"文本导入选项"对话框中各选项的解释如下：

- 字符集：在此下拉列表中可以指定用于创建文本文件时所使用的计算机语言字符集。默认选择是与 InDesign 的默认语言和平台相对应的字符集。
- 平台：在此下拉列表中可以指定文件是在 Windows 还是在 Mac OS 中创建的文件。
- 将词典设置为：在此下拉列表中可以指定置入文本所使用的词典。
- 在每行结尾删除：选择此选项，可以将额外的回车符在每行结尾删除。如图 8.26 和图 8.27 所示为不选中与选中此选项时的效果。

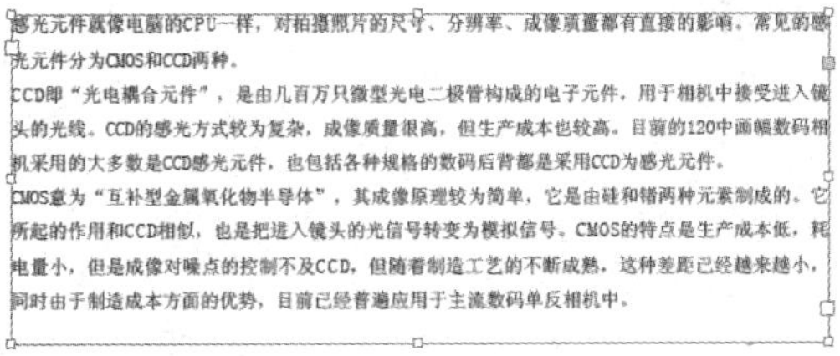

图8.26 不选中"在每行结尾删除"选项时的效果 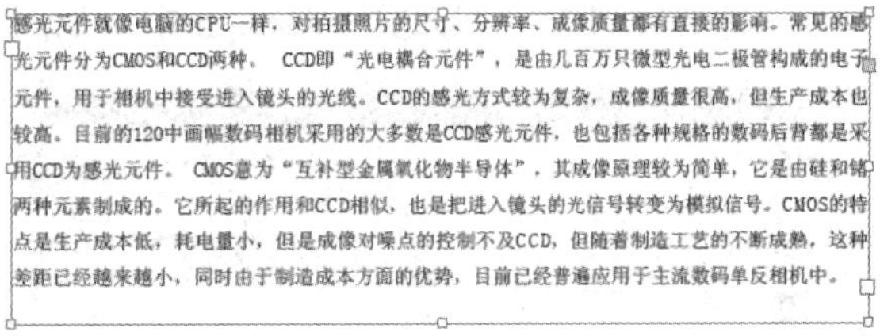　　　图8.27 选中"在每行结尾删除"选项时的效果

- 在段落之间删除：选择此选项，可以将额外的回车符在段落之间删除。
- 替换：选择此选项，可以用制表符来替换指定数目的空格。
- 使用弯引号：选择此选项，可以使置入的文本中包含左右引号（" "）和单引号（'），而不包含英文的引号（" "）和单引号（'）。

8.2.5 置入Excel文件

除了可以置入 Word 文档和记事本文件，还可以直接置入 Excel 的电子表格文档，其置入方法同 Word 文档的置入一样，只是少数选项设置不同。具体的操作方法如下：

① 选择"文件"|"新建"|"文档"命令，创建一个空白的 InDesign CS6 文档。
② 执行"文件"|"置入"命令，在弹出的"置入"对话框中将"显示导入选项"复选框选中，然后选择要导入的 Excel 文档，如图 8.28 所示。
③ 单击"打开"按钮，将弹出"Microsoft Excel 导入选项"对话框，如图 8.29 所示。
"Microsoft Excel 导入选项"对话框中各选项的解释如下：

- 工作表：在此下拉列表中，可以指定要置入的工作表名称。
- 视图：在此下拉列表中，可以指定置入存储的自定或个人视图，也可以忽略这些视图。
- 单元格范围：在此下拉列表中，可以指定单元格的范围，使用冒号 (:) 来指定范围（如 A1:F10）。
- 导入视图中未保存的隐藏单元格：选中此选项，可以置入 Excel 文档中未存储的隐藏单元格。

- 表：在此下拉列表中，可以指定电子表格信息在文档中显示的方式。选择"有格式的表"选项，InDesign 将尝试保留 Excel 中用到的相同格式；选择"无格式的表"选项，则置入的表格不会从电子表格中带有任何格式；选择"无格式制表符分隔文本"选项，则置入的表格不会从电子表格中带有任何格式，并以制表符分隔文本；选择"仅设置一次格式"选项，InDesign 保留初次置入时 Excel 中使用的相同格式。
- 表样式：在此下拉列表中，可以将指定的表样式应用于置入的文档。只有在选中"无格式的表"时该选项才被激活。
- 单元格对齐方式：在此下拉列表中，可以指定置入文档的单元格对齐方式。只有在"表"下拉列表中选择"有格式的表"选项后，此选项才被激活。当"单元格对齐方式"激活后，"包含随文图"复选项才被激活，用于置入时保留 Excel 文档的随文图。
- 包含的小数位数：在文本框中输入数值，可以指定电子表格中数字的小数位数。
- 使用弯引号：选择此选项，可以使置入的文本中包含左右引号（" "）和单引号（'），而不包含英文的引号（""）和单引号（'）。

④ 设置好所有的参数后，单击"确定"按钮退出。然后在页面中合适的位置单击，即可将 Excel 文档置入到 InDesign 中，如图 8.30 所示。

图8.28 "置入"对话框

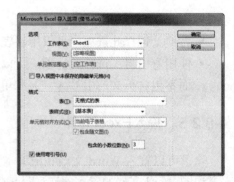

图8.29 "Microsoft Excel 导入选项"对话框

借阅人	状态	借书名称	借阅日期	归还日期	借阅时间
藩陈锡	已还	平面与广告设计	4月26日	4月30日	4天
藩陈锡	已还	PS设计宝典	4月30日	5月12日	12天
左福	已还	PS影像风云	5月1日	5月22日	21天
藩陈锡	已还	字效风云[腾龙工作室][人邮]	5月12日	5月15日	3天
藩陈锡	已还	大卫·奥格威[海南]	5月12日	5月18日	6天
杜玉言	已还	版面与广告设计[上海人民美术]	5月12日	5月23日	11天
左福	已还	CD书[不详]	4月26日	5月22日	26天
藩陈锡	已还	英国版式设计教程-高级版[上海人民美术]	5月18日	5月21日	3天
藩陈锡	已还	广告策划与设计[重庆大学出版社]	5月18日	5月21日	3天

图8.30 置入的Excel文档

8.3 排文方式

当在页面中置入文本或者进行文本框串接时，还可使用文本框在页面和分栏中进行多种方法的排版。常用的排文方法有 4 种，分别为手动、半自动、自动和固定页面自动排文。下面详细讲解手动和自动排文方式。

➤➤ 8.3.1 手动排文

当指针变为载入文本图符形状时，可以执行以下操作之一：

- 将载入的文本图符置于现有框架或路径内的任何位置并单击，文本将自动排列到该框架及其他任何与此框架串接的框架中。

提示 　文本总是从最左侧的栏的上部开始填充框架，即便单击其他栏时也是如此。

- 将载入的文本图符置于某栏中，以创建一个与该栏的宽度相符的文本框架，则框架的顶部将是单击的地方。
- 拖动载入的文本图符，以自己所定义区域的宽度和高度来创建新的文本框架。

如果要置入多个文本，则必须重新单击当前页面或栏中文本框出口处的红色加号，当指针再次变为载入文本图符时，再在下一页面或栏中单击，直到置入所有文本。如图 8.31 所示。

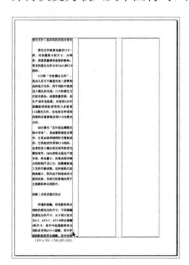

图8.31　手动排文

提示 　如果将文本置入与其他框架串接的框架中，则不论选择哪种文本排文方法，文本都将自动排文到串接的框架中。

➤➤ 8.3.2 自动排文

当指针为载入文本图符形状时，在默认的手动置入情况下，按住 Shift 键后在页面或栏中单击可以一次性将所有的文档按页面置入，并且当 InDesign CS6 当前的页面数不够时，会自动添加新的页面，直至所有的内容全部显示。如图 8.32 所示。

图8.32　自动排文

提示

由于自动排文节省了多次单击或拖动置入的时间，故此方式适用于长文档处理。

8.4　导出文本

将 InDesign CS6 文章中所有或部分内容存储为其他的文件格式，以便其更广泛地使用，且文档中的每篇文章都可导出为单独的文档。

InDesign CS6 能以多种文件格式导出文本，选择"文件"｜"导出"命令，将弹出"导出"对话框，如图 8.33 所示。在"保存类型"下拉列表中，列出了可供其他应用程序打开的格式，这些格式尽可能保留着文档中设置的文字规范、缩进及制表符。

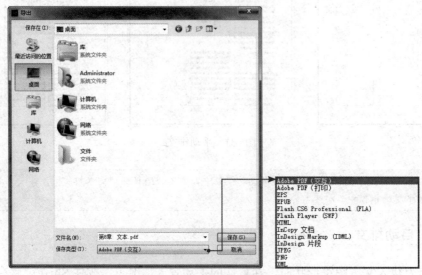

图8.33　"导出"对话框

"导出"对话框中各选项的解释如下：

• 文件名：在此文本框中可以为导出的文章重新命名。

• 保存类型：在此下拉列表中可以选择导出文章的文件格式。

将 InDesign 文件导出为文本的具体操作方法如下：

 在工具箱中选择"文字工具" T，将光标插入要导出的文章。

② 执行"文件"｜"导出"命令，在弹出的"导出"对话框中为导出的文章重命名并指定位置，然后在"保存类型"下拉列表中选择文章的文件格式。

提示　　如果找不到文字处理的应用程序列表，可以将文档以该应用程序能够导入的格式（如 RTF）进行存储。如果文字处理应用程序不支持任何其他 InDesign 导出格式，则使用纯文本格式。另外，需要注意的是，以纯文本格式导出将移去文本的所有字符属性。

③ 单击"保存"按钮，将以所选格式导出文章。

8.5　格式化字符属性

选择"窗口"｜"文字和表"｜"字符"命令，将调出"字符"面板，如图 8.34 所示。使用此面板可以精确控制文本的属性，包括字体、字号、行距、垂直缩放、水平缩放、字偶间距、字符间距、比例间距、网格指定格数、基线偏移、字符旋转、倾斜等。可以在输入新文本前设置文本属性，也可以选择文本重新更改文本的属性。

提示　　调出"字符"面板的快捷键为 Ctrl+T。

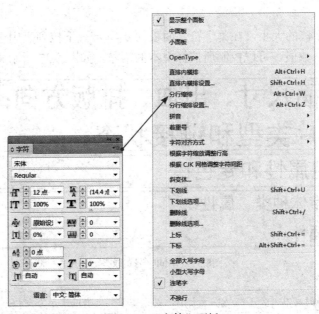

图8.34　"字符"面板

▶▶8.5.1 设置字体

字体是排版中最基础、最重要的组成部分。设置字体的方式有很多，可以直接在控制面板上进行设置，也可以使用更改字体的菜单命令，还可以使用"字符"面板进行设置。

使用"字符"面板的"字体"下拉列表中的字体，可以为所选择的文本设置一种新的字体。如图 8.35 所示为不同字体的文字形态。另外，对于"Times New Roman"标准英文字体，在"字体"列表下方的下拉列表中还提供了 4 种设置字体的形状，如图 8.36 所示。

设置字体 ➡ 汉仪中黑简
设置字体 ➡ 幼 圆
设置字体 ➡ 华 文 行 楷
设置字体 ➡ 华 文 彩 云
设置字体 ➡ 汉 真 广 标
设置字体 ➡ 汉仪行楷简
设置字体 ➡ 方 正 舒 体
设置字体 ➡ 汉仪粗黑简
设置字体 ➡ 方正古隶简

图8.35　不同字体的文字形态　　图8.36　4种设置字体的形状

- Regular：选择此选项，字体将呈正常显示状态，无特别效果。
- Italic：选择此选项，所选择的字体呈倾斜显示状态。
- Bold：选择此选项，所选择的字体呈加粗状态。
- Bold Italic：选择此选项，所选择的字体呈加粗且倾斜的显示状态。

▶▶8.5.2 设置字号

字号即页面中字体的大小，在"字符"面板的 🆃 12点 ▾ 下拉列表中选择一个数值，或者直接在文本框中输入数值，可以控制所选择文本的字号。如图 8.37 所示为不同字号的文本。

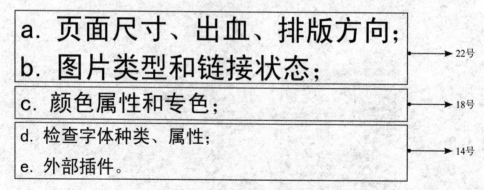

a. 页面尺寸、出血、排版方向；
b. 图片类型和链接状态；　　　　➡ 22号
c. 颜色属性和专色；　　　　　➡ 18号
d. 检查字体种类、属性；
e. 外部插件。　　　　　　　　➡ 14号

图8.37　不同字号的文本

提示　　如果选择的文本包含不同的字号大小，则"字号"文本框显示为空白。

8.5.3 设置行距

在"字体"面板的 [144点 ▾] 下拉列表中选择一个数值，或者直接在文本框中输入数值，可以设置两行文字之间的距离，数值越大行间距越大，如图 8.38 所示为同一段文字应用不同行间距前后的效果对比。

图8.38　设置不同行间距前后的效果对比

8.5.4 设置垂直、水平缩放

在"字体"面板的 [IT 100% ▾]、[T 100% ▾] 下拉列表中选择一个数值，或者直接在文本框中输入数值（取值范围为 1%~1000%），能够改变被选中的文字的垂直及水平缩放比例，得到较高或较宽的文字效果。如图 8.39 所示为原图，如图 8.40 所示为垂直及水平缩放前后的对比效果。

8.5.5 设置字间距

1. 字偶间距

在"字体"面板的 [A︱V 原始设 ▾] 下拉列表中选择一个数值，或者直接在文本框中输入数值，可以控制两个字符的间距。数值为正数时，可以使字符间的距离扩大；数值为负数时，可以使字符间的距离缩小。如图 8.41 所示为不同字偶间距的对比。

图8.39　原图

图8.40 垂直及水平缩放前后的对比效果

图8.41 不同字偶间距的对比

2. 字符间距

在"字体"面板的 ▤▤ ⬍ 0 ▾ 下拉列表中选择一个数值，或者直接在文本框中输入数值，可以控制所有选中的文字间距，数值越大间距越大。如图 8.42 所示是设置不同文字间距的效果。

图8.42 设置不同文字间距的对比

3. 比例间距

在"字体"面板的 下拉列表中选择一个数值，或者直接在文本框中输入数值，可以使字符周围的空间按比例压缩，但字符的垂直和水平缩放则保持不变。

4. 网格指定格数

在"字体"面板的 下拉列表中选择一个数值，或者直接在文本框中输入数值，可以对所选择的网格字符进行文本调整。

8.5.6 设置基线偏移

在"字体"面板的 文本框中直接输入数值，可以设置选中的文字的基线值，正数向上移，负数向下移。如图 8.43 所示为设置基线值前后的对比效果。

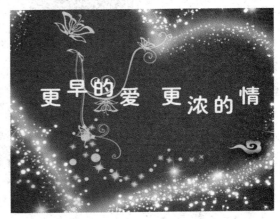

图8.43 设置基线值前后的对比效果

8.5.7 设置字符旋转、倾斜

在"字体"面板的 下拉列表中选择一个数值，或者直接在文本框中输入数值（取值范围为 –360 ～ 360），可以对文字进行一定角度的旋转。

提示

> 在文本框中输入正数，可以使文字向右方旋转；输入负数，可以使文字向左方旋转。

在"字体"面板的 文本框中直接输入数值，可以对文字进行一定角度的倾斜。

提示

> 在文本框中输入正数，可以使文字向左方倾斜；输入负数，可以使文字向右方倾斜。

8.6 格式化段落属性

选择"窗口"｜"文字和表"｜"段落"命令，将调出"段落"面板，如图 8.44 所示。使用此面板可以精确控制文本段落的对齐方式、缩进、段落间距、连字方式等属性。对出版物中的文章段落进行格式化，可以增强出版物的可读性和美观性。

> **提示** 调出"段落"面板的快捷键为 Alt+Ctrl+T。

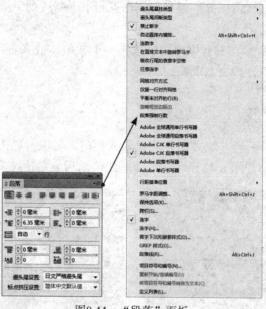

图8.44 "段落"面板

接下来的几小节将介绍"段落"面板中各参数的含义。

8.6.1 段落对齐

通过单击"段落"面板上方的对齐方式按钮，可以使文本框中的文本与框架进行对齐。在此提供了 9 种对齐方式，如图 8.45 所示。

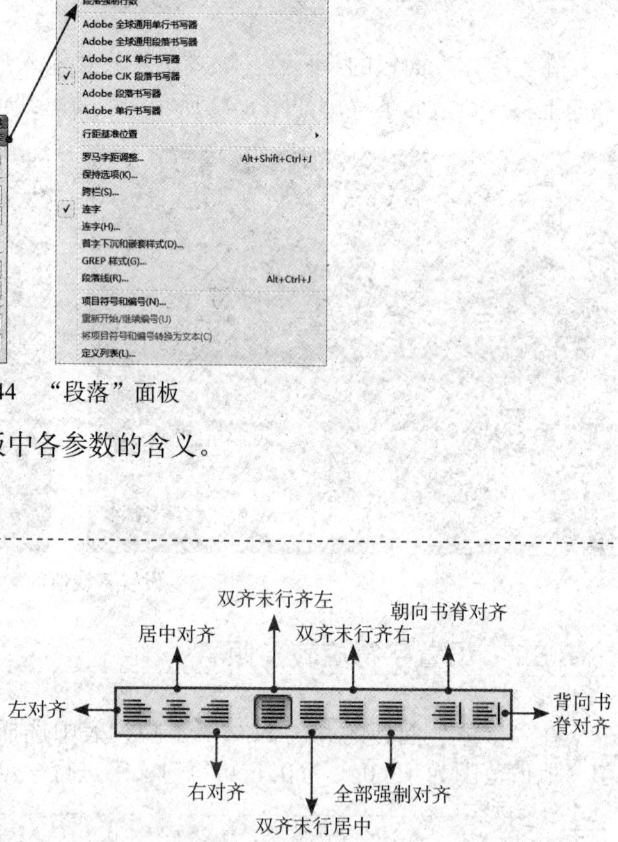

下面分别对 9 种对齐方式进行详细讲解。

图8.45 9种对齐方式

- 左对齐 ▤：单击此按钮，可以使所选择的段落文字沿文本框左侧对齐。如图 8.46 所示为原图，如图 8.47 所示为左对齐时的效果。

感光元件就像电脑的 CPU 一样，对拍摄照片的尺寸、分辨率、成像质量都有直接的影响。常见的感光元件分为 CMOS 和 CCD 两种。

CCD 即"光电耦合元件"，是由几百万只微型光电二极管构成的电子元件，用于相机中接受进入镜头的光线。CCD 的感光方式较为复杂，成像质量很高，但生产成本也较高。目前的 120 中画幅数码相机采用的大多数是 CCD 感光元件，也包括各种规格的数码后背都是采用 CCD 为感光元件。

CMOS 意为"互补型金属氧化物半导体"，其成像原理较为简单，它是由硅和锗两种元素制成的。它所起的作用和 CCD 相似，也是把进入镜头的光信号转变为模拟信号。CMOS 的特点是生产成本低、耗电量小，但是成像对噪点的控制不及 CCD，但随着制造工艺的不断成熟，这种差距已经越来越小，同时由于制造成本方面的优势，目前已经普遍应用于主流数码单反相机中。

图8.46 原图

感光元件就像电脑的 CPU 一样，对拍摄照片的尺寸、分辨率、成像质量都有直接的影响。常见的感光元件分为 CMOS 和 CCD 两种。

CCD 即"光电耦合元件"，是由几百万只微型光电二极管构成的电子元件，用于相机中接受进入镜头的光线。CCD 的感光方式较为复杂，成像质量很高，但生产成本也较高。目前的 120 中画幅数码相机采用的大多数是 CCD 感光元件，也包括各种规格的数码后背都是采用 CCD 为感光元件。

CMOS 意为"互补型金属氧化物半导体"，其成像原理较为简单，它是由硅和锗两种元素制成的。它所起的作用和 CCD 相似，也是把进入镜头的光信号转变为模拟信号。CMOS 的特点是生产成本低、耗电量小，但是成像对噪点的控制不及 CCD，但随着制造工艺的不断成熟，这种差距已经越来越小，同时由于制造成本方面的优势，目前已经普遍应用于主流数码单反相机中。

图8.47 左对齐

- 居中对齐 ≣：单击此按钮，可以使所选择的段落文字沿文本框中心线对齐。如图 8.48 所示。
- 右对齐 ≣：单击此按钮，可以使所选择的段落文字沿文本框右侧对齐。如图 8.49 所示。

感光元件就像电脑的 CPU 一样，对拍摄照片的尺寸、分辨率、成像质量都有直接的影响。常见的感光元件分为 CMOS 和 CCD 两种。

CCD 即 "光电耦合元件"，是由几百万只微型光电二极管构成的电子元件，用于相机中接受进入镜头的光线。CCD 的感光方式较为复杂，成像质量很高，但生产成本也较高。目前的 120 中画幅数码相机采用的大多数是 CCD 感光元件，也包括各种规格的数码后背都是采用 CCD 为感光元件。

CMOS 意为 "互补型金属氧化物半导体"，其成像原理较为简单，它是由硅和锗两种元素制成的。它所起的作用和 CCD 相似，也是把进入镜头的光信号转变为模拟信号。CMOS 的特点是生产成本低，耗电量小，但是成像对噪点的控制不及 CCD，但随着制造工艺的不断成熟，这种差距已经越来越小，同时由于制造成本方面的优势，目前已经普遍应用于主流数码单反相机中。

图8.48　居中对齐

感光元件就像电脑的 CPU 一样，对拍摄照片的尺寸、分辨率、成像质量都有直接的影响。常见的感光元件分为 CMOS 和 CCD 两种。

CCD 即 "光电耦合元件"，是由几百万只微型光电二极管构成的电子元件，用于相机中接受进入镜头的光线。CCD 的感光方式较为复杂，成像质量很高，但生产成本也较高。目前的 120 中画幅数码相机采用的大多数是 CCD 感光元件，也包括各种规格的数码后背都是采用 CCD 为感光元件。

CMOS 意为 "互补型金属氧化物半导体"，其成像原理较为简单，它是由硅和锗两种元素制成的。它所起的作用和 CCD 相似，也是把进入镜头的光信号转变为模拟信号。CMOS 的特点是生产成本低，耗电量小，但是成像对噪点的控制不及 CCD，但随着制造工艺的不断成熟，这种差距已经越来越小，同时由于制造成本方面的优势，目前已经普遍应用于主流数码单反相机中。

图8.49　右对齐

- 双齐末行齐左 ≣：单击此按钮，可以使所选择的段落文字除最后一行沿文本框左侧对齐外，其余的行将对齐到文本框的两侧。如图 8.50 所示。
- 双齐末行居中 ≣：单击此按钮，可以使所选择的段落文字除最后一行沿文本框中心线对齐外，其余的行将对齐到文本框的两侧。如图 8.51 所示。

感光元件就像电脑的 CPU 一样，对拍摄照片的尺寸、分辨率、成像质量都有直接的影响。常见的感光元件分为 CMOS 和 CCD 两种。

CCD 即 "光电耦合元件"，是由几百万只微型光电二极管构成的电子元件，用于相机中接受进入镜头的光线。CCD 的感光方式较为复杂，成像质量很高，但生产成本也较高。目前的 120 中画幅数码相机采用的大多数是 CCD 感光元件，也包括各种规格的数码后背都是采用 CCD 为感光元件。

CMOS 意为 "互补型金属氧化物半导体"，其成像原理较为简单，它是由硅和锗两种元素制成的。它所起的作用和 CCD 相似，也是把进入镜头的光信号转变为模拟信号。CMOS 的特点是生产成本低，耗电量小，但是成像对噪点的控制不及 CCD，但随着制造工艺的不断成熟，这种差距已经越来越小，同时由于制造成本方面的优势，目前已经普遍应用于主流数码单反相机中。

图8.50　双齐末行齐左

感光元件就像电脑的 CPU 一样，对拍摄照片的尺寸、分辨率、成像质量都有直接的影响。常见的感光元件分为 CMOS 和 CCD 两种。

CCD 即 "光电耦合元件"，是由几百万只微型光电二极管构成的电子元件，用于相机中接受进入镜头的光线。CCD 的感光方式较为复杂，成像质量很高，但生产成本也较高。目前的 120 中画幅数码相机采用的大多数是 CCD 感光元件，也包括各种规格的数码后背都是采用 CCD 为感光元件。

CMOS 意为 "互补型金属氧化物半导体"，其成像原理较为简单，它是由硅和锗两种元素制成的。它所起的作用和 CCD 相似，也是把进入镜头的光信号转变为模拟信号。CMOS 的特点是生产成本低，耗电量小，但是成像对噪点的控制不及 CCD，但随着制造工艺的不断成熟，这种差距已经越来越小，同时由于制造成本方面的优势，目前已经普遍应用于主流数码单反相机中。

图8.51　双齐末行居中

- 双齐末行齐右 ≣：单击此按钮，可以使所选择的段落文字除最后一行沿文本框右侧对齐外，其余的行将对齐到文本框的两侧。如图 8.52 所示。
- 全部强制对齐 ≣：单击此按钮，可以使所选择的段落文字沿文本框的两侧对齐。如图 8.53 所示。

感光元件就像电脑的 CPU 一样，对拍摄照片的尺寸、分辨率、成像质量都有直接的影响。常见的感光元件分为 CMOS 和 CCD 两种。

CCD 即 "光电耦合元件"，是由几百万只微型光电二极管构成的电子元件，用于相机中接受进入镜头的光线。CCD 的感光方式较为复杂，成像质量很高，但生产成本也较高。目前的 120 中画幅数码相机采用的大多数是 CCD 感光元件，也包括各种规格的数码后背都是采用 CCD 为感光元件。

CMOS 意为 "互补型金属氧化物半导体"，其成像原理较为简单，它是由硅和锗两种元素制成的。它所起的作用和 CCD 相似，也是把进入镜头的光信号转变为模拟信号。CMOS 的特点是生产成本低，耗电量小，但是成像对噪点的控制不及 CCD，但随着制造工艺的不断成熟，这种差距已经越来越小，同时由于制造成本方面的优势，目前已经普遍应用于主流数码单反相机中。

图8.52　双齐末行齐右

感光元件就像电脑的 CPU 一样，对拍摄照片的尺寸、分辨率、成像质量都有直接的影响。常见的感光元件分为 CMOS 和 CCD 两种。

CCD 即 "光电耦合元件"，是由几百万只微型光电二极管构成的电子元件，用于相机中接受进入镜头的光线。CCD 的感光方式较为复杂，成像质量很高，但生产成本也较高。目前的 120 中画幅数码相机采用的大多数是 CCD 感光元件，也包括各种规格的数码后背都是采用 CCD 为感光元件。

CMOS 意为 "互补型金属氧化物半导体"，其成像原理较为简单，它是由硅和锗两种元素制成的。它所起的作用和 CCD 相似，也是把进入镜头的光信号转变为模拟信号。CMOS 的特点是生产成本低，耗电量小，但是成像对噪点的控制不及 CCD，但随着制造工艺的不断成熟，这种差距已经越来越小，同时由于制造成本方面的优势，目前已经普遍应用于主流数码单反相机中。

图8.53　全部强制对齐

- 朝向书脊对齐▤：单击此按钮，可以使所选择的段落文字在书脊那侧对齐。如图 8.54 所示。
- 背向书脊对齐▤：单击此按钮，可以使所选择的段落文字背向书脊那侧对齐。如图 8.55 所示。

感光元件就像电脑的 CPU 一样，对拍摄照片的尺寸、分辨率、成像质量都有直接的影响。常见的感光元件分为 CMOS 和 CCD 两种。

CCD 即"光电耦合元件"，是由几百万只微型光电二极管构成的电子元件，用于相机中接受进入镜头的光线。CCD 的感光方式较为复杂，成像质量很高，但生产成本也较高。目前的 120 中画幅数码相机采用的大多数是 CCD 感光元件，也包括各种规格的数码后背都是采用 CCD 为感光元件。

CMOS 意为"互补型金属氧化物半导体"，其成像原理较为简单，它是由硅和锗两种元素制成的。它所起的作用和 CCD 相似，也是把进入镜头的光信号转变为模拟信号。CMOS 的特点是生产成本低，耗电量小，但是成像对噪点的控制不及 CCD，但随着制造工艺的不断成熟，这种差距已经越来越小，同时由于制造成本方面的优势，目前已经普遍应用于主流数码单反相机中。

图8.54　朝向书脊对齐

感光元件就像电脑的 CPU 一样，对拍摄照片的尺寸、分辨率、成像质量都有直接的影响。常见的感光元件分为 CMOS 和 CCD 两种。

CCD 即"光电耦合元件"，是由几百万只微型光电二极管构成的电子元件，用于相机中接受进入镜头的光线。CCD 的感光方式较为复杂，成像质量很高，但生产成本也较高。目前的 120 中画幅数码相机采用的大多数是 CCD 感光元件，也包括各种规格的数码后背都是采用 CCD 为感光元件。

CMOS 意为"互补型金属氧化物半导体"，其成像原理较为简单，它是由硅和锗两种元素制成的。它所起的作用和 CCD 相似，也是把进入镜头的光信号转变为模拟信号。CMOS 的特点是生产成本低，耗电量小，但是成像对噪点的控制不及 CCD，但随着制造工艺的不断成熟，这种差距已经越来越小，同时由于制造成本方面的优势，目前已经普遍应用于主流数码单反相机中。

图8.55　背向书脊对齐

8.6.2　段落缩进

段落缩进就是可以使文本段落每一行的两端向内移动一定的距离，或为段落的第一行设置缩进量，以实现首行缩进两字的格式。可以应用控制面板、"段落"面板或"定位符"面板来设置缩进，还可以在创建项目符号或编号列表时设置缩进。下面对各个缩进方式进行讲解。

- 左缩进 ▤ 0毫米：在此文本框中输入数值，可以控制文字段落的左侧对于左定界框的缩进值。
- 右缩进 ▤ 0毫米：在此文本框中输入数值，可以控制文字段落的右侧对于右定界框的缩进值。
- 首行左缩进 ▤ 0毫米：在此文本框中输入数值，可以控制选中段落的首行相对于其他行的缩进值。

提示　如果在"首行左缩进"文本框中输入一个负数，且此数值不大于段落左缩进的数值，则可以创建首行悬挂缩进的效果。

- 末行右缩进 ▤ 0毫米：在此文本框中输入数值，可以在段落末行的右边添加悬挂缩进。
- 强制行数 ▦ 自动 ▾ 行：在此文本框中输入数值或选择一个选项，会使段落按指定的行数居中对齐。

8.6.3　段落间距

通过设置段落间距，可以使同一个文本框中的每个段落之间有一定的距离，以便于突出重点段落。下面对"段落"面板中的两种文本段落间距进行讲解。

- 段前间距 ▤ 0毫米：在此文本框中输入数值，可以控制当前文字段与上一文字段之间的垂直间距。
- 段后间距 ▤ 0毫米：在此文本框中输入数值，可以控制当前文字段与下一文字段之间的垂直间距。

如图 8.56 所示为选择的文本，以及设置段前间距和段后间距时的效果。

图8.56 设置文本段落间距

提示 在"段前间距"和"段后间距"文本框中不可以输入负数，且取值范围在 0~3048 毫米。

8.6.4 首字下沉

通过设置首字下沉，可以使所选择段落的第一个文字或多个文字放大后占用多行文本的位置，起到吸引读者注意力的作用。下面对"段落"面板中的首字下沉选项进行讲解。

- 首字下沉行数 0：在此文本框中输入数值，可以控制首字下沉的行数。
- 首字下沉一个或多个字符 0：在此文本框中输入数值，可以控制需要下沉的字符数。

如图 8.57 所示为设置下沉一个字符和多个字符后的效果。

图8.57 设置下沉一个字符和多个字符后的效果

8.7 设定复合字体

复合字体也就是将任意一种中文字字体和英文字体混合在一起，作为一种复合字体来使用。通常用这种方法混合罗马字体与 CJK 字体的部分，也可以向字体中添加字符。

提示 复合字体总是显示在"字体"列表的前面。

>>8.7.1 创建复合字体

创建复合字体的方法非常简单，其操作步骤如下：

① 执行"文字"|"复合字体"命令，将弹出"复合字体编辑器"对话框，如图 8.58 所示。

② 单击"新建"按钮，又弹出"新建复合字体"对话框，如图 8.59 所示。

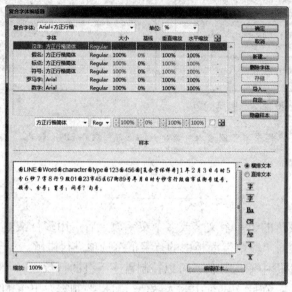

图8.58 "复合字体编辑器"对话框　　　图8.59 "新建复合字体"对话框

③ 在"名称"文本框中输入复合字体的名称，然后在"基于字体"下拉列表中指定作为新复合字体基础的复合字体。

④ 单击"确定"按钮返回到"复合字体编辑器"对话框，然后在列表框下指定字体属性，如图 8.60 所示。

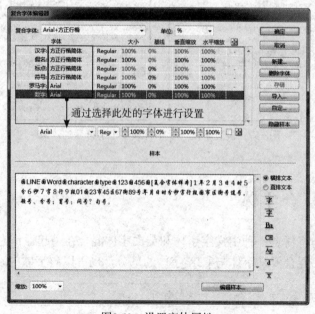

图8.60 设置字体属性

⑤ 单击"存储"按钮以存储所创建的复合字体的设置,然后单击"确定"按钮退出对话框。
创建好的复合字体就显示在"字体"列表的最前面,如图 8.61 所示。

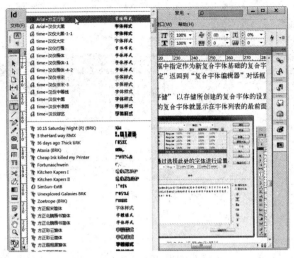

图8.61　创建的复合字体

8.7.2　导入与删除复合字体

方法如下:

- 导入复合字体:在"复合字体编辑器"对话框中单击"导入"按钮,然后在"打开文件"对话框中双击包含要导入的复合字体的 InDesign 文档。
- 删除复合字体:在"复合字体编辑器"对话框中选择要删除的复合字体,单击"删除字体"按钮,然后单击"是"按钮。

8.8　文章编辑器

在 InDesign CS6 中,可以在页面或文章编辑器窗口中编辑文本。在文章编辑器窗口中输入和编辑文本时,将按照"首选项"对话框中指定的字体、大小及间距来显示整篇文章,而不会受到版面或格式的干扰。并且还可以在文章编辑器中查看对文本所执行的修订。

要打开文章编辑器,可以按照下面的步骤实现:

① 在页面中选择需要编辑的文本框架,然后在文本框架中单击一个插入点,或从不同的文章选择多个框架。

② 执行"编辑"|"在文章编辑器中编辑"命令,将打开文章编辑器窗口,所选择的文本框架内的文本(包含溢流文本)也将显示在文章编辑器内,如图 8.62 所示。

提示

　在文章编辑器窗口中,垂直深度标尺指示文本填充框架的程度,直线指示文本溢流的位置。

编辑文章时,所做的更改将反映在版面窗口中。"窗口"菜单将会列出打开的文章,但不能在文章编辑器窗口中创建新文章。

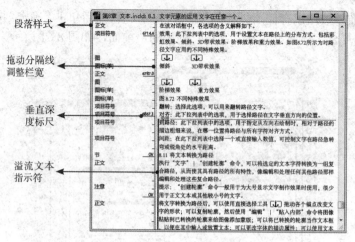

段落样式

拖动分隔线
调整栏宽

垂直深
度标尺

溢流文本
指示符

图8.62　打开文章编辑器窗口

8.9　查找与更改文本及其格式

在页面中确定要查找的范围，执行"编辑"｜"查找/更改"命令，将弹出"查找/更改"对话框，如图 8.63 所示。在此对话框中包含多个选项卡，用于指定要查找和更改的文本。

在"查找/更改"对话框中，各选项卡的含义解释如下：

- 文本：此选项卡中用于搜索特殊字符、单词、多组单词或特定格式的文本，并进行更改。还可以搜索特殊字符并替换特殊字符，比如符号、标志和空格字符。另外，通配符选项可帮助扩大搜索范围。

图8.63　"查找/更改"对话框

- GREP：此选项卡中使用基于模式的高级搜索方法，搜索并替换文本和格式。
- 字形：此选项卡中使用 Unicode 或 GID/CID 值来搜索并替换字形，特别是对于搜索并替换亚洲语言中的字形非常有用。
- 对象：此选项卡中用于搜索并替换对象和框架中的格式效果和属性。比如，可以查找具有 4 点描边的对象，然后使用投影来替换描边。
- 全角半角转换：此选项卡中也可以转换亚洲语言文本的字符类型。比如，可以在日文文本中搜索半角片假名，然后用全角片假名来替换。

▶▶8.9.1　查找和更改文本

在选定的文本框、一篇或多篇完整的文章中，可使用"查找"命令来查找其中的文字、字符或文本样式，并使用"更改为"命令将指定的文字、文字属性、段落属性以特定的文字、

文字属性及段落属性进行替换。下面具体讲解如何查找和更改文本,操作步骤如下:

① 选择要搜索一定范围的文本或文章,或将插入点放在文章中。如果要搜索多个文档,需要打开相应文档。

② 执行"编辑"│"查找 / 更改"命令,在弹出的对话框中单击"文本"选项卡。

③ 从"搜索"下拉列表中指定搜索范围,然后单击相应图标以包含锁定对象、主页、脚注以及其他的搜索项目。

在"搜索"下拉列表中,可以根据不同的情况选择其中一种所需要的对象查找范围。在页面上未选择任何文本框的情况下,"搜索"下拉列表显示如图 8.64 所示;在页面上选中文本框,"搜索"下拉列表显示如图 8.65 所示;在页面上插入文字光标的情况下,"搜索"下拉列表显示如图 8.66 所示。

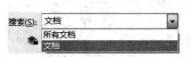

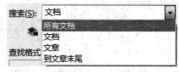

图8.64　未选择任何文本框　　　图8.65　选中文本框时　　　图8.66　插入文字光标时
　　　的查找范围　　　　　　　　　的查找范围　　　　　　　　的查找范围

- 所有文档:选择此选项,可以对打开的所有文档进行搜索操作。
- 文档:选择此选项,可以在当前操作的文档内进行搜索操作。
- 文章:选择此选项,可以将当前文本光标所在的整篇文章作为搜索范围。
- 到文章末尾:选择此选项,可以从当前光标所在的位置开始至文章末尾作为查找的范围。

"搜索"栏下方一排图标按钮的含义解释如下:

- 包括锁定图层 : 选中此按钮,可以搜索已使用"图层选项"对话框锁定的图层上的文本,但不能替换锁定图层上的文本。
- 包括锁定文章 : 选中此按钮,可以搜索 InCopy 工作流中已签出的文章中的文本,但不能替换锁定文章中的文本。
- 包括隐藏图层 : 选中此按钮,可以搜索已使用"图层选项"对话框隐藏的图层上的文本。找到隐藏图层上的文本时,可看到文本所在处被突出显示,但看不到文本。可以替换隐藏图层上的文本。
- 包括主页 : 选中此按钮,可以搜索主页上的文本。
- 包括脚注 : 选中此按钮,可以搜索脚注上的文本。
- 区分大小写 : 选中此按钮,可以在查找字母时只搜索与"查找内容"文本框中字母的大写和小写准确匹配的文本字符串。
- 全字匹配 : 选中此按钮,可以在查找时只搜索与"查找内容"文本框中输入的文本长度相同的单词。如果搜索字符为罗马单词的组成部分,则会忽略。
- 区分假名 : 选中此按钮,在搜索时将区分平假名和片假名。
- 区分全角 / 半角 : 选中此按钮,在搜索时将区分半角字符和全角字符。

④ 在"查找内容"文本框中,输入或粘贴要查找的文本,或者单击文本框右侧的"要搜索的特殊字符"按钮 ,在弹出的菜单中选择具有代表性的字符(关于特殊字符的查找 / 更改方法,请参见第 8.9.3 节),如图 8.67 所示。

💬
提示

> 在"查找/更改"对话框中，还可以通过选择"查询"下拉列表中的选项来进行查找。

⑤ 确定要搜索的文本后，然后在"更改为"文本框中，输入或粘贴替换文本，或者单击文本框右侧的"要搜索的特殊字符"按钮@，在弹出的菜单中选择具有代表性的字符。

⑥ 单击"查找"按钮。若要继续搜索，可单击"查找下一个"按钮、"更改"按钮（更改当前实例）、"全部更改"按钮（出现一则消息，指示更改的总数）或"查找/更改"按钮（更改当前实例并搜索下一个）。

⑦ 查找更改完毕后，单击"完成"按钮退出对话框。

图8.67 选择要搜索的特殊字符

　　如果未得到预期的搜索结果，可能还需要扩展搜索范围，并确保清除了上一次搜索中包括的所有格式。例如，可以只搜索选区或文档，而不是搜索文章；或者，可以搜索显示在锁定图层、脚注等项目上的文本或是隐藏条件文本，这些文本不在当前搜索范围内。

　　如果改变主意不想替换文本，则选择"编辑"|"还原替换文本"（或"还原替换全部文本"）命令。如果要查找以前搜索的文本的下一实例而不打开"查找/更改"对话框，则可以执行"编辑"|"查找下一个"命令。另外，以前搜索的字符串存储在"查找/更改"对话框中，可以从该选项的下拉列表中选择搜索字符串。

▶▶8.9.2 查找并更改带格式文本

　　在"查找格式"区域中单击"指定要查找的属性"按钮，将弹出"查找格式设置"对话框，如图8.68所示，在此对话框中可以设置要查找的文字或段落的属性。

　　下面具体讲解如何查找并更改带格式的文本，操作步骤如下：

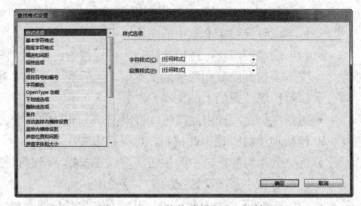

图8.68 "查找格式设置"对话框

① 选择"编辑"|"查找/更改"命令，在弹出的对话框中如果未出现"查找格式"和"更改格式"选项，此时可以单击"更多选项"按钮。

② 单击"查找格式"框，或者单击框右侧的"指定要查找的属性"按钮。然后在弹出的"查找格式设置"对话框的左侧设置所搜索文字的格式及样式属性，然后单击"确定"按钮退出对话框。

如果仅搜索（或替换为）格式，需要使"查找内容"或"更改为"文本框保留为空。

③ 如果要对查找到的文本应用格式，需要单击"更改格式"框，或者单击框右侧的"指定要更改的属性"按钮❹，然后在弹出的"更改格式设置"对话框的左侧设置所搜索文字的格式及样式属性，并单击"确定"退钮退出。

④ 单击"全部更改"按钮，更改文本的格式。

如果为搜索条件指定格式，则在"查找内容"或"更改为"框的上方将出现信息图标❶。这些图标表明已设置格式属性，查找或更改操作将受到相应的限制。

要快速清除"查找格式设置"或"更改格式设置"区域的所有格式属性，可以单击"清除指定的属性"按钮⬛。

8.9.3 常用的查找/更改方法

1. 通配符搜索

即指定"任意数字"或"任意空格"等通配符，以扩大搜索范围。例如，在"查找内容"文本框中输入"z^?ng"，表示可以搜索以"z"开头且以"ng"结尾的单词，如"zing"、"zang"、"zong"和"zung"。当然，除了可以输入通配符，也可以单击"查找内容"文本框右侧的"要搜索的特殊字符"按钮❹，在弹出的下拉列表中选择一个选项。

2. 用于元字符搜索的剪贴板

要搜索元字符（如全角破折号或项目符号字符），需要先选中文本，然后将其粘贴到"查找内容"文本框中，从而避免输入元字符的麻烦。InDesign CS6 会自动将粘贴的特殊字符转换为它们的等效元字符。

3. 替换为剪贴板内容

可以使用复制到剪贴板中的带格式内容或无格式内容来替换搜索项目，甚至可以使用复制的图形来替换文本。只需复制对应项目，然后在"查找/更改"对话框中，单击"更改为"文本框右侧的"要搜索的特殊字符"按钮❹，在弹出的下拉列表中选择一个选项。

4. 查找并删除不想要的文本

要删除不想要的文本，在"查找内容"文本框中定义要删除的文本，然后将"更改为"文本框保留为空（确保在该框中没有设置格式）。

5. 添加 XML 标签

可以对搜索的文本应用 XML 标签。

8.10 输入沿路径绕排的文本

利用 InDesign 提供的将文字绕排于路径的功能，能够将文字绕排于任意形状的路径。将路径文字应用选项和效果，使其沿路径排列，或将其翻转到路径的另一端，或者使用路径的形状来扭曲字符。与其他文本框架一样，路径文字也有一个入端和一个出端，因此可以将文本串接到路径文字，或者从路径文字串接文本。使用这一功能将文字绕排成为一条引导阅读者目光的流程线，使阅读者的目光跟随设计者的意图而流动。

8.10.1 输入路径文字

下面讲解制作输入路径文字的操作步骤。

① 在工具箱中选择"椭圆工具" ⬭，在页面中绘制路径，如图 8.69 所示。

② 在工具箱中选择"路径文字工具" ➘，将此工具放置在路径上，直至光标变为 ꞁ 形状，在路径上插入一个文字光标。

③ 在文字光标的后面输入所需要的文字，即可得到文字沿着路径进行排列的效果，如图 8.70 所示。

图8.69 绘制椭圆形路径　　　　　　　　图8.70 创建路径文字

提示

提示 1：路径文字只能是一行，任何不能排在路径上的文字都会溢流。另外，不能使用复合路径来创建路径文字。

提示 2：如果绘制的路径是可见的，在向其中添加了文字后，它仍然是可见的。如要隐藏路径，需要使用"选择工具" ▶ 或"直接选择工具" ▷ 来选中它，然后对填色和描边应用"无"选项。

8.10.2 更改路径文字的效果

当文字已经被绕排于路径以后，仍然可以修改文字的各种属性，包括字号、字体、水平或者垂直排列方式等。

只需要在工具箱中选择"文字工具"，将沿路径绕排的文字选中，然后在"字符"面板中修改相应的参数即可，如图 8.71 所示为更改文字的字体、字号及颜色后的效果。

除此之外，还可以通过修改绕排文字路径的曲率、节点的位置等来修改路径的形状，从而影响文字的绕排效果，如图 8.72 所示。

图8.71 更改字体、字号及颜色后的效果　　　图8.72 编辑路径后的效果

▶▶8.10.3 制作特殊路径文字效果

对已有的路径文字使用"路径文字选项"
对话框中的设置，可以对文字创建 5 种特殊
不同的效果。方法很简单，将光标插入路径
文字内，双击"路径文字工具" ，将弹出
"路径文字选项"对话框，如图 8.73 所示。设
置好选项后单击"确定"按钮即可。

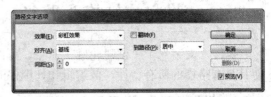

图8.73　"路径文字选项"对话框

在该对话框中，各选项的含义解释如下。

- 效果：此下拉列表中的选项，用于设置文本在路径上的分布方式。包括彩虹效果、倾斜、
3D带状效果、阶梯效果和重力效果。如图 8.74 所示为对路径文字应用的几种特殊效果。

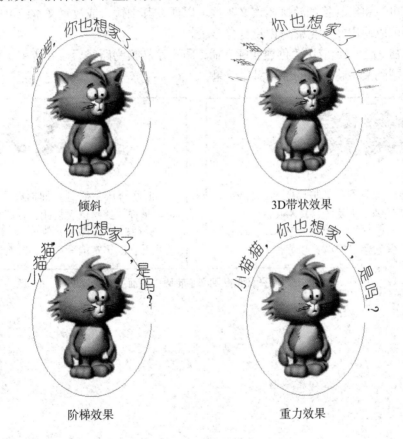

倾斜　　　　　　　　　　　　3D带状效果

阶梯效果　　　　　　　　　　重力效果

图8.74　几种特殊效果

- 翻转：选择此选项，可以用来翻转路径文字。
- 对齐：此下拉列表中的选项，用于选择路径在文字垂直方向的位置。
- 到路径：此下拉列表中的选项，用于指定从左向右绘制时，相对于路径的描边粗细来
说，在哪一位置将路径与所有字符对齐。
- 间距：在此下拉列表中选择一个或直接输入数值，可控制文字在路径急转弯或锐角处
的水平距离。

8.11 将文本转换为路径

执行"文字"|"创建轮廓"命令，可以将选定的文本字符转换为一组复合路径，从而使其具有路径的所有特性，像编辑和处理任何其他路径那样编辑和处理这些复合路径。

提示
　　"创建轮廓"命令一般用于为大号显示文字制作效果时使用，很少用于正文文本或其他较小号的文字。

将文字转换为路径后，可以使用"直接选择工具"拖动各个锚点来改变文字的形状；可以复制轮廓，然后使用"编辑"|"贴入内部"命令将图像粘贴到已转换的轮廓来给图像添加蒙版；可以将已转换的轮廓当作文本框，以便在其中输入或放置文本；可以更改字体的描边属性；可以使用文本轮廓来创建复合形状。

如图 8.75 所示，是应用"创建轮廓"命令将文字转换为路径后，并应用"贴入内部"命令将图像粘贴到文字轮廓中的前后对比效果。

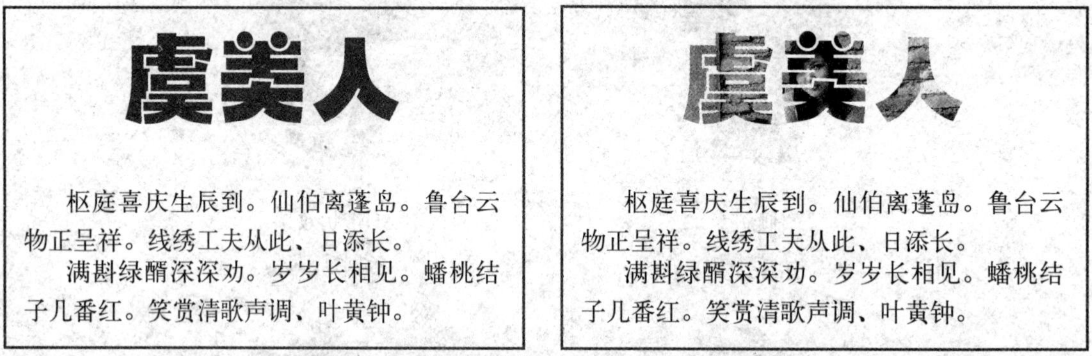

图8.75　将图像粘贴到文字轮廓中的前后对比效果

第 **9** 章

表格

学 习 重 点

◉ 创建表格

◉ 文本与表格的相互转换

◉ 设置表格格式

◉ 在表格中使用图像

9.1 创建表格

本节将介绍两种创建表格的方法。

≫9.1.1 导入Word表格

在 InDesign CS6 中可以直接执行"文件"|"置入"命令，置入 Microsoft Excel 和 Microsoft Word 中的表格。当然，除了使用"置入"命令，也可以使用复制、粘贴的方法将 Excel 和 Word 中的表格先复制到剪贴板，然后以带定位标记文本的形式粘贴到 InDesign 页面中，然后再转换为表格。

提示

> 提示 1：关于置入 Excel 中的表格的方法在第 8 章已详细讲解过，在此就不再赘述。置入 Word 中的表格与置入 Excel 中的表格的方法类似，在此也不再重复。
>
> 提示 2：导入表格时，可以选择导入表格的格式，也可以导入不带格式的文本。如果是 Word 文件，可以选择"移去文本和表的样式和格式"选项；如果是 Excel 文件，可以选择"无格式表"选项。

下面重点介绍如何通过粘贴命令来导入表格，具体的操作方法如下：

① 在要导入表的文档中选中表格，如图 9.1 所示。按 Ctrl+X 或按 Ctrl+C 组合键来剪切或复制表格。

图9.1 选中要复制的表格

② 在 InDesign 文档中，按 Ctrl+V 组合键进行粘贴，效果如图 9.2 所示。

借阅人	状态	借书名称	借阅日期	归还日期	借阅时间
藩陈锡	已还	平面与广告设计	4月26日	4月27日	1天
藩陈锡	已还	PS设计宝典	4月30日	5月11日	12天
左福	已还	PS影像风云	5月1日	5月2日	1天
藩陈锡	已还	字效风云[腾龙工作室][人邮]	5月12日	5月18日	6天
藩陈锡	已还	大卫·奥格威[海南]	5月12日	5月14日	2天
杜一言	已还	版面与广告设计[上海人民美术]	5月12日	5月15日	3天
左福	已还	CD书[不详]	5月18日	5月20日	2天
藩陈锡	已还	英国版式设计教程-高级版[上海人民美术]	5月18日	5月22日	4天
藩陈锡	已还	广告策划与设计[重庆大学出版社]	5月18日	5月22日	4天

图9.2 粘贴后的效果

9.1.2 创建新的表格

表格是由成行和成列的单元格组成的。在 InDesign CS6 中，可以通过多种方法来创建表格。除了上一节讲解的置入方法外，也可以直接创建新的空白表格，还可以通过文本来创建表格。

1. 直接创建表格

直接创建表格即从头开始创建表格，创建的表的宽度将与文本框架的宽度一样。利用此功能可以自行创建表格，具体的创建方法如下。

① 在工具箱中选择"文字工具" ，当光标成 状态时在页面中拖动鼠标以绘制一个空文本框，如图 9.3 所示。

> **提示** 在 InDesign CS6 中如果是创建新的表格，必须要有文本框才能创建，或者在已有的文本框中插入光标进行创建（关于此方法的讲解见下一小节）。

② 当文字光标闪烁时，执行"表"｜"插入表"命令，或者按 Ctrl+Alt+Shift+T 组合键，将弹出"插入表"对话框，如图 9.4 所示。

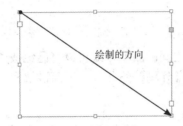

图9.3 绘制文本框

图9.4 "插入表"对话框

在"插入表"对话框中，各选项的含义解释如下。

- 正文行：在此文本框中输入数值，用于控制表格中正文横向所占的行数。
- 列：在此文本框中输入数值，用于控制表格中正文纵向所占的行数。
- 表头行：在此文本框中输入数值，用于控制表格栏目所占的行数。
- 表尾行：在此文本框中输入数值，用于控制汇总性栏目所占的行数。

> **提示** 表格的排版方向基于用来创建该表格的文本框的排版方向。当用于创建表格的文本框的排版方向为直排时，将创建直排表格；当文本框的排版方向改变时，表格的排版方向会相应改变。

③ 在"插入表"对话框中设置好需要的参数后，单击"确定"按钮退出对话框，即可创建一个表格。如图 9.5 所示为创建"正文行"为 8，"列"为 10 的表格。

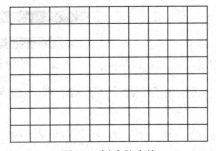

图9.5 创建的表格

2. 在表格嵌入表格

要在表格中嵌入表格，具体的操作方法如下。

① 在工具箱中选择"文字工具" T，在已有的表格中插入光标以指定位置，如图 9.6 所示。

② 执行"表" | "插入表"命令，将弹出"插入表"对话框，在对话框中设置好需要的参数后，单击"确定"按钮退出对话框即可。

如图 9.7 所示为创建"正文行"为 2，"列"为 3 的嵌套表格。

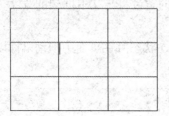
图9.6　插入光标

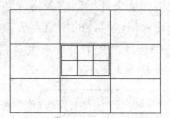
图9.7　创建的嵌套表格

9.2　文本与表格的相互转换

在 InDesign CS6 中，可以轻松实现文本与表格之间的转换，既可以将已经按适当的格式设置好的文本转换为表格，也可以将表格转换为带有分隔符的文本。下面讲解其具体的实现方法。

9.2.1　通过文本创建表格

将文本转换为表格之前，必须在准备转换到表格的文本中使用相应的分隔符，例如按 Tab 键、逗号或段落回车键等，以正确设置文本。具体的操作方法如下。

① 准备要转换的文本，插入制表符、逗号、段落回车符或其他字符以分隔列。插入制表符、逗号、段落回车符或其他字符以分隔行，设置好的文本如图 9.8 所示。

② 使用"文字工具" T，选择要转换为表的全部文本，如图 9.9 所示。

图9.8　设置待转换的文本

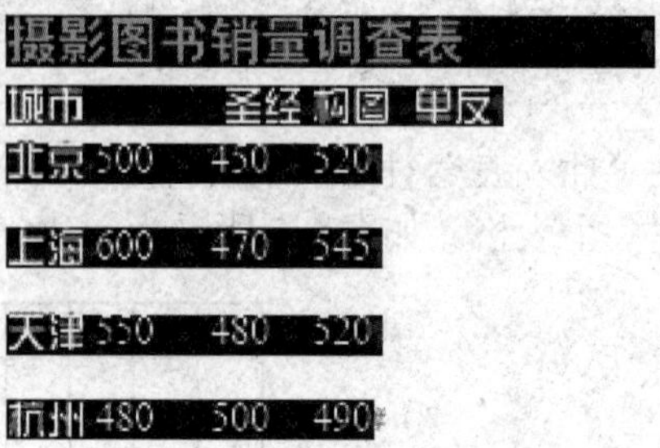

图9.9　选中文本

③ 执行"表" | "将文本转换为表"命令，将弹出"将文本转换为表"对话框，如图 9.10 所示。

④ 在"列分隔符"和"行分隔符"下拉列表中，选择或者输入与编辑的文本中一致的定位标记，单击"确定"按钮退出对话框，所选中的文本就会被转换为表格，如图 9.11 所示。

图9.10 "将文本转换为表"对话框　　　　图9.11 将文本转换为表格

提示

如果为列和行指定了相同的分隔符，还需要指出让表格包括的列数。如果任何行所含的项目少于表中的列数，则多出的部分由空单元格来填补。

>>9.2.2 将表格转换为文本

将表格转换为文本的操作相对于将文本转换为表格的操作要简单许多。具体的操作方法如下。

① 使用"文字工具"Ｔ在表格中单击以插入文字光标。

② 执行"表"｜"将表转换为文本"命令，会弹出"将表转换为文本"对话框，如图 9.12 所示。

图9.12 "将表转换为文本"对话框

③ 在"列分隔符"和"行分隔符"下拉列表中选择或输入所需的分隔符，单击"确定"按钮退出对话框，即可将表格转换为文本。

9.3 设置表格格式

可以通过多种方式将描边（即表格线）和填色添加到表中。使用"表选项"对话框可以更改表边框的描边，并向列和行中添加交替式的描边和填色。如果要更改个别单元格或表头/表尾单元格的描边和填色，可以使用"单元格选项"对话框，或者使用"色板"、"描边"以及"颜色"面板。

>>9.3.1 设置边框格式

设置边框格式就是设置指定边的粗细、类型、颜色、色调和间隙颜色、间隙色调属性，以及设置表格线的绘制顺序。

在工具箱中选择"文字工具"Ｔ，在表格中单击以插入文字光标，然后执行"表"｜"表选项"｜"表设置"命令，将弹出"表选项"对话框，如图 9.13 所示。

在"表外框"区域中各选项的含义解释如下。

- 粗细：在此文本框中选择或输入数值，可以控制表或单元格边框线条的粗细程度。
- 类型：在此下拉列表中选择一个选项，可以用于指定线条样式，如直线、虚线、点线、斜线等。
- 颜色：在此下拉列表中选择一个选项，可以用于指定表或单元格边框的颜色。且所列出的选项是"色板"面板中所提供的选项。

- 色调：在此文本框中输入数值，用于控制描边或填色的指定颜色的油墨百分比。
- 间隙颜色：当线条为虚线、点线或圆点等带有间隙的线条时，可以将颜色应用于它们之间的区域。

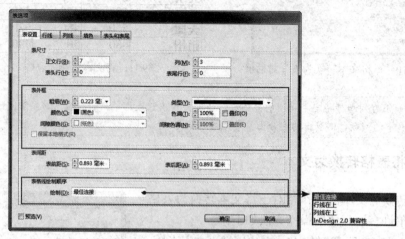

图9.13 "表选项"对话框

提示 　　如果在"类型"下拉列表中选择了"实线"类，则"间隙颜色"选项不可用。

- 间隙色调：当线条为虚线、点线或圆点等带有间隙的线条时，可以将色调应用于它们之间的区域。

提示 　　如果在"类型"下拉列表中选择了"实线"类，则"间隙色调"选项不可用。

- 叠印：如果选中该选项，将导致"颜色"下拉列表中所指定的油墨应用于所有底色之上，而不是挖空这些底色。
- 保留本地格式：选择此选项，个别单元格的描边格式不被覆盖。

如图 9.14 所示为通过"表选项"对话框，设置表格边框前后的对比效果。

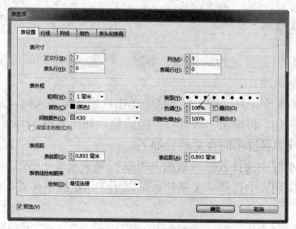

图9.14 设置表格边框前后的对比效果

在“表选项”对话框的“表格线绘制顺序”区域中“绘制”下拉列表中各选项的含义解释如下。

- 最佳连接：选择此选项，则在不同颜色的描边交叉点处，行线将显示在上面。此外，当描边（例如双线）交叉时，描边会连接在一起，并且交叉点也会连接在一起。
- 行线在上：选择此选项，行线会显示在上面。
- 列线在上：选择此选项，列线会显示在上面。
- InDesign 2.0 兼容性：选择此选项，行线会显示在上面。此外，当多条描边（例如双线）交叉时，它们会连接在一起，而仅在多条描边呈 T 形交叉时，多个交叉点才会连接在一起。

9.3.2 通过拖拽来调整行、列尺寸

对于已创建好的表格，如果对其行高和列宽的大小不满意，可以通过多种方法对其进行调整。通过拖拽来调整行、列的尺寸，是最常用的一种方法。具体的操作方法如下。

1. 在工具箱中选择“文字工具” T，将光标置于列或行的边线上，便会出现一个双箭头图标（↔或↕）。
2. 向左或向右拖动鼠标以增加或减小列宽，向上或向下拖动鼠标以增加或减小行高。

如图 9.15 所示为调整表格的行高和列宽尺寸前后的对比效果。

城市	圣经	构图	单反
北京	500	450	520
上海	600	470	545
天津	550	480	520
杭州	480	500	490
南京	550	460	520
长春	480	600	470

城市	圣经	构图	单反
北京	500	450	520
上海	600	470	545
天津	550	480	520
杭州	480	500	490
南京	550	460	520
长春	480	600	470

图9.15　调整行高和列宽前后的对比效果

9.3.3 交替变换表格行颜色

对表格进行交替填色操作，可以达到美化表格的目的，还可以达到醒目的目的。其具体的操作方法如下。

1. 在工具箱中选择“文字工具” T，将光标插入单元格中，然后执行“表” | “表选项” | “交替填色”命令，将弹出“表选项”对话框。
2. 在对话框的“交替模式”下拉列表中选择要使用的模式类型。如果要指定一种模式（如一个带有灰色阴影的行后面跟有三个带有黄色阴影的行），则需要选择“自定行”或“自定列”选项。
3. 在“交替”区域中，为第一种模式和后续模式指定填色选项。例如，如果为“交替模式”选择了“每隔一行”，则可以让第一行填充，第二行为空白，依此交替下去。如图 9.16 所示为设置的对话框，如图 9.17 所示为按照此设置交替填色前后的对比效果。

9.3.4 编辑单元格描边

创建完表格后，可以使用“描边和填充”命令、“描边”面板或“表选项”对话框来编辑单元格的描边效果。下面将详细讲解这些功能的具体使用方法。

1. 使用"描边和填充"命令来编辑单元格描边

使用"描边和填充"命令来编辑单元格描边的方法非常简单，其具体的操作方法如下。

① 使用"文字工具" T 在表格中选择要描边的单元格，如图 9.18 所示。

② 执行"表"|"单元格选项"|"描边和填色"命令，将弹出"单元格选项"对话框，在"单元格描边"区域中设置描边的粗细、类型、颜色和间隙颜色等属性，如图 9.19 所示。

③ 单击"确定"按钮退出对话框，即可为选中的单元格进行描边，如图 9.20 所示。

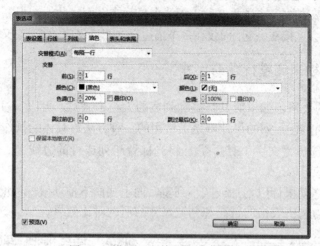

图9.16　设置"交替"区域中的选项

图9.17　设置交替填色的前后对比效果

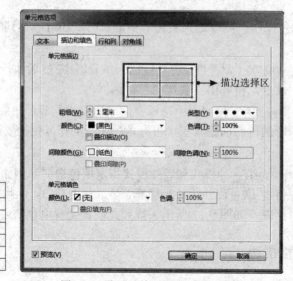

图9.18　选中要描边的
　　　　单元格

图9.19　设置"单元格选项"对话框

图9.20　为选中的单元格
　　　　描边后的效果

提示　“单元格选项”对话框中的“描边选择区”是以“田”字显示，其四周代表外部边框，内部“十”字代表内部边框。在蓝色线条上单击，蓝色线将变为灰色，表示取消选择的线条，这样在修改描边参数时，就不会对灰色的线条造成影响；双击任意四周或内部的边框，可以选择整个四周矩形线条或整个内部线条；在“描边选择区”任意位置单击鼠标 3 次，将选择或取消所有线条。

2. 使用“描边”面板来编辑单元格描边

使用“描边”面板来编辑单元格描边的操作方法如下。

① 使用“文字工具” T 在表格中选择要描边的单元格，如图 9.21 所示。

② 执行“窗口”｜“描边”命令，或者按 F10 键来调出“描边”面板，在“描边选择区”中选择要修改的线条，设置适当的粗细和类型，完成对单元格描边的设置，如图 9.22 所示。

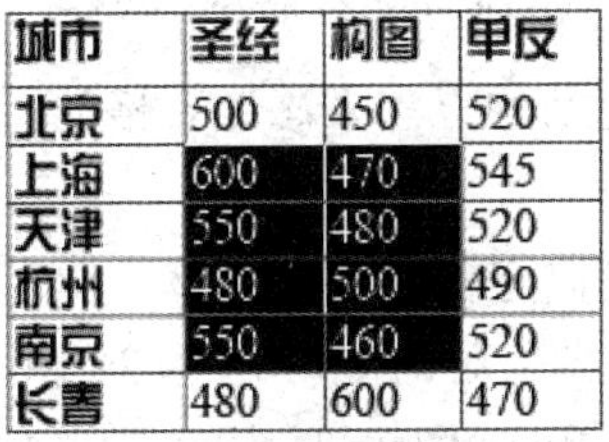

城市	圣经	构图	单反
北京	500	450	520
上海	600	470	545
天津	550	480	520
杭州	480	500	490
南京	550	460	520
长春	480	600	470

图9.21　选中要描边的单元格

城市	圣经	构图	单反
北京	500	450	520
上海	600	470	545
天津	550	480	520
杭州	480	500	490
南京	550	460	520
长春	480	600	470

图9.22　“描边”面板及描边后的效果

3. 使用“表选项”对话框来编辑单元格描边

在“表选项”对话框中，使用“行线”、“列线”选项卡中的选项，可以为表或单元格添加交替描边。下面以单元格为例讲解交替描边的方法。

① 使用“文字工具” T 在表格中选择要描边的单元格，如图 9.23 所示。

② 执行“表”｜“表选项”｜“交替行线”命令，弹出“表选项”对话框，对各选项进行适当的设置，如图 9.24 所示。

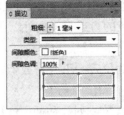

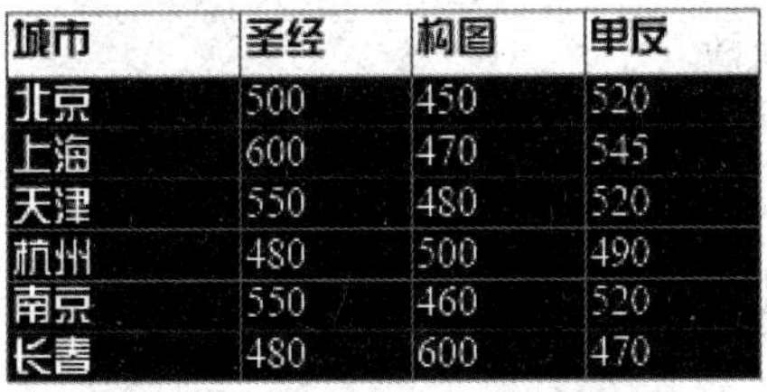

城市	圣经	构图	单反
北京	500	450	520
上海	600	470	545
天津	550	480	520
杭州	480	500	490
南京	550	460	520
长春	480	600	470

图9.23　选中要描边的单元格

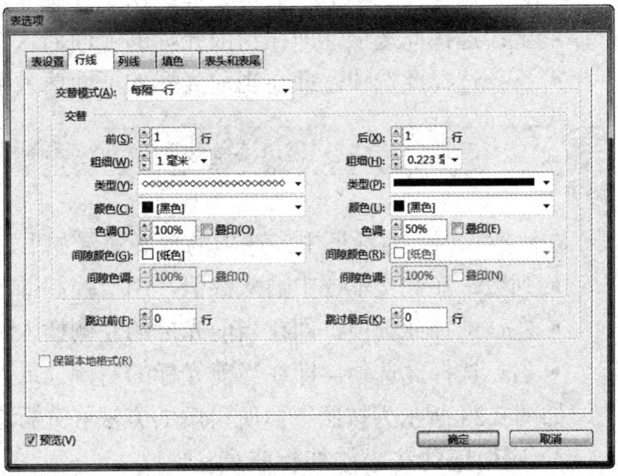

图9.24　设置“表选项”对话框中的“行线”选项卡

在“行线”选项卡中部分选项的含义解释如下。

- 前：在此文本框中输入数值，用于设置交替的前几行。例如，当数值为 2 时，表示从前面隔 2 行设置属性。

- 后：在此文本框中输入数值，用于设置交替的后几行。例如，当数值为 2 时，表示从后面隔 2 行设置属性。
- 跳过前：在此文本框中输入数值，用于设置表的开始位置，在前几行不显示描边属性。
- 跳过最后：在此文本框中输入数值，用于设置表的结束位置，在后几行不显示描边属性。

城市	圣经	构图	单反
北京	500	450	520
上海	600	470	545
天津	550	480	520
杭州	480	500	490
南京	550	460	520
长春	480	600	470

图9.25　设置交替描边后的效果

③ 单击"确定"按钮退出对话框，即可将选中的单元格进行描边，如图 9.25 所示。

9.3.5　添加行或列

对于已创建的表格，有时因为需要输入更多数据而添加行和列以满足要求。在 InDesign CS6 中，可以通过相关命令来插入新的行或列，也可以通过拖动的方法来添加表格的行或列。

1. 应用命令来添加行或列

将插入点放置在希望新行出现的位置的下一行或上一行，以定位插入点。然后执行"表"｜"插入"｜"行"或"列"命令，将弹出"插入行"或"插入列"对话框，如图 9.26 和图 9.27 所示。然后在对话框中指定所需的行数或列数和插入的位置，单击"确定"按钮退出对话框。

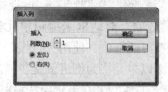

图9.26　"插入行"对话框　　图9.27　"插入列"对话框

在"插入行"对话框中各选项的含义解释如下。
- 行数：在此文本框中输入数值，用于控制插入的行数。
- 上：选择此选项，即在当前光标的上面插入新行。
- 下：选择此选项，即在当前光标的下面插入新行。

提示　应用"文字工具" 在表格的最后一个单元格中单击插入光标，然后按 Tab 键，可快速插入一行。

在"插入列"对话框中各选项的含义解释如下。
- 列数：在此文本框中输入数值，用于控制插入的列数。
- 左：选择此选项，即在当前光标的左侧插入新列。
- 右：选择此选项，即在当前光标的右侧插入新列。
如图 9.28 所示为按照上面所讲解的方法在光标前面添加一行前后的对比效果。

2. 应用拖动法来添加行或列

将插入点放置在希望新行出现的位置的上一行下侧边框上，当光标变为 时，按住 Alt 键向下拖动鼠标到合适的位置（拖动一行的距离，即添加一行，以此类推），释放鼠标即可插入行。操作流程如图 9.29 所示。

将插入点放置在希望新列出现的位置的前一列右侧边框上，当光标变为 时，按住 Alt 键向右拖动鼠标到合适的位置（拖动一列的距离，即添加一列，以此类推），释放鼠标即可插入列。

Preliminary Examination 2024

图9.28 在光标前面添加一行的前后对比效果

图9.29 拖动法添加行的流程图

9.3.6 删除行或列

1. 应用命令来删除行或列

要删除行或列,可以将插入点定位在表格内,或者选中表格内的文本,然后执行"表"|"删除"|"行"或"列"命令即可。

2. 应用对话框来删除行或列

要使用"表选项"对话框来删除行和列,可以使用"文字工具" T 在表中任意位置单击以定位光标点,然后执行"表"|"表选项"|"表设置"命令,将弹出"表选项"对话框,如图 9.30 所示。在"表尺寸"选项区中指定小于当前值的行数和列数,单击"确定"按钮退出对话框。行从表的底部开始被删除,列从表的右侧开始被删除。

3. 应用拖动法来删除行或列

要应用拖动法来删除行或列,可以将光标放置在表格的底部或右侧的边框上,当出现一个双箭头图标(‡或↔)时,然后按住 Alt 键向上拖动以删除行,或向左拖动以删除列。

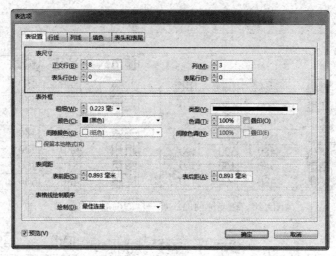

图9.30 "表尺寸"选项区

9.4 在表格中使用图像

9.4.1 设置固定的行、列尺寸

在前面讲解了如何通过拖拽来调整表格中行、列的尺寸，但这样的操作随意性很大，不能精确指定行、列的大小。如果想精确设置表格的行高和列宽，则可以通过以下两种方法来实现。

1. 应用命令来精确调整

应用命令来精确调整行、列尺寸大小的具体操作方法如下。

① 在工具箱中选择"文字工具" T，在要调整的行或列的任意单元格单击，以指定光标位置。如果想改变多行或多列，则可以选择要改变的多行或多列。

② 执行"表"|"单元格选项"|"行和列"命令，将弹出"单元格选项"对话框，如图 9.31 所示。在对话框的"行和列"选项卡中设置"行高"和"列宽"选项。

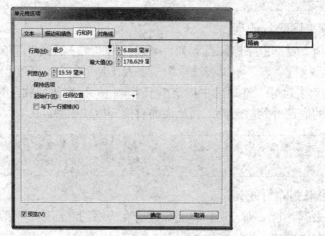

图9.31 "单元格选项"对话框

提示　　在"行高"下拉列表中有"最少"和"精确"2个选项，如果选择"最少"来设置最小行高，当添加文本或增加尺寸大小时，则会增加行高；如果选择"精确"来设置固定的行高，当添加或移去文本时，则行高不会改变。固定的行高经常会导致单元格中出现溢流的情况。

③ 单击"确定"按钮退出对话框，即可精确调整行高和列宽。

2. 应用"表"面板来精确调整

除了使用"行和列"命令来精确调整行高或列宽，还可以应用"表"
面板来精确调整行高或列宽。具体的操作方法如下。

图9.32　"表"面板

① 在工具箱中选择"文字工具"【T】，在要调整的行或列的任意
单元格单击，以指定光标位置。如果想改变多行或多列，则
可以选择要改变的多行或多列。

② 执行"窗口"|"文字和表"|"表"命令，将弹出"表"面板，
如图 9.32 所示。

③ 在"行高"【T】或"列宽"【H】文本框中输入行高或列宽的数值，按 Enter 键即可修改行
高或列宽。

提示　　如果要平均分布表格中的行或列，可以在列或行中选择应当等宽或等高的单元格，然后执行
"表"|"均匀分布行"或"均匀分布列"命令。

9.4.2　将图像置入单元格中

在表格内的单元格中不仅可以输入文字，还可以置入图像。通过以下方法即可实现。

- 在工具箱中选择"文字工具"【T】，在要添加图像的位置单击以定位，然后执行"文件"|
  "置入"命令，然后双击图像的文件名。
- 在工具箱中选择"文字工具"【T】，在要添加图像的位置单击以定位，然后执行"对象"|
  "定位对象"|"插入"命令，然后指定设置，随后即可将图像添加到定位对象中。
- 复制图像或框架，在工具箱中选择"文字工具"【T】，在要添加图像的位置单击以定位，
  然后执行"编辑"|"粘贴"命令。

当添加的图像大于单元格时，单元格的高度就会扩展以便容纳图像，但是单元格的宽度
不会改变，图像有可能延伸到单元格右侧以外的区域。如果在其中放置图像的行高已设置为
固定高度，则高于这一行高的图像会导致单元格溢流。

提示　　为避免单元格溢流，最好先将图像放置在表外，调整图像的大小后再将图像粘贴到表的单元
格中。

第 10 章

样式

学 习 重 点

- 样式简介
- 字符样式
- 段落样式
- 嵌套样式与字符样式
- 对象样式

- 表格样式
- 重新定义样式
- 导入样式
- 自定样式映射

10.1 样式简介

在 InDesign CS6 中，创建样式和应用样式都需要使用样式面板来完成。常用的样式面板有"字符样式"和"段落样式"两个。执行"文字"|"字符样式"或"文字"|"段落样式"命令，将弹出"字符样式"或"段落样式"面板，如图 10.1 和图 10.2 所示。

图10.1 "字符样式"面板　　　　图10.2 "段落样式"面板

提示　　执行"窗口"|"样式"|"字符样式"或"窗口"|"样式"|"段落样式"命令，也可以调出"字符样式"或"段落样式"面板。弹出的面板将默认在窗口的右侧显示。

"段落样式"面板里包括设置字符和段落格式的属性，可以应用于一个段落，也可以应用于某个范围内的段落；"字符样式"面板是通过一个步骤就可以应用于文本的一系列字符格式属性的集合。使用"段落样式"面板可以创建段落样式，主要应用于整个段落中；使用"字符样式"面板可以创建字符样式，主要应用于选定的文本中。

新建的样式将随文档一起保存，当打开相关的文档时，样式都会显示在相对应的面板中，当选择文字或插入光标时，应用于文本的任何样式都将突出显示在相应的样式面板中，除非该样式位于折叠的样式组中。如果选择的是包含多种样式的一系列文本，则样式面板中不突出显示任何样式；如果所选一系列文本应用了多种样式，样式面板将显示混合。

10.2 字符样式

本节将介绍字符样式的创建与应用。

10.2.1 创建字符样式

"字符样式"面板是文字控制灵活性的集中表现，它可以轻松控制标题、正文文字、小节等频繁出现的相同类别文字的属性。下面以对文本字符设置删除线为例来讲解创建字符样式的方法。

① 在"字符样式"面板中单击右上角的面板选项按钮，从弹出的菜单中选择"新建字符样式"命令，将弹出"新建字符样式"对话框，如图 10.3 所示。

提示　　在"字符面板"底部单击"创建新样式"按钮，可以创建新的字符样式，双击创建的字符样式名称，将弹出"字符样式选项"对话框，在此对话框中也可以创建新的字符样式。

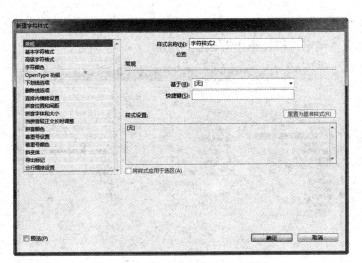

图10.3　"新建字符样式"对话框

"新建字符样式"对话框中各选项的含义解释如下。

- 样式名称：在此文本框中可以输入文本以命名新样式。
- 基于：在此下拉列表中列有当前出版物中所有可用的文字样式名称，可以根据已有的样式为基础父样式来定义子样式。如果需要建立的文字样式与某一种文字样式的属性相近，则可以将此种样式设置为父样式，新样式将自动具有父样式的所有样式。当父样式发生变化时，所有以此为父样式的子样式的相关属性也将同时发生变化。默认情况下为"无"文字样式选项。
- 快捷键：在此文本框中用于输入键盘中的快捷键。按数字小键盘上的 Num Lock 键，使数字小键盘可用。按 Shift、Ctrl、Alt 键中的任何一个键，并同时按数字小键盘上的某数字键即可。
- 样式设置：在此区域的文本框中详细显示为样式定义的所有属性。
- 将样式应用于选区：勾选此选项，可以将新样式应用于选定的文本。

② 在"常规"选项中设置"样式名称"为"删除线"，并设置快捷键为 Shift+1，如图 10.4 所示。

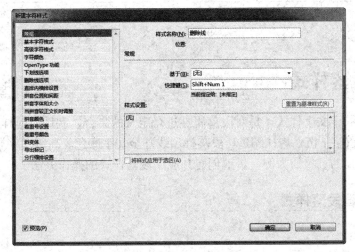

图10.4　设置名称及快捷键

③ 在左侧的列表框中选择"删除线选项"选项，以显示相关的选项进行设置，如图 10.5 所示。单击"确定"按钮退出对话框。

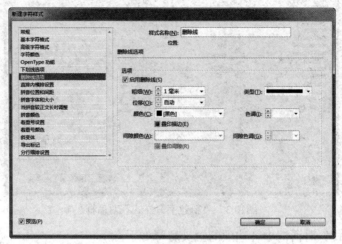

图10.5　设置"删除线选项"中的属性

▶▶10.2.2　应用字符样式

创建完字符样式后，需要将样式应用到文本，可以在工具箱中选择"文字工具" [T]，选中需要应用新样式的文本，然后在"字符样式"面板中单击新样式的名称即可。如图 10.6 所示为应用新样式前后的对比效果。

如前所述，影像传感器直接影响着像素的数量，而像素的数量越多，照片的尺寸就越大、画面越细腻，成像质量也越高。对数码单反相机而言，目前 1200 万像素以上的非常普及，这已经足以满足日常甚至是专业领域的需求，而更高端甚至是顶级的相机，已经达到了 2450 像素，从而可以满足更专业的拍摄需求。

如前所述，影像传感器直接影响着像素的数量，而像素的数量越多，照片的尺寸就越大、画面越细腻，成像质量也越高。对数码单反相机而言，目前 1200 万像素以上的非常普及，这已经足以满足日常甚至是专业领域的需求，而更高端甚至是顶级的相机，已经达到了 2450 像素，从而可以满足更专业的拍摄需求。

图10.6　应用字符样式前后的对比效果

10.3　段落样式

段落样式不同于文字样式，是对段落属性进行定义的集合，利用段落样式用户可以控制如缩进、间距、首字下沉、悬挂缩进、段落标尺线甚至文字颜色、高级文字属性等诸多参数。下面将以当前制作的宣传册为例，讲解创建并应用段落样式的操作方法。

▶▶10.3.1　创建段落样式

操作步骤如下。

① 打开随书所附光盘中的文件"第 10 章 \10.3.1- 素材文件 .indd"。

② 切换至第 2 页，按 Ctrl+D 组合键来应用"置入"命令，在弹出的对话框中打开随书所附光盘中的文件"第 10 章 \10.3.1- 素材 .tif"，将图像缩放为适当大小后置于如图 10.7 所示的位置。

③ 使用"文字工具" T 在第 2 页中添加如图 10.8 所示的房屋说明文字。

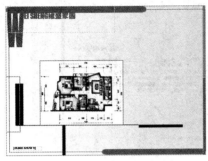

图10.7　置入图像

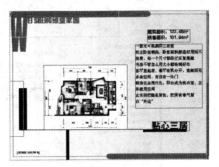

图10.8　添加文字

④ 使用"选择工具" 选中上一步添加的中间段说明文字。选择"窗口"｜"样式"｜"段落样式"命令以显示"段落样式"面板。

⑤ 单击"创建新样式"按钮，得到样式"段落样式 1"，在"段落样式"面板中单击该样式名称，即为当前文字应用了该样式。若双击该样式名称，则弹出如图 10.9 所示的对话框。

提示

在按住 Alt 键的情况下单击"创建新样式"按钮，会直接弹出"新段落样式"对话框。

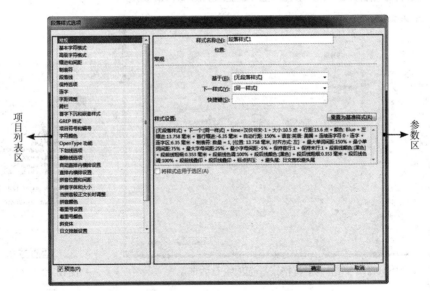

图10.9　"段落样式选项"对话框

观察图 10.9 可以看出，"段落样式选项"对话框可以分为 2 个部分，即项目列表区与参数区。当在项目列表区中选择不同的选项时，右侧的参数区会随之变化。

在选择"常规"选项的参数区中，个别参数解释如下：

● 下一个样式：在此下拉列表中用户可以选择一个样式名称，此样式将作为从当前段落回车另起一个新段落后该段落自动应用样式。

⑥ 在"样式名称"文本框中输入"内文",其他参数按照默认即可,如图 10.10 所示。

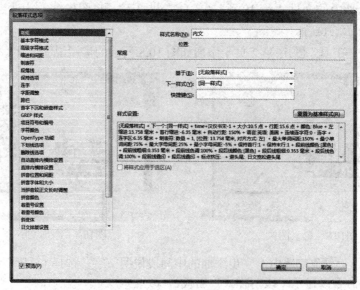

图10.10 "常规"选项组对话框

⑦ 在项目列表区中选择"基本字符格式"选项,并设置其对话框如图 10.11 所示,得到如图 10.12 所示的效果。在此可以有选择地控制关于文字的字体、字号、行距等属性,由于此对话框中大部分选项在讲解"字符"面板时已有介绍,故在此不再重复讲解。

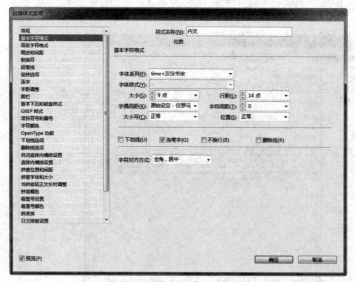

图10.11 "基本字符格式"选项组对话框

图10.12 文字效果

⑧ 在项目列表区中选择"缩进和间距"选项,并设置其对话框如图 10.13 所示,得到如图 10.14 所示的效果。此可以有选择地控制关于段落的左缩进、首行缩进、段前间距等属性,由于此对话框中大部分选项在讲解"段落"面板时已有介绍,故在此不再重复讲解。

⑨ 在项目列表区中选择"项目符号与编号"选项,并设置其对话框如图 10.15 所示,得到如图 10.16 所示的效果。

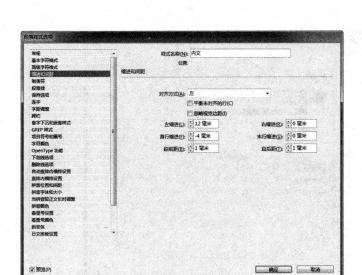

图10.13　"缩进和间距"选项组对话框　　　　　图10.14　文字效果

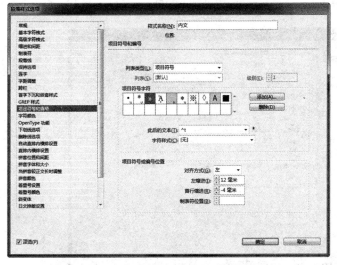

图10.15　"项目符号与编号"选项组对话框　　　图10.16　文字效果

在"项目符号与编号"选项对应的参数区中，重要的参数解释如下：

- 列表类型：在该下拉列表中可以选择是为文字添加"项目符号"、"编号"，或选择"无"
  选项，即什么都不添加。
- 项目符号字符：当在"列表类型"下拉列表中选择"项目符号"时则会显示出该区域，
  在该区域中可以选择要为文字添加的项目符号类型。如果需要更多的项目符号，可以
  单击右侧的"添加"按钮，在弹出的对话框中添加新的项目符号即可。
- 编号：当在"列表类型"下拉列表中选择"编号"时则会显示出该区域，在该区域中
  可以设置编号的样式、起始编号、字体、大小及文字颜色等属性。

⑩ 在项目列表区中选择"字符颜色"选项，并设置其对话框如图 10.17 所示。

⑪ 单击"确定"按钮退出对话框，即完成样式"内文"的创建。

⑫ 按照上述方法，新建一个名为"标题"的样式，分别设置其"基本字符格式"和"制
表符"选项组对话框如图 10.18 和图 10.19 所示，再将文字颜色设置为白色即可。

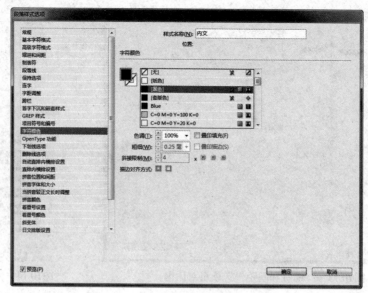

图10.17 "字符颜色"选项组对话框

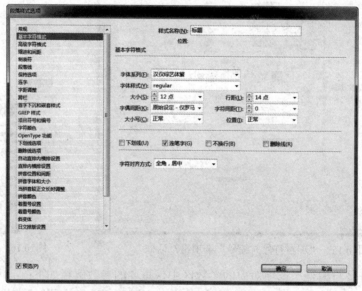

图10.18 "基本字符格式"选项组对话框

⑬ 设置段落样式为"标题",使用"文字工具" T 将其置于第6页左侧的黑色竖矩形上,如图 10.20 所示。

在"制表符"选项对应的参数区中,重要的参数解释如下:

- X(水平位置):在此输入数值,可以设定制表符的位置。
- 前导符:在此可以设置目录条目与页码之间的填充内容。例如在本例中笔者输入的是英文句号"."。
- 清除全部:单击该按钮,可以清除当前设置的所有制表符。

提示 在此设置样式的制表符是为了方便生成目录时使用,制表符的位置取决于目录所处的位置及宽度大小。读者在制作时可根据实际情况来修改该数值。

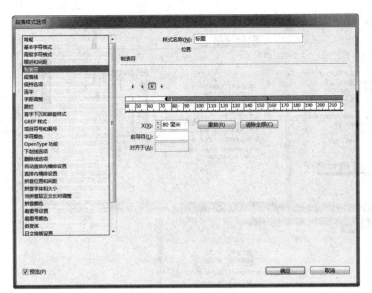

图10.19 "制表符"选项组对话框

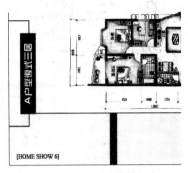

图10.20 输入并旋转文字

10.3.2 应用段落样式

按照上述方法,在第 2 ～ 8 页中置入图像、输入文字,并为其中的大段说明文字应用"内文"样式,图 10.21 所示为制作完后的第 2 ～ 8 页文档的整体状态。

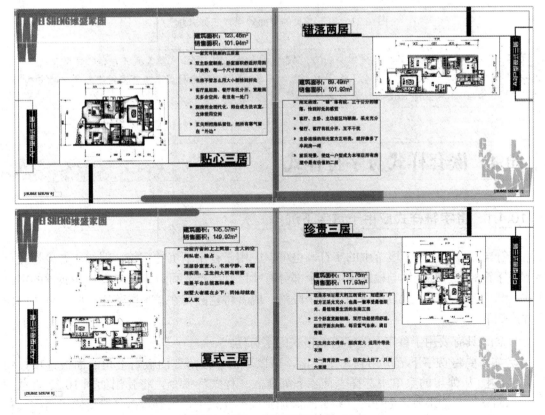

图10.21 第2～8页的页面效果(一)

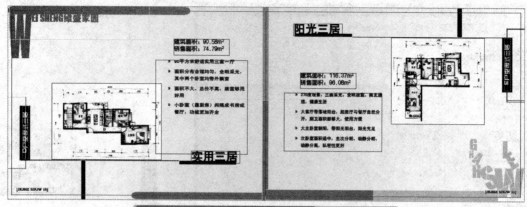

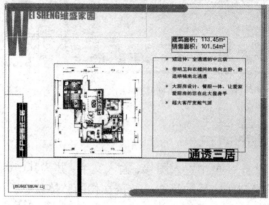

图10.21　第2~8页的页面效果（二）（续）

提示　　第3~8页中的标题文字分别为：A2户型复式三居、A3户型复式三居、C户型复式三居、D户型复式三居、E户型复式三居、F户型复式三居；所用到的素材图像为随书所附光盘中的文件"第10章\10.3.2-素材1.tif~10.3.2-素材6.tif"。

10.4　嵌套样式与字符样式

10.4.1　将字符样式应用于首字下沉

　　字符样式可以应用于段落中的字符，也可以应用于首字下沉的字符。例如，如果想让首字下沉字符的颜色和字体与段落中的其余部分有所区别，首先可以定义具有这些属性的字符样式，然后将该字符样式直接应用于某个段落，或者将它嵌套在某个段落样式中。具体的操作方法如下。

　①　创建具有要用于首字下沉字符的格式的字符样式。

　②　如果要将首字下沉应用到一个段落，可以单击"段落"面板右上角的面板选项按钮，从弹出的菜单中选择"首字下沉和嵌套样式"命令，将弹出如图10.22所示的对话框；如果要将创建的字符样式添加到段落样式中，可以双击该段落样式名称，在弹出的对话框中选择"首字下沉和嵌套样式"选项，以显示其参数区，如图10.23所示。

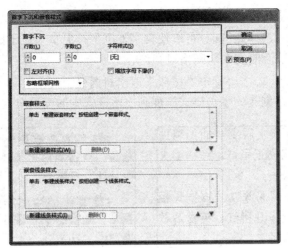

图10.22 "首字下沉和嵌套样式"对话框

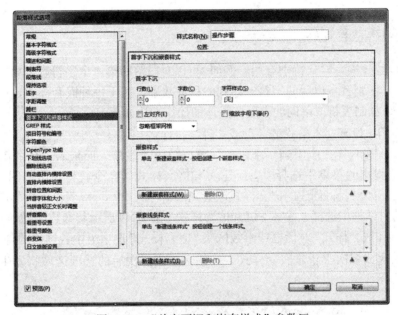

图10.23 "首字下沉和嵌套样式"参数区

"首字下沉和嵌套样式"对话框或参数区中,"首字下沉"选项组中各选项的含义解释如下。

- 行数:在此文本框中输入数值,用于控制首字下沉的行数。
- 字数:在此文本框中输入数值,用于控制首字下沉的字数。
- 字符样式:选择此下拉列表中的选项,可以为首字下沉的文字指定字符样式。
- 左对齐:选择此选项,可以使对齐后的首字下沉字符与左边缘对齐。
- 缩放字母下缘:选择此选项,可以使首字下沉字符与其下方的文本重叠。
- 忽略框架网格:选择此选项,将不调整首字下沉字符和绕排文本,因而文本可能与框架网格不对齐。
- 填充到框架网格:选择此选项,将不缩放首字下沉字符并将文本与网格对齐,因而在首字下沉字符和其绕排文本之间可能会留出多余的空格。
- 向上扩展到网格:选择此选项,可以使首字下沉字符更宽(对于横排文本)或更高(对于直排文本），从而使文本与网格对齐。

- 向下扩展到网格：选择此选项，可以使首字下沉字符更窄（对于横排文本）或更矮（对于直排文本），从而使文本与网格对齐。

③ 设置好各选项后，单击"确定"按钮来退出对话框。

如图 10.24 所示为将创建的字符样式添加到段落样式中的前后对比效果（首字下沉）。

> 枢庭喜庆生辰到。仙伯离蓬岛。鲁台云物正呈祥。线绣工夫从此、日添长。
>
> 满斟绿醑深深劝。岁岁长相见。蟠桃结子几番红。笑赏清歌声调、叶黄钟。

图10.24　设置首字下沉前后的对比效果

10.4.2　创建嵌套样式

对于接排标题，嵌套样式特别有用。例如，可以对段落的第一个字符直到第一个冒号（：）应用字符样式，区别冒号以后的字符，起到醒目的效果。对于每种嵌套样式，可以定义该样式的结束字符，如制表符或单词的末尾。具体的操作方法如下。

① 创建要用于设置文本格式的一种或多种字符样式。

② 如果要将嵌套样式应用到一个段落，可以单击"段落"面板右上角的面板选项按钮，从弹出的菜单中选择"首字下沉和嵌套样式"命令，将弹出如图 10.25 所示的对话框；如果要将创建的嵌套样式嵌套到段落样式中，可以双击该段落样式名称，在弹出的对话框中选择"首字下沉和嵌套样式"选项，以显示其参数区，如图 10.26 所示。

"首字下沉和嵌套样式"对话框或参数区中"嵌套样式"选项组中各选项的含义解释如下。

③ 单击一次或多次"新建嵌套样式"按钮，单击一次后的选项区域将发生变化，如图 10.27 所示。

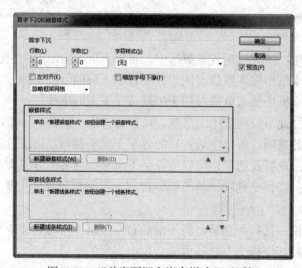

图10.25　"首字下沉和嵌套样式"对话框

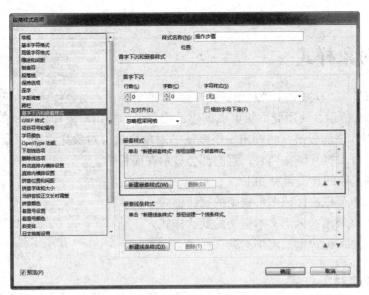

图10.26 "首字下沉和嵌套样式"参数区

该选项组中各选项的含义解释如下。

- 单击"无"右侧的三角按钮，可以在下
  拉列表中选择一种字符样式，以决定该
  部分段落的外观。如果没有创建字符样
  式，可以选择"新建字符样式"选项，
  然后设置要使用的格式。

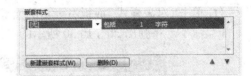

图10.27 单击一次后的"嵌套样式"显示状态

- 如果选择"包括"选项，将包括结束嵌套样式的字符；如果选择"不包括"选项，则
  只对此字符之前的那些字符设置格式。
- 在数字区域中可以指定需要选定项目（如字符、单词或句子）的实例数。
- 在"字符"区域中可以指定结束字符样式格式的项目。还可以键入字符，如冒号 (:)
  或特定字母或数字，但不能键入单词。
- 当有两种或两种以上的嵌套样式时，可以单击向上按钮▲或向下按钮▼以更改列表
  中样式的顺序。样式的顺序决定格式的应用顺序，第二种样式定义的格式从第一种样
  式的格式结束处开始。

提示

> 如果将字符样式应用于首字下沉，则首字下沉字符样式充当第一种嵌套样式。

如图 10.28 所示为将创建的字符样式添加到段落样式中的前后对比效果（嵌套样式）。

■**行数**：在此文本框中输入数值，用于控
制首字下沉的行数。
■**字数**：在此文本框中输入数值，用于控
制首字下沉的字数。
■**字符样式**：选择此下拉列表中的选项，
可以为首字下沉的文字指定字符样式。
■**左对齐**：选择此选项，可以使对齐后的
首字下沉字符与左边缘对齐。

■**行数**：在此文本框中输入数值，用于控
制首字下沉的行数。
■**字数**：在此文本框中输入数值，用于控
制首字下沉的字数。
■**字符样式**：选择此下拉列表中的选项，
可以为首字下沉的文字指定字符样式。
■**左对齐**：选择此选项，可以使对齐后的
首字下沉字符与左边缘对齐。

图10.28 设置嵌套样式前后的对比效果

10.5 对象样式

　　执行"窗口"|"样式"|"对象样式"命令,即可弹出"对象样式"
面板,如图 10.29 所示。使用此面板可以创建、重命名和应用对象样式,
对于每个新文档,该面板最初将列出一组默认的对象样式。对象样式随
文档一同存储,每次打开该文档时,它们都会显示在面板中。

图10.29 "对象样
式"面板

　　该面板中各选项的含义解释如下。

* 基本图形框架▣:标记图形框架的默认样式。
* 基本文本框架▣:标记文本框架的默认样式。
* 基本网格▦:标记框架网格的默认样式。

10.5.1 创建对象样式

　　下面讲解创建对象对样式的方法,具体操作如下。

① 单击"对象样式"面板右上角的面板选项按钮▪☰,从弹出的菜单中选择"新建对象样式"
命令,将弹出如图 10.30 所示的对话框。

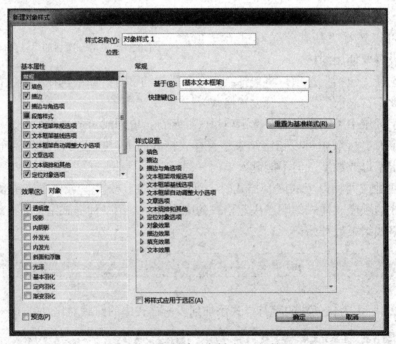

图10.30 "新建对象样式"对话框

提示　　按住 Alt 键再单击"对象样式"面板底部的"创建新样式"按钮,也可以调出"新建对象样式"对话框。

② 在"样式名称"文本框中输入样式的名称,比如"图框 - 灰"。

③ 如果要在另一种样式的基础上建立样式,可以在"基于"下拉列表中选择一种样式。

提示 |　　使用"基于"选项,可以将样式相互链接,以便一种样式中的变化可以反映到基于它的子样式中。更改子样式的设置后,如果决定重来,请单击"重置为基准样式"按钮。此操作将使子样式的格式恢复到它所基于的父样式。

④ 如果要添加键盘快捷键,需要按数字小键盘上的 Num Lock 键,使数字小键盘可用,再按 Shift、Ctrl、Alt 键中的任何一个键,并同时按数字小键盘上的某数字键即可。

⑤ 在对话框左侧的"基本属性"下面,选择包含要定义的选项,并根据需要进行设置。单击每个选项左侧的复选框,以显示在样式中是包括或是忽略此选项。

⑥ 在"效果"下拉列表中选择一个选项,可以为每个选项指定不同的效果。

⑦ 单击"确定"按钮退出对话框。

提示 |　　在创建样式的过程中,会发现多种样式具有某些相同的特性。这样就不必在每次定义下一个样式时都设置这些特性,可以在一种对象样式的基础上建立另外一种对象样式。在更改基本样式时,"父"样式中显示的任何共享属性在"子"样式中也会随之改变。

≫ 10.5.2 应用对象样式

如果将对象样式应用于一组对象,则该对象样式将应用于对象组中的每个对象。具体的操作如下。

① 使用"选择工具" ▶ 来选中对象、框架或组。

② 在"对象样式"面板中单击要应用的对象样式名称以应用样式,或者按快捷键来应用样式。

如图 10.31 所示为给具有白底的图片添加边框前后的对比效果。

图10.31　添加边框前后的对比效果

10.6　表格样式

表格样式是可以在一个单独的步骤中应用的一系列表格属性(如表边框、行线、列线等)的集合。使用"表样式"面板可以创建和命名表样式,并将样式应用于现有的表、新创建的表或导入的表中。表格样式随文档一同存储，每次打开该文档时，它们都会显示在面板中。

10.6.1　创建表格样式

在创建表格样式时，可以新建表格样式，也可以基于现有的表格格式来创建新的样式，还可以从其他文档中载入表格样式。下面来讲解如何新建表格样式，具体的操作方法如下。

① 执行"窗口"｜"样式"｜"表样式"命令，将弹出"表样式"面板，如图 10.32 所示。

② 单击面板右上角的面板选项按钮，从弹出的菜单中选择"新建表样式"命令，将弹出如图 10.33 所示的对话框。

图10.32　"表样式"面板

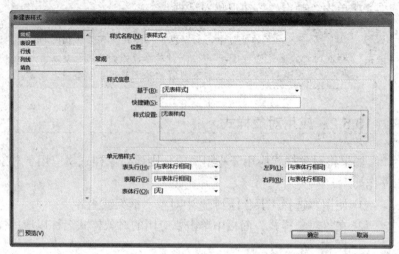

图10.33　"新建表样式"对话框

③ 在"样式名称"文本框中输入一个表格样式名称。

④ 在"基于"下拉列表中选择当前样式所基于的样式。

⑤ 如果要添加键盘快捷键，需要按数字小键盘上的 Num Lock 键，使数字小键盘可用，再按 Shift、Ctrl、Alt 键中的任何一个键，并同时按数字小键盘上的某数字键即可。

⑥ 单击对话框左侧的某个选项，指定需要的属性。

⑦ 单击"确定"按钮来退出对话框。

10.6.2　应用表格样式

下面来讲解如何应用表格样式，具体的操作方法如下。

① 在工具箱选择"文字工具"，或双击将光标置于表格中。

② 执行"窗口"｜"样式"｜"表样式"命令，在"表样式"面板中单击要应用的表格样式名称。如果该样式属于某个样式组，可展开样式组来找到该样式。

 提示

> 按快捷键同样可以为表格应用样式（确保 Num Lock 键已打开）。

如图 10.34 所示为应用表格样式前后的对比效果。

快门速度 （秒）	适用范围
B门	适合拍摄夜景、闪电、车流等。其优点就是用户可以自行控制曝光的时间。缺点就是如果不知道当前场景需要多长时间才能曝光正常时。容易出现曝光过度或不足的情况。此时需要用户多做尝试。直至得到满意的效果。
1-30	在拍摄夕阳、日落后、日出前以及天空仅少量微光的日出前后。都可以在光圈优先*或手动*模式下进行拍摄。很多优秀的夕阳作品诞生于这个曝光区间。在1-5秒之间的快门速度。也能将瀑布或溪流拍摄得如同棉絮一般的梦幻效果。
1和1/2	适合在昏暗的光线下，使用较小的光圈获得足够的景深，通常用于拍摄稳定的对象，如建筑、城市夜景等。
1/4-1/15	1/4的快门速度可以作为拍摄成人夜景人像时的最低快门速度。在该快门区间内。也适合拍摄一些光线较强的夜景。如明亮的步行街。可光线较好的室内。但要使用三脚架。

快门速度 （秒）	适用范围
B门	适合拍摄夜景、闪电、车流等。其优点就是用户可以自行控制曝光的时间。缺点就是如果不知道当前场景需要多长时间才能曝光正常时。容易出现曝光过度或不足的情况。此时需要用户多做尝试。直至得到满意的效果。
1-30	在拍摄夕阳、日落后、日出前以及天空仅少量微光的日出前后。都可以在光圈优先*或手动*模式下进行拍摄。很多优秀的夕阳作品诞生于这个曝光区间。在1-5秒之间的快门速度。也能够将瀑布或溪流拍摄得如同棉絮一般的梦幻效果。
1和1/2	适合在昏暗的光线下，使用较小的光圈获得足够的景深，通常用于拍摄稳定的对象，如建筑、城市夜景等。
1/4-1/15	1/4的快门速度可以作为拍摄成人夜景人像时的最低快门速度。在该快门区间内。也适合拍摄一些光线较强的夜景。如明亮的步行街。可光线较好的室内。但要使用三脚架。

图10.34　应用表格样式前后的对比效果

10.7　重新定义样式

应用样式以后，还可以覆盖它的任何设置。如果确定所做的更改，可以重新定义该样式以便它与所更改的文本的格式匹配。下面讲解重新定义样式的具体操作方法。

① 在工具箱中选择"文字工具" T ，选中需要重新定义样式的文本，如图 10.35 所示。

② 为选中的文本更改段落或字符属性，如图 10.36 所示（只设置了字体）。

图10.35　选中文本　　　　　　　　图10.36　更改属性后的效果

提示

　　对选中的文本更改段落或字符属性后，样式名称后面将出现符号"+"，表示当前的样式与原设置不匹配。如果想恢复为原来的设置，可以单击"样式"面板下方的清除选区中的"优先选项"按钮 ¶+ 。

③ 单击"样式"面板右上角的面板选项按钮 ，从弹出的菜单中选择"重新定义样式"命令，整篇应用该样式的文本将发生变化，如图 10.37 所示。

图10.37　重新定义样式后的效果

10.8 导入样式

从其他文档中导入样式，不仅可以省去创建样式的工序，还可以应用与该文件相同或是相似的样式，直接应用现有样式或利用现有样式来修改出的新样式，达到快速创建新样式的目的。可导入的样式包括"段落样式"、"字符样式"、"对象样式"、"表样式"以及"单元格样式"，由于它们导入的方法基本相同，在此以导入"段落样式"为例进行讲解。

10.8.1 导入Word样式

将 Word 文档导入 InDesign 时，可以将 Word 中使用的每种样式映射到 InDesign 中的对应样式。这样，就可以指定使用哪些样式来设置所导入文本的格式。每个导入的 Word 样式的旁边都会显示一个磁盘图标 🖪，在 InDesign 中编辑该样式后，此图标将自动消失。导入 Word 样式的具体操作方法如下。

① 执行"文件"｜"置入"命令，或按 Ctrl+D 组合键，在弹出的"置入"对话框中将"显示导入选项"勾选，如图 10.38 所示。

② 在"置入"对话框中选择要导入的 Word 文件，单击"打开"按钮，将弹出"Microsoft Word 导入选项"对话框，如图 10.39 所示。在该对话框中设置包含的选项、文本格式以及随文图等。

图10.38 "置入"对话框

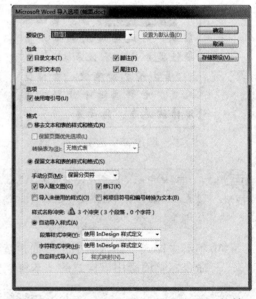

图10.39 "Microsoft Word 导入选项"对话框

③ 如果不想使用 Word 中的样式，则可以选择"自定样式导入"选项，然后单击"样式映射"按钮，将弹出"样式映射"对话框，如图 10.40 所示。

在"样式映射"对话框中，当有样式名称冲突时，在对话框的底部将显示出相关的提示信息。可以通过以下三种方式来处理这个问题。

• 在"InDesign 样式"下方的对应位置中，单击该名称，从弹出的下拉列表中选择"重新定义 InDesign 样式"选项，如图 10.41 所示。然后输入新的样式名称即可。

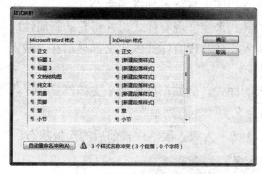

图10.40　"样式映射"对话框

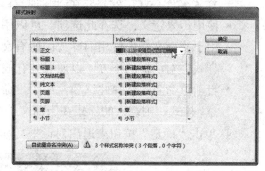

图10.41　选择"重新定义 InDesign 样式"选项

- 在"InDesign 样式"下方的对应位置中，单击该名称，从弹出的下拉列表中选择一种现有的 InDesign 样式，以便使用该 InDesign 样式来设置导入的样式文本的格式。
- 在"InDesign 样式"下方的对应位置中，单击该名称，从弹出的下拉列表中选择"自动重命名"以重命名 Word 样式。

提示　如果有多个样式名称发生冲突，可以直接单击对话框下方的"自动重命名冲突"按钮，以将所有发生冲突的样式进行自动重命名。

在"样式映射"对话框中，如果没有样式名称冲突，可以选择"新建段落样式"、"新建字符样式"或选择一种现有的 InDesign 样式名称。

④ 设置好各选项后，单击"确定"按钮来退回到"Microsoft Word 导入选项"对话框，单击"确定"按钮，然后在页面中单击或拖动鼠标，即可将 Word 文本置入到当前的文档中。

10.8.2　载入InDesign样式

在 InDesign CS6 中，可以将另一个 InDesign 文档（任何版本）的段落样式载入到当前文档中。在载入的过程中，可以决定载入哪些样式以及在载入与当前文档中某个样式同名的样式时应做何响应。具体的操作方法如下。

① 单击"段落样式"面板右上角的面板选项按钮，从弹出的菜单中选择"载入段落样式"命令，在弹出的"打开文件"对话框中选择要载入样式的 InDesign 文件。

② 单击"打开"按钮，将弹出"载入样式"对话框，如图 10.42 所示。

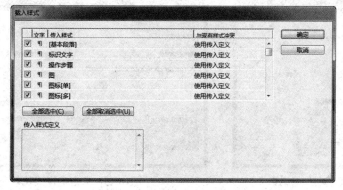

图10.42　"载入样式"对话框

③ 在"载入样式"对话框中，指定要导入的样式。如果任何现有样式与其中一种导入的样式名称一样，就需要在"与现有样式冲突"栏下方选择下列选项之一。

• 使用传入定义：选择此选项，可以用载入的样式来定义现有样式，并将它的新属性应用于当前文档中使用旧样式的所有文本。传入样式和现有样式的定义都显示在"载入样式"对话框的下方，以便看到它们的区别。

• 自动重命名：选择此选项，用于重命名载入的样式。例如，如果两个文档都具有"注意"样式，则载入的样式在当前文档中会重命名为"注意副本"。

④ 单击"确定"按钮来退出对话框。如图 10.43 所示为载入段落样式前后的面板状态。

图10.43　载入段落样式前后的面板状态

10.9　自定样式映射

在 InDesign CS6 中，在链接内容时，段落、字符、表、单元格样式或样式组可以映射到不同的样式。映射的样式（不是应用于父对象的原始样式）会自动应用于链接的内容。例如，当在数字出版物中使用无衬线字体，而在打印出版物中使用衬线字体时，此时，使用自定样式映射就非常有必要。

下面讲解定义自定样式映射的具体操作方法。

① 选择"窗口"｜"链接"命令，调出"链接"面板，然后单击其右上角的面板选项按钮，从弹出的菜单中选择"链接选项"命令。

② 在弹出的"链接选项"对话框中勾选"定义自定样式映射"选项，如图 10.44 所示。

③ 单击"设置"按钮，又弹出"自定样式映射"对话框，如图 10.45 所示。

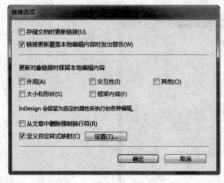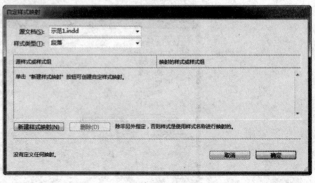

图10.44　"链接选项"对话框　　　　图10.45　"自定样式映射"对话框

"自定样式映射"对话框中几个重要选项讲解如下。

- 源文档：在此下拉列表中可以选择打开的文档。
- 样式类型：在此下拉列表中可以选择样式类型为段落、字符、表或单元格。
- 新建样式映射：单击此按钮，此时"自定样式映射"对话框如图 10.46 所示。单击"选择源样式或样式组"后的三角按钮，从弹出的下拉列表中可以选择"源文档"中所选择的文档的样式，然后单击"选择映射的样式或样式组"后的三角按钮，从弹出的下拉列表中选择当前文档中的样式。

图10.46　"自定样式映射"对话框

④ 设置完成后，单击"确定"按钮以退出。

第**11**章

图层

认识"图层"面板

图层的基本操作

11.1 认识"图层"面板

在 InDesign CS6 中，每一个文档都至少包含一个已命好名称的图层。通过使用多个图层，可以创建和编辑文档中的特定区域或者各种内容，而不会影响其他区域或其他种类的内容。

执行"窗口"｜"图层"命令，或按 F7 键，即可弹出"图层"面板，如图 11.1 所示。默认情况下，该面板中只有一个图层即"图层 1"。通过此面板底部的相关按钮和面板选项菜单中的命令，可以对图层进行编辑。

"图层"面板中各选项的含义解释如下。

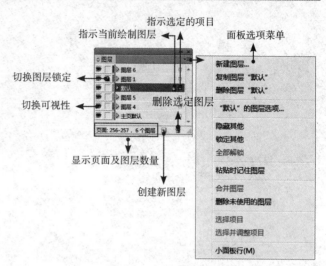

图11.1 "图层"面板

- 切换可视性█：单击此图标，可以控制当前图层的显示与隐藏状态。
- 切换图层锁定█：控制图层的锁定。
- 指示当前绘制图层█：当选择任意图层时会出现此图标，表示此时可以在该图层中绘制图形。如果图层为锁定状态，此图标将变为█状态，表示当前图层上的图形不能编辑。
- 指示选定的项目█：此方块为彩色时，表示当前图层上有选定的图形对象。拖动此方块，可以实现不同图层图形对象的移动和复制。
- 面板选项菜单：可以利用该菜单中的命令进行新建、复制或删除图层等操作。
- 显示页面及图层数量：显示当前页面的页码及当前"图层"面板中的图层个数。
- 创建新图层█：单击此按钮，可以创建一个新的图层。
- 删除选定图层█：单击此按钮，可以将所选择的图层删除。

11.2 图层的基本操作

本节介绍一些图层的基本操作。

11.2.1 创建图层

创建图层的操作方法有两种，第 1 种方法最为简单，也是工作中作用最多的方法，即直接单击"图层"面板底部的"创建新图层"按钮█；第 2 种方法相对第 1 种方法而言，对创建时的参数具有较强的控制性，其步骤如下。

① 单击"图层"面板右上角的面板选项按钮█，从弹出的菜单中选择"新建图层"命令，或按住 Alt 键再单击"图层"面板底部的"创建新图层"按钮█，将弹出如图 11.2

所示的"新建图层"对话框。

"新建图层"对话框中各选项的含义解释如下。

- 名称：在此文本框中可以输入新图层的名称。
- 颜色：在此下拉列表中可以选择用于新图层的颜色。
- 显示图层：选择此选项，新建的图层将在"图层"面板中显示。

图11.2 "新建图层"对话框

- 显示参考线：选择此选项，在新建的图层中将显示添加的参考线。
- 锁定图层：选择此选项，新建的图层将处于被锁定的状态。
- 锁定参考线：选择此选项，新建图层中的参考线将都处于锁定状态。
- 打印图层：选择此选项，可以允许图层被打印。
- 图层隐藏时禁止文本绕排：选择此选项，当新建的图层被隐藏时，不可以进行文本绕排。
② 参数设置完毕后，单击"确定"按钮即可创建新图层。

提示

在创建新图层时，按住 Ctrl 键再单击"图层"面板底部的"创建新图层"按钮 🗐，可以在当前图层的下方创建一个新图层；按住 Ctrl+Shift 组合键再单击"图层"面板底部的"创建新图层"按钮 🗐，可以在"图层"面板的顶部创建一个新图层。

11.2.2 选择图层

1. 选择单个图层

要选择某个图层，可以在"图层"面板中单击该图层的名称，使该图层的底色由灰色变为蓝色，如图 11.3 所示。

图11.3 选中图层前后的对比效果

2. 选择多个图层

如果要同时选择多个图层，其方法如下。

- 如果要选择连续的多个图层，在选择一个图层后，按住 Shift 键并在"图层"面板中单击另一图层的名称，则两个图层间的所有图层都会被选中。
- 如果要选择不连续的多个图层，在选择一个图层后，按住 Ctrl 键并在"图层"面板中单击其他图层的图层名称。

提示

通过同时选择多个图层，可以一次性对这些被选中的多处图层进行复制、合并等操作。

11.2.3 复制图层

复制图层的方法有两种，一种是用拖动法来复制图层，另外一种是利用菜单来命令复制图层。根据当前的操作环境，可以选择一种最为快捷有效的操作方法。

1. 用拖动法来复制图层

在"图层"面板中选择需要复制的一个或多个图层，将选中的图层拖至"图层"面板底部的"创建新图层"按钮 ⬛ 上即可复制选中的图层，如图 11.4 所示为操作的过程。

图11.4 拖动法复制图层

2. 用菜单命令来复制图层

在"图层"面板中选择需要复制的单个图层，然后单击"图层"面板右上角的面板选项按钮 ▤，从弹出的菜单中选择"复制图层'当前的图层名称'"命令，如图 11.5 所示，即可将当前图层复制一个副本。如果选择多个图层，单击"图层"面板右上角的面板选项按钮 ▤，从弹出的菜单中则需要选择"复制图层"命令，如图 11.6 所示。

图11.5 复制单个图层　　　　　　　　图11.6 复制多个图层

提示　　读者可以尝试一下选择要复制的图层后，在图层名称上单击右键，看看从弹出的快捷菜单中是否可以复制图层。

11.2.4 显示 / 隐藏图层

在"图层"面板中单击图层最左侧的图标 ⬛，使其显示为灰色，即隐藏该图层，再次单击此图层可重新显示该图层。

如果在图标列中按住鼠标左键不放并向下拖动，可以显示或隐藏拖动过程中所有掠过的图层。按住 Alt 键，单击图层最左侧的图标 ⬛，则只显示该图层而隐藏其他图层；再次按住 Alt 键，单击该图层最左侧的图标 ⬛，即可恢复之前的图层显示状态。

提示　　再次按住 Alt 键并单击图标的操作过程中，不可以有其他显示或者隐藏图层的操作，否则恢复之前的图层显示状态的操作将无法完成。

另外，只有可见图层才可以被打印，所以对当前图像文件进行打印时，必须保证要打印的图像所在的图层处于显示状态。

11.2.5 改变图层选项

图层选项用来设置图层属性，如图层的名称、颜色、显示、锁定以及打印等。双击要改变图层属性的图层，或选择要改变图层属性的图层，单击"图层"面板右上角的面板选项按钮▦，从弹出的菜单中选择"'当前图层名称'的图层选项"命令，将弹出"图层选项"对话框，如图 11.7 所示。

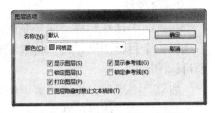

图11.7 "图层选项"对话框

"图层选项"对话框中的选项设置与"新建图层"对话框中的选项设置一样，在此就不再——赘述。

11.2.6 改变图层顺序

图层中的图像具有上层覆盖下层的特性，所以适当地调整图层顺序可以制作出更为丰富的图像效果。

调整图层顺序的操作方法非常简单，以如图 11.8 所示的原图像为例，只需要按住鼠标左键将图层拖动至目标位置，如图 11.9 所示，当目标位置显示出一条粗黑线时再释放鼠标按键即可，效果如图 11.10 所示。如图 11.11 所示就是调整图层顺序后对应的"图层"面板。

图11.8 原图像

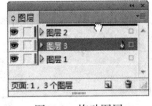

图11.9 拖动图层

图11.10 调整后的效果

图11.11 调整后的"图层"面板

>> 11.2.7   改变图层中的对象

要在不同的图层之间移动或复制对象，可以在源图层中选中需要移动或复制的对象，然后再利用命令法或拖动法来改变图层中的对象。具体实现的过程如下。

1. 命令法

在页面中选择要移动或复制的图形对象，执行"编辑" | "剪切"或"复制"命令，然后选择一个目标图层，再执行"编辑" | "粘贴"命令，即可将选中的图形对象移动或复制到目标图层中。

如果"图层"面板选项菜单中的"粘贴时记住图层"命令为选中状态，则不论选择的是哪个目标图层，都将粘贴到它原来所在的图层上。

> **提示**　按 Alt 键并单击"图层"面板中的图层名称，可以选中该图层中对应的图形对象。

2. 拖动法

在页面中选择要移动的图形对象，此时在选中对象的图层名称后面会出现一个彩色方块图标 ■，如图 11.12 所示。单击该图标并拖动图标到目标图层，如图 11.13 所示，释放鼠标。此时源图层上的图形对象就会被移动到需要的目标层中。此时再次选择源图层名称，发现彩色方块已消失，如图 11.14 所示。

　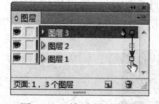　

　　图11.12　彩色方块显示状态　　　　图11.13　拖动时的状态　　　图11.14　移动后的源图层状态

> **提示**　使用拖动法来移动对象时，目标图层不能为锁定状态。如果一定要用此方法，则需要按住 Ctrl 键并拖动。使用拖动法移动对象时，按住 Alt 键并拖动彩色方块，可以将对象复制到目标图层中。

>> 11.2.8   锁定图层

可以将其图层上的所有对象全部锁定，即不能对其进行选择和编辑，但可以被打印。

在"图层"面板中每一个图层名称左侧都有一个图标 □，单击此区域后该图标变为 ■状态，表示该图层被锁定。如图 11.15 所示为锁定图层前后的状态。

>> 11.2.9   合并图层

可以将选择的多个图层中的对象合并到同一个图层上，并保留原来图形的叠放顺序。合并后的文件大小也将减小。

在"图层"面板中选择要合并的图层，然后单击"图层"面板右上角的面板选项按钮 ▤，从弹出的菜单中选择"合并图层"命令，即可将所选择的图层合并为一个图层。如图 11.16

所示为合并图层前后的"图层"面板状态。

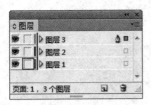

图11.15　锁定"图层1"前后的状态

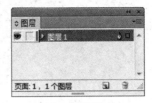

图11.16　合并图层前后的"图层"面板状态

11.2.10　删除图层

删除临时图层或不需要的图层有利于降低文件的大小,以便于携带或者网络传输。在"图层"面板中,可以根据需要来删除任意图层,但最终"图层"面板中至少要保留一个图层。要删除图层,可以执行以下的操作之一。

图11.17　提示框

- 在"图层"面板中选择需要删除的图层,并将其拖至"图层"面板底部的"删除选定图层"按钮上即可。如果该图层中有图形对象,则会弹出如图 11.17 所示的提示框,单击"确定"按钮即可。
- 在"图层"面板中选择需要删除的图层,直接单击"图层"面板底部的"删除选定图层"按钮。如果该图层中有图形对象,则会弹出提示框,单击"确定"按钮即可。
- 在"图层"面板中选择需要删除的一个图层或多个图层,单击"图层"面板右上角的面板选项按钮,从弹出的菜单中选择"删除图层'当前图层名称'"命令或"删除图层"命令,在弹出的提示框中单击"确定"按钮即可。

11.2.11　删除未用图层

单击"图层"面板右上角的面板选项按钮,从弹出的菜单中选择"删除未使用的图层"命令,即可将没有使用的图层全部删除。

第 **12** 章

长文档的处理

学 习 重 点

- 书籍
- 目录
- 索引

12.1 书籍

本节介绍一些书籍的操作。

12.1.1 了解"书籍"面板

"书籍"面板是用于编辑管理长文档的面板，它是一组文档的集合，共享样式和色板，可在一本书中统一编排页码，打印书籍中选定的文档，或将它们导出成为 PDF 格式文档，而且一个文档可以属于多个书籍文件。如图 12.1 所示为一个 InDesign 的"书籍"面板。

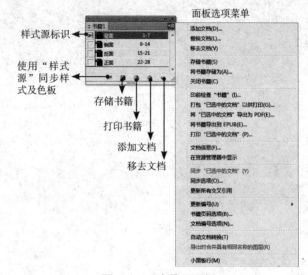

图12.1 "书籍"面板

"书籍"面板中各选项的含义解释如下。

- 样式源标识图标 ：表示是以此图标右侧的文档为样式源。
- "使用'样式源'同步样式及色板"按钮 ：单击该按钮，可以使目标文档与样式源文档中的样式及色板保持一致。
- "存储书籍"按钮 ：单击该按钮，可以保存对当前书籍所做的修改。
- "打印书籍"按钮 ：单击该按钮，可以打印当前书籍。
- "添加文档"按钮 ：单击该按钮，可以在弹出的对话框中选择一个 InDesign 文档，单击"打开"按钮即可将该文档添加至当前书籍中。
- "移去文档"按钮 ：单击该按钮，可将当前选中的文档从当前书籍中删除。
- 面板选项菜单：利用该菜单中的命令，可以进行添加、替换或移去文档等操作。

12.1.2 创建书籍

下面讲解书籍文件的创建方法，其操作步骤如下。

① 选择"文件"｜"新建"｜"书籍"命令，会弹出"新建书籍"对话框。
② 选择文件保存的路径，并输入文件的名称，如图 12.2 所示。
③ 单击"保存"按钮退出对话框即可。

将书籍文件保存在磁盘上后，该文件即被打开并显示"书籍"面板，该面板是以所保存的书籍文件名称来命名的，如图 12.3 所示。

12.1.3 向书籍中添加文档

下面讲解向书籍中添加文档的方法，其步骤如下。

① 单击"宣传册"底部的"添加文档"按钮 。
② 在弹出的"添加文档"对话框中选择要添加的文档，如图 12.4 所示。
③ 单击"打开"按钮即可将该文档添加至书籍"宣传册"中，此时的"书籍"面板"宣传册"如图 12.5 所示。

图12.2 "新建书籍"对话框

图12.3 "书籍"面板"宣传册"

图12.4 "添加文档"对话框

图12.5 "书籍"面板"宣传册"

12.1.4 删除书籍中的文档

要删除书籍中的一个或多个文档，可以执行以下的操作之一。

• 在"书籍"面板中选择一个或多个文档，然后单击"书籍"面板底部的"移去文档"按钮 ，即可将选中的文档移出书籍，但文档本身未被删除。

• 在"书籍"面板中选择一个或多个文档，然后单击"书籍"面板右上角的面板选项按钮 ，从弹出的菜单中选择"移去文档"命令即可。

➤➤ 12.1.5　替换书籍中的文档

如果要使用当前书籍以外的文档来替换当前书籍中的某个文档，可以按以下的步骤进行操作。

① 在"书籍"面板中选中要被替换的文档。

② 单击"书籍"面板右上角的面板选项按钮 ，从弹出的菜单中选择"替换文档"命令，将弹出"替换文档"对话框。

③ 在"替换文档"对话框中指定需要使用的文档，单击"打开"按钮退出对话框。

➤➤ 12.1.6　调整书籍中的文档顺序

如果要对书籍中的文档顺序进行适当的调整，可以按以下的步骤进行操作。

① 在"书籍"面板中选中要进行调整的文档。

② 按住鼠标左键拖至目标位置，当出现一条粗黑线时释放鼠标即可。

如图 12.6 所示为拖动中的状态，如图 12.7 所示为调整好顺序后的面板状态。

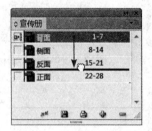
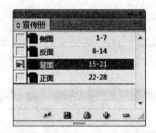

图12.6　拖动中的状态　　　　图12.7　调整顺序后的面板状态

➤➤ 12.1.7　保存、打开与关闭书籍

1. 保存书籍

由于书籍文件独立于文档文件，所以在对书籍文件编辑过后，需要对其进行保存。在保存时可以执行以下操作之一：

- 如果要使用新名称来存储书籍，可以单击"书籍"面板右上角的面板选项按钮 ，从弹出的菜单中选择"将书籍存储为"命令，在弹出的"将书籍存储为"对话框中指定一个位置和文件名，然后单击"保存"按钮。

- 如果要使用同一名称来存储现有书籍，可以单击"书籍"面板右上角的面板选项按钮 ，从弹出的菜单中选择"存储书籍"命令，或单击"书籍"面板底部的"存储书籍"按钮 。

提示　　如果通过服务器共享书籍文件，应确保使用了文件管理系统，以便不会意外地冲掉彼此所做的修改。

2. 打开书籍

在 InDesign CS6 中，可以打开一个或同时打开多个书籍文件。具体的操作如下。

① 执行"文件"｜"打开"命令，将弹出"打开文件"对话框。

② 在"打开文件"对话框中选择要打开的一个或多个书籍文件。

③ 单击"打开"按钮。

每打开一个书籍文件，就会打开一个对应的"书籍"面板，并在"窗口"菜单中列出所打开的书籍文件的名称。

3. 关闭书籍

要关闭书籍文档，可以单击"书籍"面板右上角的面板选项按钮，从弹出的菜单中选择"关闭书籍"命令即可。

 提示

> 在每次对书籍文件中的文档进行编辑时，最好先将此书籍文件打开，然后再对其中的文档进行编辑，否则书籍文件将无法及时更新所做的修改。

▶▶12.1.8 在资源管理器中打开书籍文件

要想在资源管理器中打开书籍文件，可以在"书籍"面板中选择文档，然后单击"书籍"面板右上角的面板选项按钮，从弹出的菜单中选择"在资源管理器中显示"命令，然后在弹出的浏览器窗口中双击选定的文件即可。

▶▶12.1.9 同步文档

在对"书籍"面板中的多个文档进行同步操作时，样式和色板会从样式源文档复制到被同步的文档中，并将被同步文档中的同名样式和色板覆盖。

如果在要被同步的文档中未找到样式源中的项目，则会在被同步时添加它们。如果在要被同步的文档中未包含在样式源中的项目，则仍保留在要进行同步的文档中。

当书籍中的文档处于关闭状态且执行同步操作时，InDesign 会打开已关闭的文档，随意进行更改，然后存储并关闭这些文档。

 提示

> 在进行同步时，会更改但不存储处于"打开"状态的文档。

1. 设定同步的样式源

样式源的作用是以指定文档中的各种样式和色板作为基准，以便在进行同步操作时将该文档中的样式和色板复制到其他文档中。

默认情况下，以"书籍"面板中的第一文档为样式源。单击文档左侧的空白框，即可出现样式源标识图标，表明是以该文档作为样式源。

2. 同步书籍文件中的文档

要同步书籍文件中的文档，具体的操作如下。

① 在"书籍"面板中，单击文档左侧的空白框，以表明哪个文档是样式源。

② 在"书籍"面板中，选中要被同步的文档，如果未选中任何文档，将同步整个书籍。

 提示

> 要确保未选中任何文档，需要单击最后一个文档的下方的空白灰色区域，这可能需要滚动"书籍"面板或调整面板大小。

③ 单击"书籍"面板右上角的面板选项按钮，从弹出的菜单中选择"同步选项"命令，将弹出"同步选项"对话框，如图 12.8 所示。

④ 在"同步选项"对话框中指定要从样式源复制的项目。

⑤ 单击"同步"按钮，InDesign 将自动进行同步操作。完成后将弹出如图 12.9 所示的提示框，单击"确定"按钮。

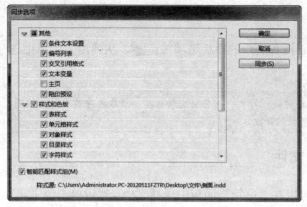

图12.8　"同步选项"对话框　　　　　　　　图12.9　同步书籍提示框

在同步书籍前，如果在"同步选项"对话框中指定了复制的项目或不想对"同步选项"对话框中的设置做任何更改。在第 3 步时，可以在弹出的菜单中选择"同步'已选中的文档'"或"同步'书籍'"命令。

3. 同步主页

主页的同步方式与其他项目相同，即与样式源中的主页具有相同名称的主页将被替换。同步主页对于使用相同设计元素（如动态的页眉和页脚，或连续的表头和表尾）的文档非常有用。但是，若想保留非样式源文档的主页上的页面项目，则不要同步主页，或应创建不同名称的主页。

在首次同步主页之后，文档页面上被覆盖的所有主页项目将从主页中分离。因此，如果打算同步书籍中的主页，最好在设计过程一开始就同步书籍中的所有文档。这样，被覆盖的主页项目将保留与主页的链接，从而可以继续根据样式源中修改的主页项目来进行更新。

另外，最好只使用一个样式源来同步主页。如果采用不同的样式源进行同步，则被覆盖的主页项目可能会与主页分离。如果需要使用不同的样式源进行同步，应该在同步之前取消选择"同步选项"对话框中的"主页"复选框。

>>12.1.10　定制页码

在默认情况下，在向"书籍"面板中添加文档后 InDesign 会自动分页，页码的样式和起始页取决于每个文档的"文档编号选项"对话框所进行的设置，只有在各文档的"文档编号选项"对话框中选择了"自动编排页码"选项，书籍中的页码才会自动按顺序编排。

1. 书籍页码选项

单击"书籍"面板右上角的面板选项按钮 ，从弹出的菜单中选择"书籍页码选项"命令，将弹出"书籍页码选项"对话框，如图 12.10 所示。

"书籍页码选项"对话框中各选项的含义解释如下。

- 从上一个文档继续：选择此选项，可以让当前章节的页码跟随前一章节的页码。
- 在下一奇数页继续：选择此选项，将按奇数页开始编号。

- 在下一偶数页继续：选择此选项，将按偶数页开始编号。
- 插入空白页面：选择此选项，以便将空白页面添加到任一文档的结尾处，而后续文档必须在此处从奇数或偶数编号的页面开始。
- 自动更新页面和章节页码：取消对此复选框的勾选，即可关闭自动更新页码功能。

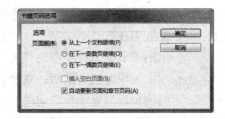

图12.10 "书籍页码选项"对话框

在取消选择"自动更新页面和章节页码"复选框后，当"书籍"面板中文档的页数发生变动时，页码不会自动更新。如图 12.11 所示为原"书籍"面板状态，此时将文档"背面"拖至文档"正面"下方，如图 12.12 所示为选中"自动更新页面和章节页码"复选框时的面板状态，如图 12.13 所示为未选中"自动更新页面和章节页码"复选框时的面板状态。

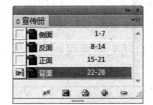
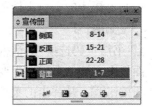

图12.11 原面板状态 　　图12.12 自动更新时的面板状态 　　图12.13 未自动更新时的面板状态

2. 文档编号选项

在"书籍"面板中选择需要修改页码的文档，双击该文档的页码（未选中文档也可以直接双击），或者单击"书籍"面板右上角的面板选项按钮 ，从弹出的菜单中选择"文档编号选项"命令，将弹出"文档编号选项"对话框，如图 12.14 所示。

"文档编号选项"对话框中各选项的含义解释如下。

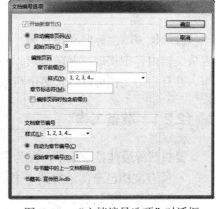

图12.14 "文档编号选项"对话框

- 自动编排页码：选择该选项后，InDesign 将按照先后顺序自动对文档进行页码编排。
- 起始页码：在该数值框中输入数值，即可设置当前所选页开始的页码。

提示　　如果选择的是非阿拉伯页码样式（如罗马数字），仍需要在此文本框中输入阿拉伯数字。

- 章节前缀：在此文本框中可以为章节输入一个标签。包括要在前缀和页码之间显示的空格或标点符号（例如 A–16 或 A 16），前缀的长度不应多于 8 个字符。

提示　　不能通过按空格键来输入空格，而应从文档窗口中复制并粘贴宽度固定的空格字符。另外，加号 (+) 或逗号 (,) 符号不能用在章节前缀中。

- 样式（编排页码）：在此下拉列表中选择一个选项，可以设置生成页码时的格式，例如使用阿拉伯数字或小写英文字母等。

- 章节标志符：在此文本框中可以输入一个标签，InDesign 会将其插入到页面中，插入位置为在选择"文字"｜"插入特殊字符"｜"标志符"｜"章节标志符"命令时显示的章节标志符字符的位置。
- 编排页码时包含前缀：选择此选项，可以在生成目录或索引时，或在打印包含自动页码的页面时显示章节前缀。如果取消对该复选框的选择，将在 InDesign 中显示章节前缀，但在打印的文档、索引和目录中隐藏该前缀。
- 样式（文档章节编号）：从此下拉列表中选择一种章节编号样式，此章节样式可在整个文档中使用。
- 自动为章节编号：选择此选项，可以对书籍中的章节按顺序编号。
- 起始章节编号：在此文本框中输入数值，用于指定章节编号的起始数字。如果不希望对书籍中的章节进行连续编号，可以使用此选项。
- 与书籍中的上一文档相同：选择此选项，可以使用与书籍中上一文档相同的章节编号。

3. 更新编号

当"书籍页码选项"对话框中的"自动更新页面和章节页码"复选框处于未选中的状态，"书籍"面板中文档的页码发生变动时，就需要对页码进行重排，单击"书籍"面板右上角的面板选项按钮 ，从弹出的菜单中选择"更新编号"｜"更新页面和章节页码"命令即可。

12.2 目录

目录是一篇由标题和条目表（按页码或字母顺序排序）组成的独立文章。条目及页码直接从文档内容中提取，并随时可以更新，甚至可以跨越同一书籍文件中的多个文档进行该操作。并且一个文档可以包含多个目录。

12.2.1 准备工作

要想获得最佳目录效果，在为书籍文件创建目录之前，必须确认以下几点内容。

- 所有文档已全部添加到"书籍"面板中，且文档的顺序正确，所有标题以正确的段落样式统一了格式。
- 避免使用名称相同但定义不同的样式来创建文档，以确保在书籍中使用一致的段落样式。如果有多个名称相同但样式定义不同的样式，InDesign CS6 将会使用当前文档中的定义或者在书籍中第一次出现时的定义。
- "目录"对话框中要显示出必要的样式。如果未显示必要的样式，则需要对书籍进行同步，以便将样式复制到包含目录的文档中。
- 如果希望目录中显示页码前缀（如 1-1、1-3 等），需要使用节编号，而不是使用章编号。

12.2.2 设置及排入目录

在创建目录之前，首先要确定哪些内容是要包括在目录中的，并根据目录等级为其应用样式，通常这些内容都是文章的标题，且较为简短。

下面通过一个实例，将应用了"标题"样式的文字生成为目录，其操作步骤如下：

① 打开随书所附光盘中的文件"第 12 章 \12.2.2- 素材文件 .indd"，并为此文件建一个书籍文件。

② 创建一个目录样式。执行"版面"|"目录样式"命令，则弹出如图 12.15 所示的对话框。

③ 单击对话框右侧的"新建"按钮，则弹出如图 12.16 所示的对话框。

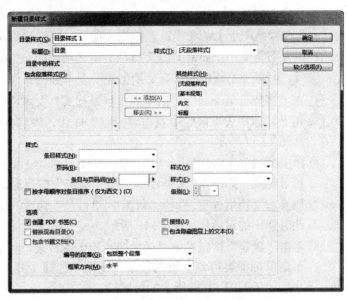

图12.15 "目录样式"对话框　　　　　图12.16 "新建目录样式"对话框

在"新建目录样式"对话框中，其重要参数解释如下：

- 目录样式：在该文本框中可以为当前新建的样式命名。
- 标题：在该文本框中可以输入出现在目录顶部的文字。
- 样式：在位于"标题"选项右侧的"样式"下拉列表中，可以选择生成目录后，标题文字要应用的样式名称。
- 在"目录中的样式"区域中包括了"包含段落样式"和"其他样式"2 个小区域，其含义如下所述：包含段落样式——在该区域中显示的是希望包括在目录中的文字所使用的样式。它是通过右侧"其他样式"区域中添加得到的。其他样式——该区域中显示的是当前文档中所有的样式。
- 条目样式：在该下拉列表中可以选择与"包含段落样式"区域中相应的、用来格式化目录条目的段落样式。
- 页码：在该下拉列表中可以指定选定的样式中，页码与目录条目之间的位置，依次为"条目后"、"条目前"及"无页码"3 个选项。通常情况下，选择的是"条目后"选项。在其右侧的"样式"下拉列表中还可以指定页码的样式。
- 条目与页码间：在此可以指定目录的条目及其页码之间希望插入的字符，默认为 ^t（即定位符，尖号 ^+t）。在其右侧的"样式"下拉列表中还可以为条目与页码之间的内容指定一个样式。
- 按字母顺序对条目排序：选择该选项后，目录将会按所选样式，根据英文字母的顺序进行排列。

- 级别：默认情况下，添加到"包含段落样式"区域中的每个项目都比它之前的目录低一级。
- 创建 PDF 书签：选择该选项后，在输出目录的同时将其输出成为书签。
- 接排：选择该选项后，则所有的目录条目都会排在一段，各个条目之间用分号进行间隔。
- 替换现有目录：如果当前已经有一份目录，则此项会被激活，选中后新生成的目录会替换旧的目录。
- 包含隐藏图层上的文本：选择该选项后，则生成目录时会包括隐藏图层中的文本。
- 包含书籍文档：如果当前文档是书籍文档中的一部分，此选项会被激活。选择该选项后，可以为书籍中的所有文档创建一个单独的目录，并重排书籍的页码。

④ 在"新建目录样式"对话框的"目录样式"文本框中输入样式的名称为 Content。

⑤ 在"其他样式"区域中双击"标题"样式，以将其添加到"包含段落样式"区域中，如图 12.17 所示。

⑥ 单击"确定"按钮返回"目录样式"对话框中，此时该对话框中已经存在了一个新的目录样式，如图 12.18 所示。单击"确定"按钮退出对话框即可。

⑦ 切换至文档第 5 页，选择"版面" | "目录"命令，由于前面已经设置好了相应的参数，此时弹出的对话框如图 12.19 所示。

⑧ 单击"确定"按钮退出对话框即开始生成目录，生成目录完毕后，光标将变为 状态，单击鼠标即可得到生成的目录。使用"选择工具" 将生成的目录缩放成适当的大小后置于如图 12.20 所示的位置。

⑨ 使用"文字工具" 选中目录顶部的文字"目录"，按 Delete 键将其删除，得到如图 12.21 所示的最终效果。

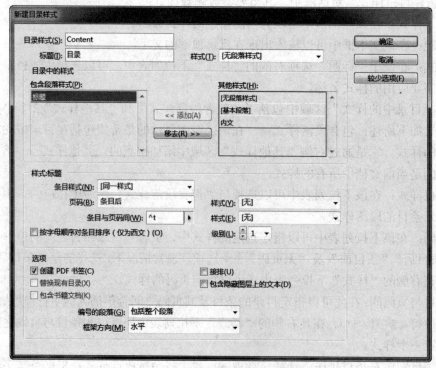

图12.17　"新建目录样式"对话框

图12.18 添加样式后的"目录样式"对话框

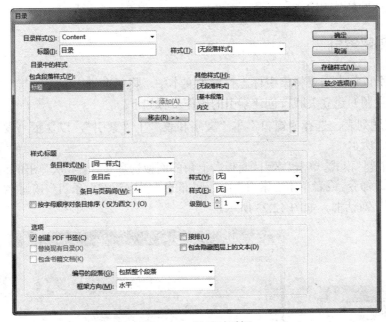

图12.19 目录对话框

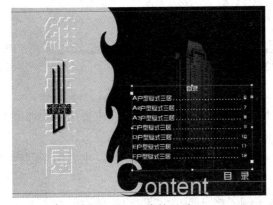

图12.20 生成的目录

图12.21 目录页的最终效果

提示

本节制作的目录最终文件为随书所附光盘中的文件"第 12 章 \12.2.2- 效果文件 .indd"。

➤➤12.2.3　更新目录

在生成目录且又对文档做过编辑之后，文档中的页码、标题或与目录条目相关的其他元素可能会发生变化，此时就需要更新目录。

更新目录的方法非常简单，首先选中目录内容文本框或将光标插入目录内容中，然后执行"版面"｜"更新目录"命令即可。

12.3　索引

本节介绍一些索引的操作。

➤➤12.3.1　创建索引

要创建索引，首先需要将索引标志符置于文本中，将每个索引标志符与要显示在索引中的单词（称作主题）建立关联。创建索引的操作步骤如下。

① 创建主题列表。选择"窗口"｜"文字和表"｜"索引"，以显示"索引"面板，如图 12.22 所示。

② 选择"主题"模式，单击"索引"面板右上角的面板选项按钮 ，从弹出的菜单中选择"新建主题"命令，或者单击"索引"面板底部的"创建新索引条目"按钮 ，将弹出"新建主题"对话框，如图 12.23 所示。

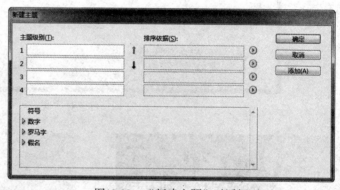

图12.22　"索引"面板　　　　　　　图12.23　"新建主题"对话框

在"索引"面板中包含两个模式，即"引用"和"主题"。含义解释如下。

- 在"引用"模式中，预览区域显示当前文档或书籍的完整索引条目，主要用于添加索引条目。
- 在"主题"模式中，预览区域只显示主题，而不显示页码或交叉引用，主要用于创建索引结构。

③ 在"主题级别"下的第一个文本框中键入主题名称（如：标题一）。在第二个文本框中输入副主题（如：标题二）。在输入"标题二"时相对于"标题一"要有所缩进。如果还要在副主题下创建副主题，可以在第三个文本框中输入名称，依此类推。

④ 设置好后，单击"添加"按钮以添加主题，此主题将显示在"新建主题"对话框和"索

引"面板中，单击"完成"按钮退出对话框。

⑤ 添加索引标志符。在工具箱中选择"文字工具" ，将光标插在希望显示索引标志符的位置，或在文档中选择要作为索引引用基础的文本。

提示　　当选定的文本包含随文图或特殊字符时，某些字符（例如索引标志符和随文图）将会从"主题级别"框中删除。而其他字符（例如全角破折号和版权符号）将转换为元字符（例如，^_ 或^2）。

⑥ 在"索引"面板中，选择"引用"模式。如果添加到"主题"列表的条目没有显示在"引用"中，此时可以单击"索引"面板右上角的面板选项按钮，从弹出的菜单中选择"显示未使用的主题"命令，随后就可以在添加条目时使用那些主题。

提示　　如果要从书籍文件中任何打开的文档来查看索引条目，可以选择"书籍"模式。

⑦ 单击"索引"面板右上角的面板选项按钮，从弹出的菜单中选择"新建页面引用"命令，弹出如图 12.24 所示的对话框。

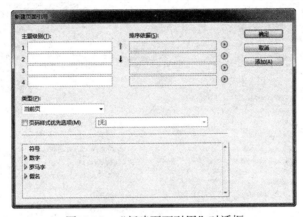

图12.24　"新建页面引用"对话框

"新建页面引用"对话框中各选项的含义解释如下。

- 主题级别：如果要创建简单索引条目，可以在第一个文本框中输入条目名称（如果选择了文本，则该文本将显示在"主题级别"框中）；如果要创建条目和子条目，可以在第一个文本框中输入父级名称，并在后面的文本框中键入子条目；如果要应用已有的主题，可以双击对话框底部列表框中的任一主题。

- 排序依据：控制更改条目在最终索引中的排序方式。

- 类型：在此下拉列表中选择"当前页"选项，页面范围不扩展到当前页面之外；选择"到下一样式更改"选项，更改页面范围从索引标志符到段落样式的下一更改处；选择"到下一次使用样式"选项，页面范围从索引标志符到"邻近段落样式"弹出菜单中所指定的段落样式的下一个实例所出现的页面；选择"到文章末尾"选项，页面范围从索引标志符到包含文本的文本框架当前串接的结尾；选择"到文档末尾"选项，页面范围从索引标志符到文档的结尾；选择"到章节末尾"选项，页面范围从索引标志符扩展到"页面"面板中所定义的当前章节的结尾；选择"后 # 段"选项，页面范围从索引标志符到"邻近"文本框中所指定的段数的结尾，或是到现有的所有段落的结尾；选择"后 # 页"选项，页面范围从索引标志符到"邻近"文本框中所指定的页数的结尾，或是到现有的所有页面的结尾；选择"禁止页面范围"选项，即关闭页面范围；如果要创建引用其他条目的索引条目，可以一个设置交叉引用选项，如"参见此处，另请参见此处"、"[另请]参见，另请参见"或"请参见"，然后在"引用"文本框中输入条目名称，或将底部列表中的现有条目拖到"引用"框中；如果要自定交叉引用条目中显示的"请参见"和"另请参见"条目，可以选择"自定交叉引用"选项。

- 页码样式优先选项：选择此选项，可以在右侧的下拉列表中指定字符样式，以强调特定的索引条目。
- "添加"按钮：单击此按钮，将添加当前条目，并使此对话框保持打开状态以添加其他条目。

⑧ 设置好后，单击"添加"，然后单击"确定"按钮退出。

⑨ 生成索引。单击"索引"面板右上角的面板选项按钮 ≣，从弹出的菜单中选择"生成索引"命令，将弹出如图 12.25 所示的对话框。

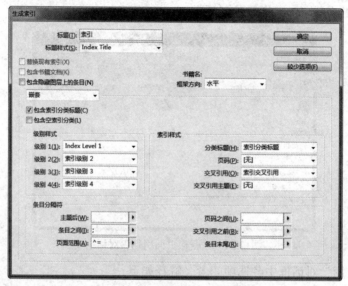

图12.25 "生成索引"对话框

"生成索引"对话框中的各选项的含义解释如下。

- 标题：在此文本框中可以输入将显示在索引顶部的文本。
- 标题样式：在此下拉列表中选择一个选项，用于设置标题格式。
- 替换现有索引：选中此选项，将更新现有索引。如果尚未生成索引，此选项呈灰显状态；如果取消选择此选项，则可以创建多个索引。
- 包含书籍文档：选中此选项，可以为当前书籍列表中的所有文档创建一个索引，并重新编排书籍的页码。如果只想为当前文档生成索引，则取消选择此选项。
- 包含隐藏图层上的条目：选中此选项，可以将隐藏图层上的索引标志符包含在索引中。

提示

以下的选项，需要单击"更多选项"按钮才能显示出来。

- 嵌套：选择此选项，可以使用默认样式来设置索引格式，且子条目作为独立的缩进段落嵌套在条目之下。

- 接排：选择此选项，可以将条目的所有级别显示在单个段落中。
- 包含索引分类标题：选择此选项，将生成包含表示后续部分字母字符的分类标题。
- 包含空索引分类：选择此选项，将针对字母表的所有字母生成分类标题，即使索引缺少任何以特定字母开头的一级条目也会如此。
- 级别样式：对每个索引级别，选择要应用于每个索引条目级别的段落样式。在生成索引后，可以在"段落样式"面板中编辑这些样式。
- 分类标题：在此下拉列表中可以选择所生成索引中的分类标题外观的段落样式。
- 页码：在此下拉列表中可以选择所生成索引中的页码外观的字符样式。
- 交叉引用：在此下拉列表中可以选择所生成索引中交叉引用前缀外观的字符样式。
- 交叉引用主题：在此下拉列表中可以选择所生成索引中被引用主题外观的字符样式。
- 主题后：在此文本框中，可以输入或选择一个用来分隔条目和页码的特殊字符。默认值是两个空格，通过编辑相应的级别样式或选择其他级别样式，确定此字符的格式。
- 页码之间：在此文本框中，可以输入或选择一个特殊字符，以便将相邻页码或页面范围分隔开来。默认值是逗号加半角空格。
- 条目之间：如果选择"嵌套"，在此文本框中，可以输入或选择一个特殊字符，以决定单个条目下的两个交叉引用的分隔方式。如果选择了"接排"，此设置则决定条目和子条目的分隔方式。
- 交叉引用之前：在此文本框中，可以输入或选择一个在引用和交叉引用之间显示的特殊字符。默认值是句点加空格，通过切换或编辑相应的级别样式来决定此字符的格式。
- 页面范围：在此文本框中，可以输入或选择一个用来分隔页面范围中的第一个页码和最后一个页码的特殊字符。默认值是半角破折号，通过切换或编辑页码样式来决定此字符的格式。
- 条目末尾：在此文本框中，可以输入或选择一个在条目结尾处显示的特殊字符。如果选择了"接排"，则指定字符将显示在最后一个交叉引用的结尾。默认值是无字符。

⑩ 排入索引文章。使用载入的文本光标将索引排入文本框中，然后设置页面和索引的格式。

提示

多数情况下，索引需要开始于新的页面。另外，在出版前的索引调整过程中，这些步骤可能需要重复若干次。

▶▶12.3.2 管理索引

在设置索引并向文档中添加索引标志符之后，便可通过多种方式来管理索引。可以查看书籍中的所有索引主题、从"主题"列表中移去"引用"列表中未使用的主题、在"引用"列表或"主题"列表中查找条目以及从文档中删除索引标志符等。

1. 查看书籍中的所有索引主题

打开书籍文件及"书籍"面板中包含的所有文档,然后在"索引"面板中选择"书籍"模式,即可显示整本书中的条目。

2. 移去未使用的主题

创建索引后,通过单击"索引"面板右上角的面板选项按钮 ▤,从弹出的菜单中选择"移去未使用的主题"命令,可以移去索引中未包含的主题。

3. 查找条目

单击"索引"面板右上角的面板选项按钮,从弹出的菜单中选择"显示查找栏"命令,然后在"查找"文本框中,输入要查找的条目名称,然后单击向下箭头↓或向上箭头↑键开始查找。

4. 删除索引标志符

在"索引"面板中,选择要删除的条目或主题,然后单击"删除选定条目"按钮 🗑 ,即可将选定的条目或主题删除。

> 💬 **提示**　　如果选定的条目是多个子标题的上级标题,则会删除所有子标题。另外,在文档中,选择索引标志符,按 Backspace 键或 Delete 键也可以将选定的索引标志符删除。

5. 定位索引标志符

要定位索引标志符,其操作步骤如下。

① 执行"文字"|"显示隐含的字符"命令,使文档中显示索引标志符。

② 在"索引"面板中,选择"引用"模式,然后选择要定位的条目。

③ 单击"索引"面板右上角的面板选项按钮,从弹出的菜单中选择"转到选定标志符"命令,此时插入点将显示在索引标志符的右侧。

第 13 章

印前和导出

◉ 文档的印前检查

◉ 将文件打包

◉ 导出 PDF

◉ 打印

13.1　文档的印前检查

对要输出的出版物务必做一次全面的检查，这样可以减少在输出过程中发生错误，使损失降到最低。

13.1.1　在提交前预检文件

在 InDesign CS6 中，可以通过"印前检查"面板来对文档进行品质检查。比如，在编辑文档时，如果遇到文件或字体缺失、图像分辨率低、文本溢流及其他一些问题，"印前检查"面板中就会出现警告。

执行"窗口"｜"输出"｜"印前检查"命令，或双击文档窗口（左）底部的"印前检查"图标 ● 无错误 ，将弹出"印前检查"面板，如图 13.1 所示。

图13.1　"印前检查"面板

提示　　在检测的过程中，如果没有检测到错误，"印前检查"图标显示为绿色；如果检测到错误，则会显示为红色。

在"印前检查"面板中，默认情况下，对新文档和转换文档应用"[基本]（工作）"配置文件。此配置文件将标记缺失的链接、修改的链接、溢流文本和缺失的字体。"[基本]（工作）"配置文件不能被编辑或删除，但可以创建和使用多个自定义的配置文件。

1. 定义配置文件

要想定义印前检查配置文件，其操作步骤如下。

① 单击"印前检查"面板右上角的面板选项按钮，从弹出的菜单中选择"定义配置文件"命令，将打开"印前检查配置文件"对话框，如图 13.2 所示。

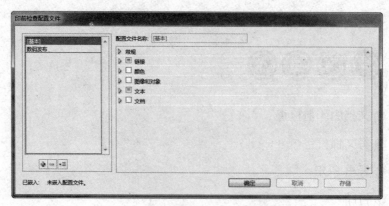

图13.2　"印前检查配置文件"对话框

② 在对话框的左下方单击"新建印前检查配置文件"图标，此时对话框的显示状态如图 13.3 所示。

在"印前检查配置文件"对话框中各选项的含义解释如下。

• 配置文件名称：在此文本框中可以输入配置文件的名称。

- 链接：此选项组用于确定缺失的链接和修改的链接是否显示为错误。
- 颜色：此选项组用于确定需要何种透明混合空间，以及是否允许使用 CMYK 印版、色彩空间、叠印等项。
- 图像和对象：此选项组用于指定图像分辨率、透明度、描边宽度等项的要求。
- 文本：此选项组用于显示缺失字体、溢流文本等项错误。
- 文档：此选项组用于指定对页面大小和方向、页数、空白页面以及出血和辅助信息区设置的要求。

③ 指定各项设置后，单击"存储"按钮，保留对一个配置文件的更改，然后再处理另一个配置文件。或直接单击"确定"按钮，关闭对话框并存储所有更改。

图13.3　新建印前检查配置文件

2. 嵌入配置文件

嵌入配置文件时，配置文件成为文档的一部分。将文件发送给他人时，嵌入配置文件尤为有用。这是因为，嵌入配置文件不表示一定要使用它。例如，将带有嵌入配置文件的文档发送给打印服务机构后，打印操作员可以选择对文档使用其他配置文件。

提示

> 只能嵌入一个配置文件，无法嵌入"[基本]（工作）"配置文件。

要嵌入一个配置文件，可以选择下列方法之一。
- 在"印前检查"面板的"配置文件"下拉列表中选择要嵌入的配置文件，然后单击"配置文件"列表右侧的"嵌入"图标 。
- 在"印前检查配置文件"对话框左侧的列表中选择要嵌入的配置文件，然后单击对话框下方的"印前检查配置文件菜单"图标 ，再从弹出的快捷菜单中选择"嵌入配置文件"命令。

3. 取消嵌入配置文件

要取消一个嵌入配置文件，可以在"印前检查配置文件"对话框左侧的列表中选择要取消嵌入的配置文件，然后单击对话框下方的"印前检查配置文件菜单"图标 ，再从弹出的快捷菜单中选择"取消嵌入配置文件"命令。

4. 载入配置文件

在 InDesign CS6 中，可以载入他人提供的配置文件，可以载入 *.idpp 文件，也可以载入指定文档中的嵌入配置文件。

在"印前检查配置文件"对话框左侧的列表中选择要载入的配置文件，接着单击对话框下方的"印前检查配置文件菜单"图标 ，然后从弹出的快捷菜单中选择"载入配置文件"命令，再从弹出的"打开文件"对话框中选择包含要使用的嵌入配置文件的 *.idpp 文件或文档，最后单击"打开"按钮即可。

5. 导出配置文件

在 InDesign CS6 中，可以载入配置文件，也可以导出配置文件供他人使用，导出的配置文件以扩展名 .idpp 存储。

> **提示** 导出配置文件是备份配置文件设置的一个好办法。当恢复首选项时，配置文件信息将重置。如果需恢复首选项，只需要载入之前导出的配置文件即可。

在"印前检查配置文件"对话框左侧的列表中选择要导出的配置文件，接着单击对话框下方的"印前检查配置文件菜单"图标 ，然后从弹出的快捷菜单中选择"导出配置文件"命令，接着在弹出的"将印前检查配置文件另存为"对话框中指定位置和名称，最后单击"保存"按钮即可。

6. 删除配置文件

要删除配置文件，可以单击"印前检查"面板右上角的面板选项按钮 ，从弹出的菜单中选择"定义配置文件"命令，在弹出的"印前检查配置文件"对话框左侧的列表中选择要删除的配置文件，然后单击对话框下方的"删除印前检查配置文件"图标 ，最后在弹出的提示框中单击"确定"按钮即可。

13.1.2　检查图像的链接情况

在印前检查时有可能遇到找不到链接的图片等问题。在一台计算机上图片能够链接上，打开文件时没有是否链接图片的信息，但如果换一台计算机、或文档文件换了位置、或图片的名称被修改、或图片被删除，就会出现图片未链接的信息。

如果文档文件换了位置，就要把它放回原来的位置；如果图片的名字被修改，则要改回原来的名字或重新链接文件，也可以重新置入新图片。

> **提示** 在置入新图片时，如果图片的尺寸发生了变化，则应该重置入新图片，这时如果重新链接，有可能产生图片的变形而不易被发现。因为页面的图片尺寸大小是按照原先图片尺寸的大小来定义的，重新链接后，由于尺寸的变化使其长与宽的比例与原先的不一定一致，从而导致变形。

13.1.3　文档的颜色模式

要混合跨页上透明对象的颜色，InDesign 会使用文档的 RGB 或 CMYK 颜色配置文件，将所有对象的颜色转换到一个通用色彩空间中。此混合空间可让多个色彩空间的对象在以透明方式相互起作用的过程中彼此混合。为避免对象各个区域在屏幕上的颜色与打印结果不符，该混合空间只适用于屏幕和拼合。

如果要对跨页上的对象应用透明度，则该跨页上的所有颜色都将转换为所选透明混合空间，通过执行"编辑"|"透明混合空间"|"文档 RGB"或"文档 CMYK"命令可进行选择，即使它们与透明度无关也会如此。具体的优点如下：

- 转换所有颜色可以使同一跨页上任意两个同色对象保持一致，并且可避免在透明边缘出现剧烈的颜色变化。
- 绘制对象时，颜色将"实时"转换。
- 置入图形中与透明相互作用的颜色也将被转换为混合空间。
- 会影响颜色在屏幕上和打印中的显示效果，但不会影响颜色在文档中的定义。

根据工作需要，执行下列操作之一：
- 如果所创建的文档只用于打印，需要为混合空间选择"文档 CMYK"命令。
- 如果所创建的文档只用于 Web，需要为混合空间选择"文档 RGB"命令。
- 如果创建的文档将同时用于打印和 Web，需要确定其中哪一个更重要，然后选择与最终输出相匹配的混合空间。
- 如果所创建的高分辨率打印页也要在网站上作为高品质的 PDF 文档发布，则可能需要在最终输出前来回切换混合空间。在此情况下，必须将具有透明度的每个跨页上的颜色重新打样，并避免使用差值和排除混合模式，因为这些模式会让外观大幅改变。

》》13.1.4 透明拼合

1. 透明度拼合预设

文档从 InDesign 中进行输出时，如果存在透明度，则需要进行透明度拼合处理。如果输出的 PDF 不想进行拼合而保留透明度，需要将文件保存为 Adobe PDF 1.4 (Acrobat 5.0)或更高版本的格式。在 InDesign 中,对于打印、导出这些操作较频繁的，为了让拼合过程自动化，可以执行"编辑"│"透明度拼合预设"命令，在弹出的"透明度拼合预设"对话框中对透明度的拼合进行设置，并将拼合设置存储在"透明度拼合预设"对话框中。如图 13.4 所示。

图13.4 "透明度拼合预设"对话框

参数解释如下：
- 低分辨率：文本分辨率较低，适用于在黑白桌面打印机来打印的普通校样，对于在 Web 上发布或导出为 SVG 的文档也广泛应用。
- 中分辨率：文本分辨率适中，适用于桌面校样及在 Adobe PostScript 彩色打印机上来打印文档。
- 高分辨率：文本分辨率较高，适用于文档的最终出版及高品质的校样。
- 单击"新建"按钮，在弹出的"透明度拼合预设选项"对话框中，进行拼合设置，即可建立自定义的拼合预设，如图 13.5 所示。单击"确定"按钮，存储此拼合预设，或单击"取消"按钮，放弃此拼合预设。
- 对于现有的拼合预设，可以单击"编辑"按钮，在弹出的"透明度拼合预设选项"对话框中对它进行重新设置。

提示

对于默认的拼合预设，无法进行编辑。

- 单击"删除"按钮，可将自定义的拼合预设删除，但默认的拼合预设无法删除。

中文版 InDesign CS6 标准教程

提示 　在"透明度拼合预设"对话框中按住 Alt 键,可使对话框中的"取消"按钮变为"重置"按钮,如图 13.6 所示。单击该按钮,可将现有的拼合预设删除,只剩下默认的拼合预设。

图13.5　"透明度拼合预设选项"对话框　　　图13.6　重置透明度拼合预设

- 单击"载入"按钮,可将需要的拼合预设 .flst 文件载入。
- 选中一个预设,单击"存储"按钮,选择目标文件夹,可将此预设存储为单独的文件,方便下次的载入使用。

2. 拼合预览

执行"窗口"|"输出"|"拼合预览"命令,在弹出的"拼合预览"面板中对预览选项进行选择。如图 13.7 所示。

"拼合预览"面板中各选项的含义解释如下。

- 无:此选项为默认设置,模式为停用预览。
- 栅格化复杂区域:选择此选项,对象的复杂区域由于性能原因不能高亮显示时,可以选择"栅格化复杂区域"选项来进行栅格化。

图13.7　"拼合预览"面板

- 透明对象:选择此选项,当对象应用了透明度时,可以应用此模式进行预览。

提示 　应用了透明度的对象大部分是半透明(包括带有 Alpha 通道的图像)、含有不透明蒙版和含有混合模式等的对象。

- 所有受影响的对象:选择此选项,突出显示将应用于涉及透明度有影响的所有对象。
- 转为轮廓的描边:选择此选项,对于轮廓化描边或涉及透明度的描边的影响,将会突出显示。
- 受影响的图形:选择此选项,突出显示将应用于涉及透明度有影响的图形对象。
- 转为轮廓的文本:选择此选项,对于将文本轮廓化或涉及透明度的文本,将会突出显示。
- 栅格式填色的文本和描边:选择此选项,对于文本和描边进行栅格化填色,为了进行拼合的操作,将会突出显示。
- 所有栅格化区域:选择此选项,处理时间比其他选项的处理时间长。突出显示某些在 PostScript 中没有其他方式可让其表现出来或者要光栅化的对象。该选项还可显示涉及透明度的栅格图形与栅格效果。

13.1.5　颜色的颜色模式

在对文档进行印前检查时,还需要确认"色板"面板中的图标为 CMYK ▨颜色模式,正文字体及图题（即大部分主体文字）颜色均应用 100% 单色黑，因字体较细不易用套版色。通常检查的方法如下：

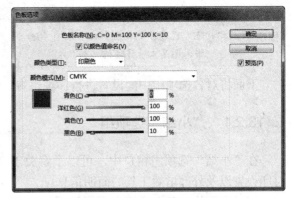

图13.8 "色板选项"对话框

 执行"窗口"|"颜色"|"色板"命令，将弹出"色板"面板，然后单击其右上角的面板选项按钮 ，从弹出的菜单中选择"选择所有未使用的样式"命令，此时会将当前文件中未使用的色板选中，然后单击面板底部的"删除色板"按钮 来删除选中的色板。

 双击色板中的色块，以打开"色板选项"对话框，如图 13.8 所示。

③ 确认"颜色类型"为"印刷色"选项，"颜色模式"为"CMYK"选项。

> **提示** 关于"色板选项"对话框中的各选项的解释，请参见第 4 章。

13.1.6 出血

主页及章首均应设置文档出血，否则会有漏白，页面中文字及图片应距裁切线 3mm 以上（一般文件内容距切口 3mm 以上，距胶口 5mm 以上），以免被裁切到。

> **提示** 页面边缘红色的线为出血线，黑色的线为裁切线。

13.2 将文件打包

为了便于对输出文件进行有效管理，可以对文件进行打包，以便将使用过的文件（包括字体和链接图形），轻松地提交给服务提供商。打包文件时，可创建包含 InDesign 文档（或书籍文件中的文档）、任何必要的字体、链接的图形、文本文件和自定报告的文件夹。此报告（存储的文本文件）包括"打印说明"对话框中的信息，打印文档需要的所有使用的字体、链接和油墨的列表，以及打印设置。

使用"打包"命令也可以执行最新的印前检查。在"打包"对话框中会指明所有检测出问题的区域。执行"文件"|"打包"命令，将弹出"打包"对话框，如图 13.9 所示。

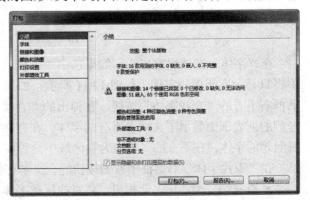

图13.9 "打包"对话框

提示
　　单击"书籍"面板右上角的面板选项按钮▣,从弹出的菜单中选择"打包'书籍'以供打印"或"打包'已选中的文档'以供打印"命令,具体取决于在"书籍"面板中选择的是全部文档、部分文档,还是未选择任何文档。

　　下面将对各选项组中的设置进行详细讲解。

▶▶13.2.1 "小结"选项组

　　在"小结"选项组窗口中,可以了解关于打印文件中字体、链接和图像、颜色和油墨、打印设置以及外部增效工具的简明信息。

　　如果出版物在某个方面出现了问题,在"小结"选项组窗口中对应的区域前方会显示警告图标⚠,此时需要单击"取消"按钮,然后使用"印前检查"面板来解决有问题的区域。直至对文档满意,然后再次开始打包。

提示
　　当出现警告图标⚠,也可以直接在"打包"对话框左侧选择相应的选项,然后在显示出的窗口中进行更改,在下面会做详细的讲解。

▶▶13.2.2 "字体"选项组

　　在"打包"对话框左侧选择"字体"选项,将显示相应的窗口,如图 13.10 所示。在此窗口中列出了当前出版物中应用的所有字体的名称、文字、状态以及是否受保护。

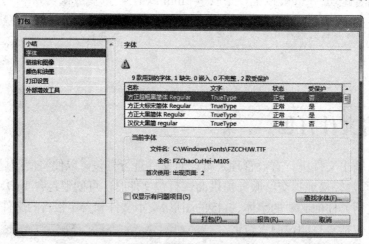

图13.10 "字体"选项组窗口

　　在"字体"选项组窗口中,如果选中"仅显示有问题项目"复选框,则在上方的列表框中将只显示有问题的字体,如图 13.11 所示。如果要对有问题的字体进行替换,可以单击对话框右下方的"查找字体"按钮,在弹出的"查找字体"对话框中进行替换。其中在对话框左侧的列表框中显示了文档中所有的字体,在存在问题的字体右侧有⚠图标出现。然后选中有问题的字体,在下方的"替换为"区域中设置要替换的目标字体,如图 13.12 所示。

　　在"查找字体"对话框中右侧按钮的含义解释如下。

- 查找第一个:单击此按钮,将查找所选字体在文档中第一次出现的页面。
- 更改:单击此按钮,可以对所找到的字体进行替换。

- 全部更改：单击此按钮，可以将文档中所有当前所选择的字体替代为"替换为"下拉列表中所选中的字体。
- 更改/查找：单击此按钮，可以将文档中第一次查找到的字体进行替换，再继续查找所指定的字体，直到文档最后。
- 更多信息：单击此按钮，可以显示所选中字体的名称、样式、类型以及在文档中使用此字体的字数和所在页面等。

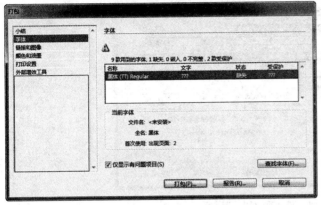

图13.11　仅显示有问题的项目

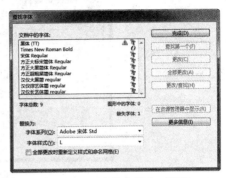

图13.12　"查找字体"对话框

13.2.3　"链接和图像"选项组

在"打包"对话框左侧选择"链接和图像"选项，将显示相应的窗口，如图 13.13 所示。此窗口中列出了文档中使用的所有链接、嵌入图像和置入的 InDesign 文件。预检程序将显示缺失或已过时的链接和任何 RGB 图（这些图像可能不会正确地分色，除非启用颜色管理并正确设置）。

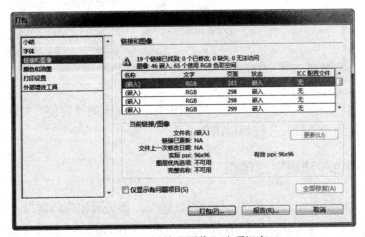

图13.13　"链接和图像"选项组窗口

提示

　　"链接和图像"选项组窗口中无法检测置入的 EPS、Adobe Illustrator、Adobe PDF、FreeHand 文件中和置入的 *.INDD 文件中嵌入的 RGB 图像。要想获得最佳效果，得使用"印前检查"面板来验证所置入图形的颜色数据，或在这些图形的原始应用程序中进行验证。

在"链接和图像"选项组窗口中，选中"仅显示有问题项目"复选框，可以将仅有问题的图像显示出来。要修复链接，执行以下操作之一：

- 当选中缺失的图像时，单击"重新链接"按钮，如图 13.14 所示。然后在弹出的"定位"对话框中找到正确的图像文件，单击"打开"按钮，即可完成对缺失文件的重新链接，如图 13.15 所示。

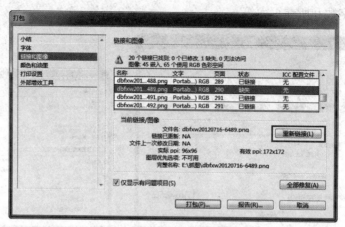

图13.14　选中缺失的图像

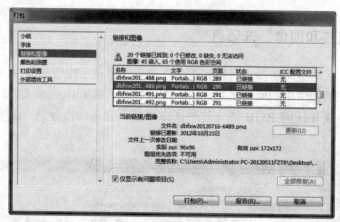

图13.15　重新链接缺失的文件

- 选择有问题的图像，单击"全部修复"按钮。在弹出的"定位"对话框中找到正确的图像文件，单击"打开"按钮退出即可。

13.2.4 "颜色和油墨"选项组

在"打包"对话框左侧选择"颜色和油墨"选项，将显示相应的窗口，如图 13.16 所示。此窗口中列出了文档中所用到的颜色的名称和类型、角度以及行 / 英寸等信息，还显示了所使用的印刷色油墨以及专色油墨的数量，以及是否启用颜色管理系统。

13.2.5 "打印设置"选项组

在"打包"对话框左侧选择"打印设置"选项，将显示相应的窗口，如图 13.17 所示。

此窗口中列出了与文档有关的打印设置的全部内容，如打印驱动程序、份数、页面、缩放、页面位置以及出血等信息。

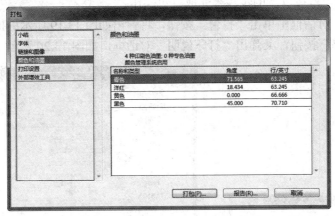

图13.16 "颜色和油墨"选项组窗口

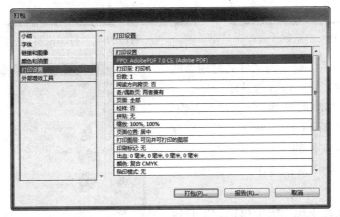

图13.17 "打印设置"选项组窗口

▶▶13.2.6 "外部增效工具"选项组

在"打包"对话框左侧选择"外部增效工具"选项，将显示相应的窗口，如图 13.18 所示。此窗口中列出了与当前文档有关的外部插件的全部信息。

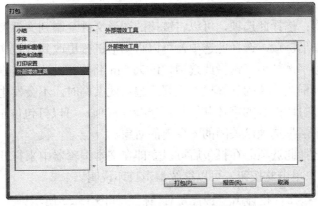

图13.18 "外部增效工具"选项组窗口

▶▶13.2.7　开始打包

当预检完成后，可按以下的步骤来完成打包操作。

① 在"打包"对话框中单击"打包"按钮，将弹出如图 13.19 所示的提示框。

② 单击"存储"按钮，又弹出"打印说明"对话框，如图 13.20 所示。

图13.19　提示框　　　　　　图13.20　"打印说明"对话框

③ 填写打印说明，输入的文件名是附带所有其他打包文件的报告的名称。

④ 单击"继续"按钮，将弹出"打包出版物"对话框，如图 13.21 所示。然后指定存储所有打包文件的位置和文件夹名称。

在"打包出版物"对话框中，各选项的含义解释如下。

- 保存在：在此下拉列表中可以为所打包的文件指定位置。

- 文件夹名称：在此下拉列表中可以输入新文件夹的名称。

- 复制字体：选择此选项，可以复制文档中所有必需的字体文件，而不是整个字体系列。

图13.21　"打包出版物"对话框

- 复制链接图形：选择此选项，可以将链接的图形文件复制到文件夹中。

- 更新包中的图形链接：选择此选项，可以将图形链接更改到打包文件夹中。

- 仅使用文档连字例外项：选择此选项，InDesign 将标记此文档，这样当其他用户在具有其他连字和词典设置的计算机上打开或编辑此文档时，不会发生重排。

- 包括隐藏和非打印内容的字体和链接：选择此选项，可以打包位于隐藏图层、隐藏条件和"打印图层"选项已关闭的图层上的对象。

- 查看报告：选择此选项，在打包后可以立即在文本编辑器中来打开打印说明报告。

- "说明"按钮：单击此按钮，可以继续编辑打印说明。

⑤ 单击"打包"按钮，将弹出"警告"对话框，如图 13.22 所示。

⑥ 单击"确定"按钮,又弹出"打包文档"进度显示框,如图 13.23 所示。

图13.22 "警告"对话框

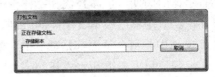

图13.23 "打包文档"进度显示框

打包结束后,新建的文件夹中包含了所打包的内容,如字体、链接图、InDesign 文件以及说明 .TXT 文件,如图 13.24 所示。双击"说明"文件,里面记录了打包的相关信息,如图 13.25 所示。

图13.24 打包所包含的内容

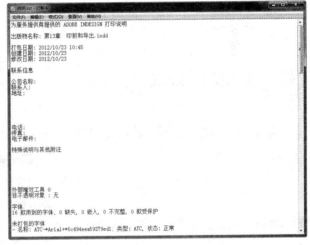

图13.25 打包的简要信息

13.3 导出PDF

13.3.1 PDF简介

PDF 是 Portable Document Format 的缩写名称,即"可携式文档格式",是一种优秀的电子文件格式。无论创建源文档时使用的是哪些应用程序和平台,它均可以保留任何文档的字体、图像、图形和版面设置。并已成为世界上安全可靠地分发和交换电子文档及电子表单的实际标准。只要用户安装了 Adobe Reader 软件,在任何环境下都可以打开 PDF 文件进行阅读,同时具有很好的导航功能、对文本重新编排和标识以及打印等功能。

PDF 文件格式具有以下特点:

- 是对文字、图像数据都兼容的文件格式,可直接传送到打印机、激光照排机。
- 是独立于各种平台和应用程序的高兼容性文件格式。PDF 文件可以使用各种平台之间通用的二进制或 ASCII 编码,实现真正的跨平台作业,也可以传送到任何平台上。

- 是文字、图像的压缩文件格式。文件的存储空间小，经过压缩的 PDF 文件容量可达到原文件量的 1/3 左右，而且不会造成图像、文字信息的丢失，适合网络快速传输。

- 具有字体内周期、字体替代和字体格式的调整功能。PDF 文件浏览不受操作系统、网络环境、应用程序版本、字体的限制。

- PDF 文件中，每个页面都是独立的，其中任何一页有损坏或错误，不会导致其他页面无法解释，只需要重新生成新的一页即可。

▶▶13.3.2　导出为PDF文件

InDesign CS6 提供了直接导出 PDF 文件的方法，比起以前的排版软件有很大的提升。具体的操作方法如下。

① 打开要导出为 PDF 格式的 InDesign 文档，执行"文件"｜"导出"命令，在弹出的"导出"对话框中指定文件的名称和保存位置。

② 在"保存类型"下拉列表中选择"Adobe PDF（打印）"选项，如图 13.26 所示。

提示

> 选择"Adobe PDF（打印）"选项，将无法在 PDF 中包含交互式元素。

③ 单击"保存"按钮，将弹出"导出 Adobe PDF"对话框，如图 13.27 所示。

图13.26　"导出"对话框　　　　　图13.27　"导出 Adobe PDF"对话框

在"导出 Adobe PDF"对话框中重要选项的含义解释如下。

- Adobe PDF 预设：在此下拉列表中可以选择已创建好的 PDF 处理的设置。
- 标准：在此下拉列表中可以选择文件的 PDF/X 格式。
- 兼容性：在此下拉列表中可以选择文件的 PDF 版本。

"常规"选项组中的设置用于控制生成 PDF 文件的 InDesign 文档的页码范围，导出后 PDF 文件页面所包含的元素，以及 PDF 文件页面的优化选项。

- 全部：选择此选项，将导出当前文档或书籍中的所有页面。

- 范围：选择此选项，可以在文本框中指定当前文档中要导出的页面范围。
- 跨页：选择此选项，可以集中导出页面，如同将其打印在单张纸上。

提示

不能选择"跨页"用于商业打印，否则服务提供商将无法使用这些页面。

- 导出后查看 PDF：选择此复选框，在生成 PDF 文件后，应用程序将自动打开此文件。
- 优化快速 Web 查看：选择此复选框，将通过重新组织文件，以使用一次一页下载来减小 PDF 文件的大小，并优化 PDF 文件以便在 Web 浏览器中更快地查看。

提示

此选项将压缩文本和线状图，不考虑在"导出 Adobe PDF"对话框的"压缩"类别中选择的设置。

- 创建带标签的 PDF：选择此复选框，在导出的过程中，基于 InDesign 支持的 Acrobat 标签的子集自动为文章中的元素添加标签。

提示

如果"兼容性"设置为 Acrobat 6 (PDF 1.5) 或更高版本，则会压缩标签以获得较小的文件大小。如果在 Acrobat 4.0 或 Acrobat 5.0 中打开该 PDF，将不会显示标签，因为这些版本的 Acrobat 不能解压缩标签。

- 书签：选择此复选框，可以创建目录条目的书签，保留目录级别。

"压缩"选项组中的设置用于控制文档中的图像，在导出时是否要进行压缩和缩减像素采样。其选项设置窗口如图 13.28 所示。

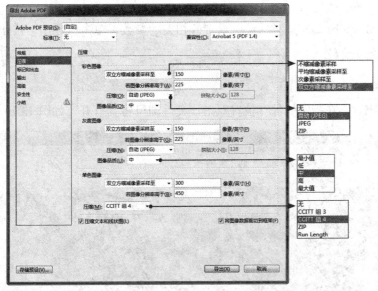

图13.28　"压缩"选项组窗口

- 平均缩减像素采样至：选择此选项，将计算样本区域中的像素平均数，并使用指定分辨率的平均像素颜色来替换整个区域。
- 次像素采样至：选择此选项，将选择样本区域中心的像素，并使用此像素颜色来替换整个区域。
- 双立方缩减像素采样至：选择此选项，将使用加权平均数来确定像素颜色，这种方法产生的效果通常比缩减像素采样的简单平均方法所产生的效果更好。

提示

- 自动（JPEG）：选择此选项，将自动确定彩色和灰度图像的最佳品质。对于多数文件，此选项会生成满意的结果。
- 图像品质：此下拉列表中的选项用于控制应用的压缩量。
- CCITT 组 4：此选项用于单色位图图像，对于多数单色图像可以生成较好的压缩。
- 压缩文本和线状图：选中此复选框，将纯平压缩（类似于图像的 ZIP 压缩）应用到文档中的所有文本和线状图，而不损失细节或品质。
- 将图像数据裁切到框架：选中此复选框，仅导出位于框架可视区域内的图像数据，可能会缩小文件的大小。如果后续处理器需要其他信息（例如，对图像进行重新定位或出血），则不要选中此复选框。

"标记和出血"选项组用于控制导出的 PDF 文件页面中的打印标记、色样、页面信息、出血标志与版面之间的距离。

"输出"选项组用于设置颜色转换。描述最终 RGB 或 CMYK 颜色的输出设备，以及显示要包含的配置文件。

"高级"选项组用于控制字体、OPI 规范、透明度拼合和 JDF 说明在 PDF 文件中的存储方式。

"安全性"选项组用于设置 PDF 的安全性。比如是否可以复制 PDF 中的内容、打印文档或其他操作。

"小结"选项组用于将当前所做的设置用列表的方式提供查看，并指出在当前设置下出现的问题，以便进行修改。

④ 在"导出 Adobe PDF"对话框中设置好相关的参数，单击"导出"按钮。

提示

在导出的过程中，要想查看该过程，可以执行"窗口"|"实用程序"|"后台任务"命令，在弹出的"后台任务"面板中观看。

⑤ 导出完成后，在指定的保存位置双击该文件即可将其打开，如图 13.29 所示。

图13.29　查看刚导出的PDF文件

▶ 13.3.3 创建Adobe PDF灰度校样

在 InDesign CS6 中，可以对 InDesign 文档进行校样并将其导出为灰度 PDF，以进行灰度打印。数字出版物仍然是全彩色，而且不需要对灰度和颜色输出的布局进行单独维护。

创建 Adobe PDF 灰度校样的具体操作方法如下。

① 打开要导出灰度 PDF 的 InDesign 文档，执行"文件"｜"导出"命令，在弹出的"导出"对话框中指定文件的名称和保存位置。

② 在"保存类型"下拉列表中选择"Adobe PDF（打印）"选项。单击"保存"按钮，将弹出"导出 Adobe PDF"对话框，在该

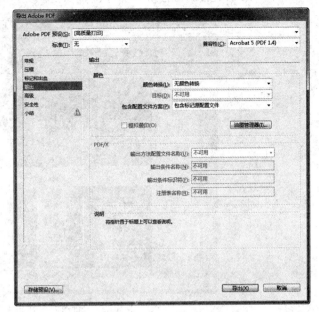

图13.30 "输出"选项组对话框

对话框中选择"输出"选项，相应的对话框如图 13.30 所示。

③ 在"输出"选项组中设置"颜色转换"为"转换为目标配置文件"；"目标"为"网点增大"（Dot Gain 系列）或"灰度系数"（Gray Gamma 系列），如图 13.31 所示。

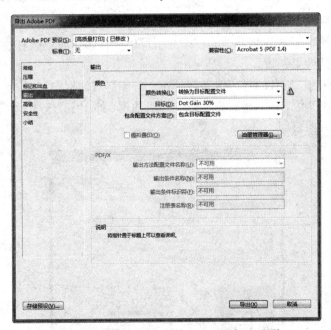

图13.31 设置"颜色转换"和"目标"选项

提示

在"标准"为"PDF/X-1a"时不支持"网点增大"和"灰度系数"目标，该标准仅支持 CMYK 用途；"PDF/X-3"或"PDF/X-4"不支持"灰度系数"目标。

④ 在"导出 Adobe PDF"对话框中设置好相关的参数，单击"导出"按钮。

⑤ 导出完成后，在指定的保存位置双击该文件即可将其打开，如图 13.32 所示。

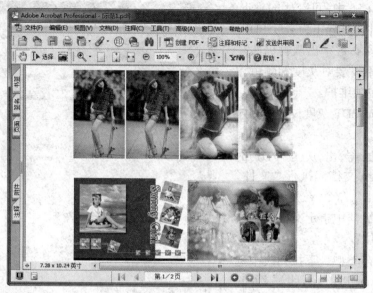

图13.32　查看刚导出的灰度PDF文件

13.4　打印

当整个文件排版完成后，不管是向外部提供彩色的文档，还是将文档的草图发送到喷墨打印机或激光打印机，了解一些基础的打印知识可以使打印作业更顺利地进行，并确保最终文档的效果与预期的效果一致。

在 InDesign CS6 中，所有的打印选项都是在"打印"对话框中完成，执行"文件" | "打印"命令，或按 Ctrl+P 组合键，将弹出"打印"对话框，如图 13.33 所示。此时如果单击"打印"按钮，将直接开始打印。

图13.33　"打印"对话框

提示　在打印输出之前，必须先安装打印机驱动程序并正确地连接打印机。

下面对"打印"对话框中各选项的含义进行详细讲解。

13.4.1　打印预设选项

如果要定期输出文件，可以将每次输出的设置存储为打印预设，以自动完成打印。对于要求"打印"对话框中的许多选项设置都精确的打印来说，使用打印预设是一种快速可靠的方法。下面来讲解打印预设的基本操作。

1. 创建打印预设

要创建打印预设，可以通过以下两种方法实现。

- 选择"文件"|"打印"命令，修改打印设置，然后单击"存储预设"按钮。在弹出的"存储预设"对话框中输入一个名称或使用默认名称，然后单击"确定"按钮退出。

- 选择"文件"|"打印预设"|"定义"命令，将弹出"打印预设"对话框，如图 13.34 所示，单击"新建"按钮。在弹出的"新建打印预设"对话框中，输入新名称或使用默认名称，修改打印设置，然后单击"确定"以返回到"打印预设"对话框。然

图13.34　"打印预设"对话框

后再次单击"确定"按钮退出对话框即可。

2. 应用打印预设

要应用已创建的打印预设，首先需要执行"文件"|"打印"命令，然后在弹出的"打印"对话框中从"打印预设"下拉列表中选择一个打印预设选项，然后单击"打印"按钮即可。

13.4.2　打印机选项

如果安装了多台打印机，可以从"打印机"下拉列表中选择要使用的打印机设备。可以选择 PostScript 或其他打印机。

13.4.3　PPD选项

PPD 文件，即 PostScript Printer Description 文件的缩写，可用于自定指定的 PostScript 打印机驱动程序的行为。这个文件包含有关输出设备的信息，其中包括打印机驻留字体、可用介质大小及方向、优化的网频、网角、分辨率以及色彩输出功能。打印之前，设置正确的 PPD 非常重要。

当在"打印机"下拉列表中选择"PostScript 文件"选项后，就可以在"PPD"下拉列表中选择"设备无关"选项等。

13.4.4　"常规"选项组

"常规"选项组是"打印"对话框中的默认选项，在其相应的窗口中可以设置打印的一

般设置，如打印的份数、打印顺序以及页面范围等。其中重要选项的含义解释如下。

- 份数：在此文本框中输入数值，用于控制文档打印的份数。
- 页码：用于设置打印的页码范围。如果选中"范围"单选按钮，可以在其右侧的文本框中使用连字符来分隔连续的页码，比如"1-20"，表示打印第 1 页到 20 页的内容；也可以使用逗号或空格来分隔多个页码范围，比如"1，5，20"，表示只打印第 1、5 和 20 页的内容；如果输入"-10"，表示打印第 10 页及其前面的页面；如果输入"10-"，则表示打印第 10 页及其后面的页面。

▶▶13.4.5 "设置"选项组

在"打印"对话框左侧选择"设置"选项，将显示相应的窗口，如图 13.35 所示。此窗口中用于设置纸张大小、纸张方向以及文档打印的缩放比例等。

在"设置"选项组窗口中重要选项的含义解释如下。

- 纸张大小：在此下拉列表中可以选择预设的尺寸，或自定义尺寸来控制打印页面的尺寸。
- 页面方向：可以通过单击纵向图标、横向图标、反纵向图标以及反横向图标，来控制页面打印的方向。
- 缩放：当页面尺寸大于打印纸张的尺寸时，可以在"宽度"和"高度"文本框中输入数值，以缩小

图13.35 "设置"选项组窗口

文档来适合打印纸张。对于"缩放以适合纸张"单选按钮，用于不能确保缩放比例时使用。

- 页面位置：在此下拉列表中选择某一选项，用于控制文档在当前打印纸上的位置。

▶▶13.4.6 "标记和出血"选项组

在"打印"对话框左侧选择"标记和出血"选项，将显示相应的窗口，如图 13.36 所示。此窗口中的"标记"区域用于设置在打印输出时的各种标记；在"出血和辅助信息区"区域，用于设置是使用文档中的出血设置，还是重新定义出血设置等。

在"标记和出血"选项组窗口中重要选项的含义解释如下。

- 类型：在此下拉列表中可以选择显示裁切标记的显示类型。
- 粗细：在此下拉列表中选择或输入数值，以控制标记线的粗细。
- 所有印刷标记：选中此复选框，以便选择下方的所有角线标记。如图 13.37 所示展示了一些相关的标记说明。

图13.36　"标记和出血"选项组窗口

图13.37　标记说明

⊁13.4.7　"输出"选项组

在"打印"对话框左侧选择"输出"选项，将显示相应的窗口，如图 13.38 所示。此窗口中主要用于设置出版物在输出过程中的颜色、陷印、翻转、加网及油墨控制等。

在"输出"选项组窗口中重要选项的含义解释如下。

- 颜色：在此下拉列表中可以选择文件中所使用的色彩输出到打印机的方式。
- 陷印：在此下拉列表中可以选择补漏白的方式。
- 翻转：在此下拉列表中可以选择文档所需要的打印方向。
- 加网：在此下拉列表中可以选择文档的网线数及分辨率。

- 油墨：在此区域中可以控制文档中的颜色油墨，以将选中的颜色转换为打印所使用的油墨。
- 频率：在此文本框中输入数值，用于控制油墨半色调网点的网线数。
- 角度：在此文本框中输入数值，用于控制油墨半色调网点的旋转角度。
- 模拟叠印：选择此复选框，可以模拟叠印的效果。
- 油墨管理器：单击该按钮，将弹出"油墨管理器"对话框，在此对话框框中可以进行油墨的管理。

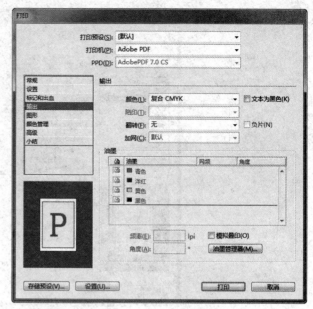

图13.38 "输出"选项组窗口

>>13.4.8 "图形"选项组

在"打印"对话框左侧选择"图形"选项，将显示相应的窗口，如图 13.39 所示。此窗口中的"图像"区域中主要用于设置图像的输出精度；而"字体"区域中则主要用于对打印字库中没有 PostScript 字体的情况进行处理。

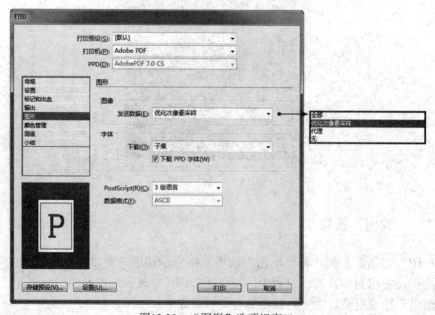

图13.39 "图形"选项组窗口

在"图形"选项组窗口中重要选项的含义解释如下。

- 发送数据：在此下拉列表中的选项，用于控制置入的位图图像发送到打印机时输出的方式。如果选择"全部"，会发送全分辨率数据，这比较适合于任何高分辨率打印或打印高对比度的灰度或彩色图像，但此选项需要的磁盘空间最大；如果选择"优化次像素采样"，只发送足够的图像数据供输出设备以最高分辨率打印图形，这比较适合处理高分辨率图像将校样打印到台式打印机时；如果选择"代理"，将使用屏幕分辨率为 72dpi 来发送位图图像，以缩短打印时间；如果选择"无"，打印时将临时删除所有图形，并使用具有交叉线的图形框来替代这些图形，以缩短打印时间。

- 下载：选择此下拉列表中的选项，可以控制字体下载到打印机的方式。选择"无"，表示不下载字体到打印机，如果字体在打印机中存在，应该使用此选项；选择"完整"，表示在打印开始时下载文档所需的所有字体；选择"子集"，表示仅下载文档中所使用的字体，每打印一页下载一次字体。
- 下载 PPD 字体：选择此复选框，将下载文档中所使用的所有字体，包括已安装在打印机中的那些字体。
- PostScript：此下拉列表中的选项用于指定 PostScript 等级。
- 数据格式：此下拉列表中的选项，用于指定 InDesign 将图像数据从计算机发送到打印机的方式。

13.4.9 "颜色管理"选项组

在"打印"对话框左侧选择"颜色管理"选项，将显示相应的窗口，如图 13.40 所示。此窗口中的"颜色管理"区域中主要用于设置打印时采用的颜色配置文件；而"选项"区域中则主要用于选择颜色处理方案、打印机的颜色配置文件。

图13.40 "颜色管理"选项组窗口

在"颜色管理"选项组窗口中重要选项的含义解释如下。
- 文档：选择此单选按钮，将以"颜色设置"对话框（执行"编辑" | "颜色设置"命令）中设置的文件颜色进行打印。

- 校样：选择此单选按钮，将以"视图"｜"校样设置"中设置的文件颜色进行打印。

13.4.10 "高级"选项组

在"打印"对话框左侧选择"高级"选项，将显示相应的窗口，如图 13.41 所示。此窗口中主要用于对几个高级选项进行设置。

在"高级"选项组窗口中重要选项的含义解释如下。

- 打印为位图：选择此复选框，可以将文档中的内容转换为位图再打印，同时还可以在右侧的下拉列表中选择打印位图的分辨率。
- OPI 图像替换：选择此复选框，将启用对 OPI 工作流程的支持。
- 在 OPI 中忽略：设置 OPI 中如 EPS、PDF 和位图图像是否被忽略。

图13.41 "高级"选项组窗口

- 预设：选择此下拉列表中的选项，以指定使用什么方式进行透明度拼合。

13.4.11 "小结"选项组

在"打印"对话框左侧选择"小结"选项，将显示相应的窗口，如图 13.42 所示。此窗口中主要用于对前面所进行的所有设置进行汇总，通过汇总数据可以检查打印设置，避免输出错误。

如果想将这些信息保存为 *.TXT 文件，可以单击"存储小结"按钮，将弹出"存储打印小结"对话框，指定名称及保存位置，最后单击"保存"按钮退出。

图13.42 "小结"选项组窗口

第 14 章

综合案例

◉《一机双号》宣传单页设计

◉《梦里水乡》封面设计

◉《中国古玩珠宝展示会》广告设计

14.1 《一机双号》宣传单页设计

考虑到宣传页所放置的场所人流量较大，且平均停留的时间较短，因此设计师在宣传页的正面设计了一个有双听筒的电话图形，以配合"一机双号 无需换号"的主旨来吸引消费者的注意，这种简单的设计手法，能够清晰地向消费者传达宣传册的主旨内容，并在获得有效注意后传达更详细的信息。

▶▶第一部分 创建并保存文件

操作方法如下：

① 执行"文件"｜"新建"｜"文档"命令，在弹出的对话框进行适当的设置，如图 14.1 所示。

② 单击"边距和分栏"按钮，设置弹出的对话框如图 14.2 所示，单击"确定"按钮退出对话框，从而新建一个文件。

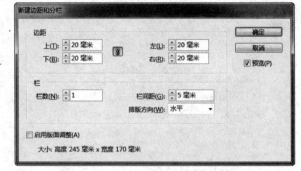

图14.1 "新建文档"对话框　　　　图14.2 "新建边距和分栏"对话框

③ 按 Ctrl+S 组合键来保存文件，在弹出的对话框中设置文件保存的名称为"14.1.indd"。

▶▶第二部分 制作宣传单页的正面背景

在本部分中，将结合图形绘制以及渐变填充等功能，在当前宣传单页的正面绘制其背景，其操作方法如下：

① 打开上一部分制作完成的宣传单页文件"14.1.indd"。

② 显示"颜色"面板，设置填充色的颜色值为 C＝9、M＝83、Y＝99、K＝0，并显示"色板"面板以"洋红"为名将其保存起来，再设置边框色为无，使用"矩形工具"■沿出血线绘制一个覆盖整个页面的矩形，如图 14.3 所示。

③ 显示"渐变"面板，设置如图 14.4 所示，在上一步绘制的洋红矩形上方再绘制一个同等宽度不同高度的矩形，如图 14.5 所示。

提示 　在"渐变"面板中，所使用的渐变类型各色标的颜色值从左至右分别为白色和 C＝14、M＝11、Y＝18、K＝0。

④ 使用"选择工具"▶选中上一步所绘制的渐变矩形，使用"钢笔工具"✐分别在右下角的锚点左侧及上方附近单击以添加两个锚点，如图 14.6 所示。

⑤ 选择"转换方向点工具"[N]，在右下角上的锚点位置拖动，得到如图 14.7 所示的效果，然后再使用"直接选择工具"[R]选中右下角的锚点，向左上方拖动一定距离，以制作一个圆角的矩形，如图 14.8 所示。按照同样的编辑路径的方法，再编辑左下角的直角，以变为圆角，再设置边框色为"纸色"，边框粗细为 0.75 毫米，得到如图 14.9 所示的效果。

图14.3　绘制矩形

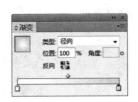

图14.4　"渐变"面板

图14.5　制一个同等宽度
不同高度的矩形

图14.6　添加两个锚点

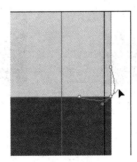

图14.7　拖动锚点

图14.8　制作一个圆角的矩形

⑥ 下面结合"钢笔工具"[✐]、"添加锚点工具"[✐]及"转换方向点工具"[N]，在渐变矩形右下角圆角左侧位置，制作向下方向的指向标，得到如图 14.10 所示的效果。

图14.9　绘制另一个圆角矩形

图14.10　制作向下方向的指向标

至此，已经完成了宣传单页的底图图像。

▶▶第三部分　置入并调整主体图像

下面将继续编排广告中的主体图像内容，其操作方法如下：

① 打开上一部分制作完成的宣传单页文件"14.1.indd"。

② 单击页面空白处，按 Ctrl+D 组合键，在弹出的对话框中打开随书所附光盘中的文件"第 14 章 \14.1- 素材 1.psd"。

③ 确认后在当前页面中单击，从而将图像置入到当前页面中，并在工具选项条上设置图像大小如 所示，调整得到如图 14.11 所示的效果。

④ 选中上一步置入的电话图像，然后按 Ctrl+C 组合键来复制该图形，再按 Ctrl+V 组合键来执行"粘贴"操作。

⑤ 确保"选择工具" 选中的状态下，向内拖动图像将除电话听筒及电话线以外的图像裁掉，并单击"控制"面板中的"水平翻转"按钮 ，然后将该图像移动到电话机的右侧，得到如图 14.12 所示的效果。

图14.11　置入图像　　　　　　　图14.12　调整电话机右侧的听筒

▶▶第四部分　制作圆角矩形

下面将结合"矩形工具" 及"钢笔工具" 等，绘制用于承载主体文字的图形，其操作方法如下：

① 打开上一部分制作完的宣传单页文件"14.1.indd"。

② 设置填充色为无，设置边框粗细为 0.25 毫米，再设置边框色的颜色值为 C＝11、M＝87、Y＝89、K＝0，并显示"色板"面板以"浅红"为名将其保存起来，使用"钢笔工具" 在电话听筒旁绘制多条小线条图形，如图 14.13 所示。

提示　　在使用"钢笔工具" 绘制图形时，绘制完一条图形，可以单击页面空白处，以取消图形的选中状态，然后再绘制另一条线条图形。下面在电话听筒中间的位置制作主题文字内容，先来制作图形。

③ 设置填充色的颜色值为 C＝4、M＝2、Y＝6、K＝0，设置边框粗细为 0.75 毫米，再设置边框色为上一步保存的"浅红"，使用"矩形工具" 在电话听筒中间的位置绘制一个横向矩形，如图 14.14 所示。选择"对象"｜"角选项"命令，设置弹出的对话框如图 14.15 所示，单击"确定"按钮，得到如图 14.16 所示的效果。

④ 下面结合"钢笔工具" ，设置的填充色和边框色与上一步相同，在圆角矩形的两侧分别绘制两个三角图形，得到如图 14.17 所示的效果。

提示　　在使用"钢笔工具" 绘制三角图形时，要结合 Ctrl+"["组合键来后移一层，将三角图形移动到圆角矩形的后面。

图14.13 绘制多条小线条图形

图14.14 绘制一个横向矩形

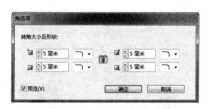

图14.15 "角选项"对话框

图14.16 应用"角选项"后的效果

到此为止，已经完成了一个图形。

第五部分 制作广告的主体文字

下面将在上一小节的图形上输入广告的主体文字，其操作方法如下：

① 打开上一部分制作完成的宣传单页文件"14.1.indd"。

② 选择"文字工具" T，在圆角矩形内部拖动得到一个文本框，设置适当的字体、字号及文字颜色为 C＝8、M＝75、Y＝98、K＝0，并显示"色板"面板以"橘红"为名将其保存起来，输入文字"一机双无需换"，得到类似如图 14.18 所示的效果。

图14.17 绘制两个三角图形

图14.18 输入文字

③ 选择"对象"｜"效果"｜"投影"命令，设置弹出的对话框如图 14.19 所示，单击"确定"按钮，得到如图 14.20 所示的文字投影效果。

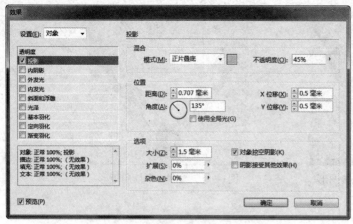

图14.19　"投影"选项组对话框　　　　图14.20　应用"投影"后的效果

④ 按照本部分第 2 ～ 3 步的操作方法，制作文字"号"的效果，如图 14.21 所示，接着在文字左右两侧输入双引号，如图 14.22 所示。

图14.21　制作文字"号"的效果　　　　图14.22　输入双引号

⑤ 按照前面的操作方法，结合"矩形工具" ▣、"钢笔工具" ✎、"转换方向点工具" ◣、"直线工具" ✐ 及"文字工具" Ⓣ，在主题文字的下方制作图形及输入文字，直至得到如图 14.23 所示的效果。

⑥ 继续按照前面的操作方法，结合随书所附光盘中的文件"第 14 章 \14.1- 素材 2.psd"，在当前页面左上方及下方添加标志及相关文字信息，直至得到如图 14.24 所示的效果，局部效果如图 14.25 所示。

图14.23　制作图形及输入文字　　　　图14.24　添加标志及相关文字信息

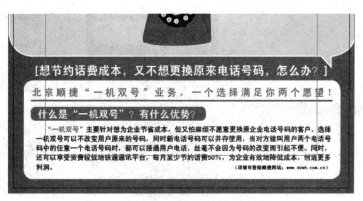

图14.25　局部效果

至此，已经完成了宣传单页的一个页面设计内容。

▶▶ 第六部分　制作宣传单页背面的基本布局

下面将完成另一个页面设计。首先，将结合图形绘制以及渐变填充等功能，完成背面的基本布局，其操作方法如下：

① 打开上一部分制作完成的宣传单页文件 "14.1.indd"。

② 切换至第 2 页，显示 "渐变" 面板，设置如图 14.26 所示，使用 "矩形工具" 沿出血线绘制一个覆盖整个页面的渐变矩形，如图 14.27 所示。

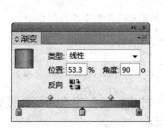

图14.26　"渐变" 面板

图14.27　绘制渐变矩形

提示

在 "渐变" 面板中，所使用的渐变类型各色标的颜色值从左至右分别为 C＝7、M＝56、Y＝94、C＝6、M＝22、Y＝91 和 C＝9、M＝83、Y＝100。

③ 设置填充色为 "纸色"，再设置边框色为无，使用 "矩形工具" 在当前页面上方绘制一个横向矩形，并选择 "对象" ｜ "角选项" 命令，设置弹出的对话框如图 14.28 所示，单击 "确定" 按钮，得到如图 14.29 所示的圆角效果。

④ 按 Ctrl+C 组合键来复制白色图形，选择 "编辑" ｜ "原位粘贴" 命令，得到同等大小的圆角矩形，然后按住 Shift 键向下拖动一定位置，直至得到如图 14.30 所示的效果。将光标置于横向圆角矩形下方中间的控制句柄上再向下拖动至如图 14.31 所示的效果。

⑤ 显示 "渐变" 面板，设置如图 14.32 所示，使用 "矩形工具" 在圆角矩形下方绘制一个长条渐变矩形，如图 14.33 所示。

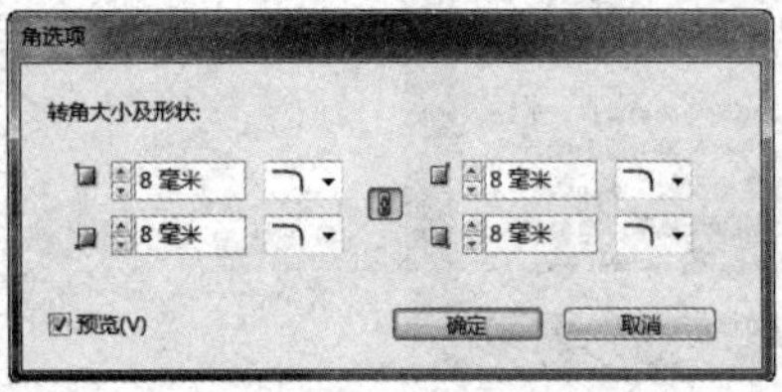

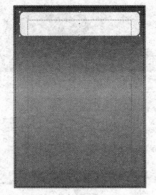

图14.28 “角选项”对话框

图14.29 应用“角选项”后的效果

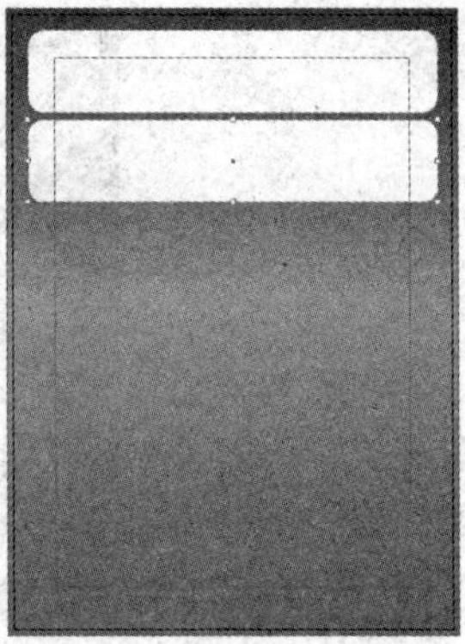

图14.30 移动圆角矩形

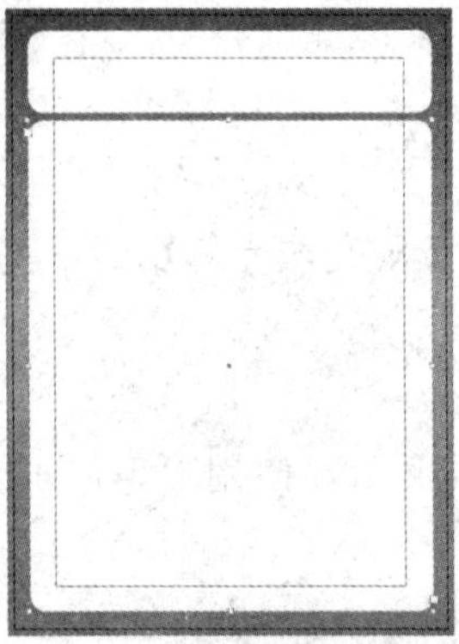

图14.31 拖动后的效果

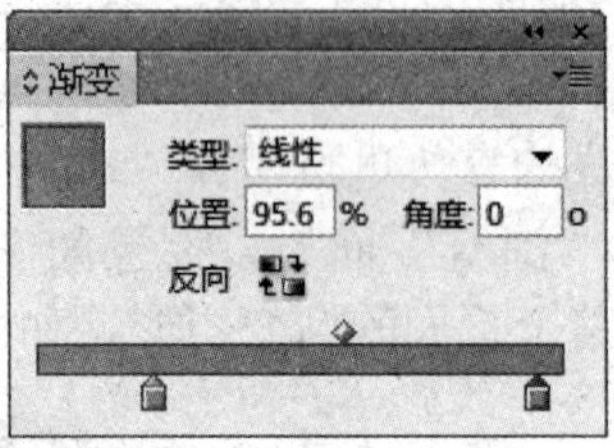

图14.32 “渐变”面板

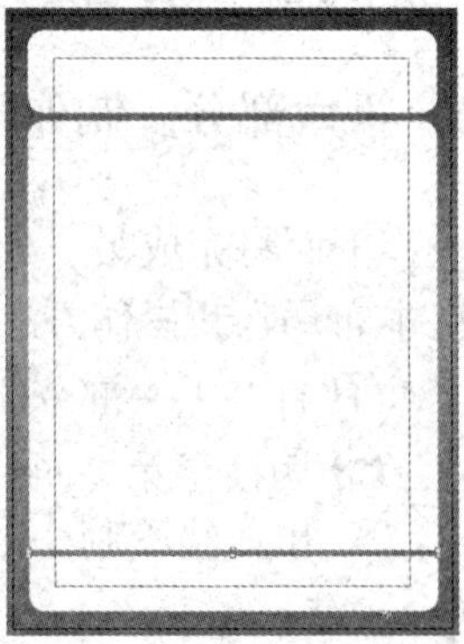

图14.33 绘制渐变矩形条

提示

在“渐变”面板中，所使用的渐变类型各色标的颜色值从左至右分别为 C = 6、M = 46、Y = 93 和 C = 5、M = 54、Y = 93。至此，另一个页面的底图已经制作完毕，下面制作装饰图形。

第七部分 绘制装饰图形

在本部分中，将结合“直线工具”╱及“椭圆工具”⬭，配合适当的颜色设置及“多重复制”命令等功能，在背面中绘制装饰图形，其操作方法如下：

① 打开上一部分制作完成的宣传单页文件“14.1.indd”。

② 选择“直线工具”╱，并在其工具选项条上的设置如▭所示，设置填充色为无，边框色为黑色，按住 Shift 键在横向白色圆角矩形上绘制横向直线，得到如图 14.34 所示的效果。

③ 设置填充色为“纸色”，边框色为“黑色”，边框粗细为 0.75 毫米，使用“椭圆工具”⬭并按住 Shift 键在横线上绘制一个小小的正圆，如图 14.35 所示。

④ 使用“选择工具”↖选中正圆，选择“编辑” | “多重复制”命令，设置弹出的对话框如图 14.36 所示，确认后得到如图 14.37 所示的等距离正圆效果。

⑤ 设置填充色为无，边框色黑色，边框粗细为 0.75 毫米，使用“直线工具”╱并按住 Shift 键从左至右在第一个正圆位置，从下至上绘制竖向直线，如图 14.38 所示。

⑥ 选中竖向直线，显示“描边”面板，设置如图 14.39 所示，得到如图 14.40 所示的效果，

按照第 4 步的操作方法，应用"多重复制"命令，直至得到如图 14.41 所示的等距离圆点直线效果。

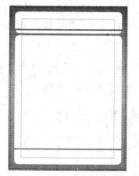

图14.34　绘制横向直线

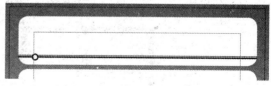

图14.35　绘制一个小小的正圆

图14.36　"多重复制"对话框

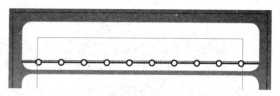

图14.37　应用"多重复制"后的效果

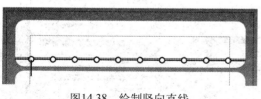

图14.38　绘制竖向直线

图14.39　"描边"面板

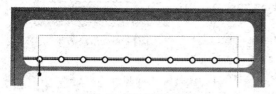

图14.40　描边后的效果

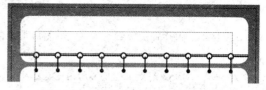

图14.41　制作等距离圆点直线效果

提示　在制作直线时，起点与终点的圆点取决于绘制直线时起笔与尾笔的方向。

到此为止，已经基本完成了整个宣传单页的设计。

第八部分　编排文字以完成背面

最后，将需要说明的文字信息编排一下即可，其操作方法如下：

① 打开上一部分制作完成的宣传单页文件 "14.1.indd"。

② 结合使用 "矩形工具" █ 及 "钢笔工具" █ ，设置适当的填充色及边框色，在大圆角矩形上绘制边框效果，如图 14.42 所示，接着设置填充色为无，边框色为 C = 9、M = 74、Y = 99，边框粗细为 5 毫米，使用 "直线工具" █ 并按住 Shift 键在边框内从左至右绘制横向直线。

③ 选中横向直线，显示 "描边" 面板，设置如图 14.43 所示，然后使用 "选择工具" █ 并按住 Alt+Shift 键向右侧拖动，得到其复制对象，如图 14.44 所示。

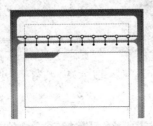

图14.42　绘制边框效果　　　　　　　图14.43　"描边" 面板

④ 结合 "文字工具" █ 及随书所附光盘中的文件 "第 14 章 \14.1- 素材 3.png~14.1- 素材 5.png"，在边框内部输入相关文字及调整素材图形，直至得到如图 14.45 所示的效果。

⑤ 下面按照前面的操作方法，结合 "矩形工具" █ 、"文字工具" █ ，在当前页面上制作边框及输入相关文字内容，直至得到如图 14.46 所示的最终效果。

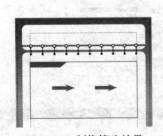

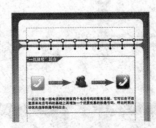

图14.44　制作箭头效果　　　　图14.45　制作其他信息　　　　图14.46　最终效果

提示

本例最终效果为随书所附光盘中的文件 "第 14 章 \14.1- 素材文件 .indd"。

14.2　《梦里水乡》封面设计

　　该封面从整体上看来并不复杂，但由于设计师加入了一些渐变矩形、正圆及正圆框等装饰物，使其变得简单而不单调，同时这些图形的虚虚实实、若有若无的效果，也刚好呼应了书名中的 "梦" 字；而正封底的图像则明确地点明了书名中的 "水乡" 二字，使封面整体看起来和谐一致。

第一部分　创建文件并添加辅助线

首先，来创建并保存封面文件，并在文档中，依据封面的尺寸需求，利用辅助线将其划分出来。

① 按 Ctrl+N 组合键新建一个文件，设置弹出的对话框如图 14.47 所示。

② 单击"边距和分栏"按钮，设置弹出的对话框如图 14.48 所示，单击"确定"按钮退出对话框，从而新建一个文件。

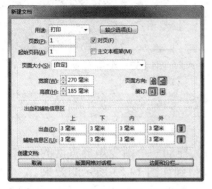

图14.47　"新建文档"对话框　　　　　图14.48　"新建边距和分栏"对话框

③ 按 Ctrl+R 组合键来显示标尺。使用"选择工具"，在垂直标尺上拖出两条辅助线，分别置于 130mm 和 140mm 处，如图 14.49 所示。

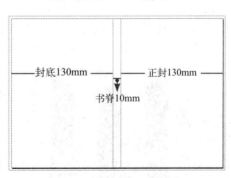

图14.49　添加辅助线

提示　　在"新建文档"对话框中，封面的宽度数值（270mm）＝正封宽度（130mm）＋书脊宽度（10mm，即书的厚度）＋封底宽度（130mm）。

④ 按 Ctrl+S 组合键来保存文件，在弹出的对话框中设置文件保存的名称为"14.2.indd"。

第二部分　在封面中绘制竖条图形

在本部分，将结合图形绘制、渐变填充以及混合模式等功能，在封面中制作竖条图像效果，其操作步骤如下：

① 打开上一部分制作完成的封面文件"14.2.indd"。

② 设置填充色的颜色值为 C＝7、M＝21、Y＝100、K＝0，边框色为无，使用"矩形工具"在封面上绘制如图 14.50 所示的黄色矩形。

③ 显示"渐变"面板并按照图 14.51 所示的参数进行设置。选择"矩形工具" 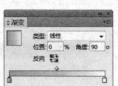 并设置填充色为刚刚设置的渐变，边框色为无，在正封的最左侧绘制如图 14.52 所示的渐变矩形。

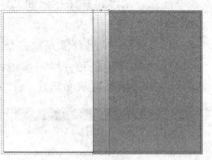

图14.50　绘制矩形　　　　图14.51　"渐变"面板　　　　图14.52　绘制渐变矩形

提示

在"渐变"面板中，最左侧色标的颜色值为 C＝7、M＝21、Y＝100、K＝0，最右侧色标为白色。

④ 使用"选择工具" 并按住 Alt+Shift 组合键向右侧将其拖动一个渐变矩形宽度的距离，得到其复制对象，按 Ctrl+Alt+Shift+D 组合键 5 次，得到如图 14.53 所示的效果。

⑤ 使用"选择工具"并按住 Shift 键将左数第 2、4、6 个渐变矩形选中，并将"渐变"面板中右侧的白色色标改为黑色，得到如图 14.54 所示的效果。

⑥ 使用"选择工具"并按住 Shift 键选中全部的渐变矩形，按 Ctrl+G 组合键将它们群组在一起。

⑦ 显示"效果"面板并设置当前群组对象的混合模式为"柔光"，得到如图 14.55 所示的效果。

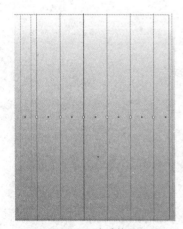

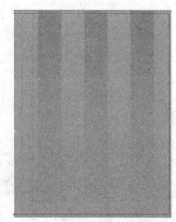

图14.53　复制矩形　　　　图14.54　调整渐变　　　　图14.55　设置混合模式

⑧ 选择"直线工具" ，设置填充色为无，边框色为本部分第 5 步设置的渐变，分别在各个渐变矩形之间的地方绘制垂直直线，如图 14.56 所示。

⑨ 使用"选择工具"将上一步绘制的直线选中，按 Ctrl+G 组合键将它们群组在一起。

第三部分　置入并编辑主体图像

在本部分中，将结合混合模式及"羽化"命令，对置入的主体图像进行融合处理，再利用图形绘制功能，在封面的右上方增加装饰图形，其操作步骤如下：

① 打开上一部分制作完成的封面文件"14.2.indd"。

② 按 Ctrl+D 组合键来应用"置入"命令，在弹出的对话框中打开随书所附光盘中的文件"第 14 章 \14.2- 素材 1.tif"，使用"选择工具" [k] 并按住 Ctrl+Shift 键将该图像缩放为适当大小后，置于正封的底部，如图 14.57 所示。

③ 保持图像的选中状态，显示"效果"面板并设置图像的混合模式为"正片叠底"，得到如图 14.58 所示的效果。

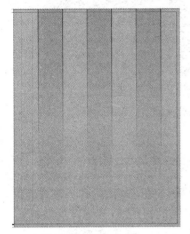

图14.56 绘制直线

图14.57 摆放图像位置

图14.58 设置混合模式

④ 保持图像的选中状态，选择"对象"|"效果"|"基本羽化"命令，设置弹出的对话框如图 14.59 所示，得到如图 14.60 所示的效果。

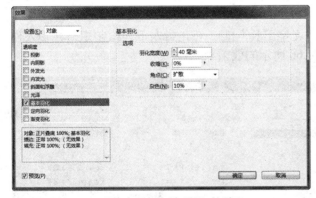

图14.59 "基本羽化"选项组对话框

图14.60 应用"羽化"命令后的效果

⑤ 选择"椭圆工具" [◯]，分别设置其填充和边框色为黑色，按住 Shift 键并在正封的右上角绘制如图 14.61 所示的正圆及正圆框。

⑥ 使用"选择工具" [k] 选中上一步绘制的正圆及正圆框，显示"效果"面板并设置当前选中对象的混合模式为"叠加"，按 Ctrl+G 组合键将所选对象群组起来，得到如图 14.62 所示的效果。

图14.61　绘制正圆及正圆框

图14.62　设置混合模式

>> 第四部分　在封面中添加文字信息

在本部分中，将利用"文字工具" T 在封面中添加书名、作者姓名以及出版社名称等必要的文字信息，同时，还将结合一定的图形绘制功能，在封面中添加装饰性的元素，其操作步骤如下：

① 打开上一部分制作完成的封面文件"14.2.indd"。

② 选择"文字工具" T，并设置文字填充色为黑色，边框色为白色，再设置线条宽度为6，在正封的右侧输入如图 14.63 所示的文字。

③ 选中上一步输入的文字，选择"对象"｜"效果"｜"投影"命令，设置弹出的对话框如图 14.64 所示，得到如图 14.65 所示的效果。

④ 结合使用"矩形工具" ▢ 及横排"文字工具" T，在正封左下角绘制矩形并输入作者姓名及出版社名称，得到如图 14.66 所示的效果。

图14.63　输入书名

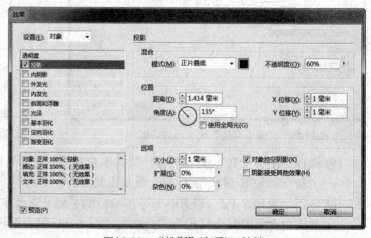

图14.64　"投影"选项组对话框

⑤ 最后，使用"文字工具" T 在正封的中间处分别输入如图 14.67 所示的文字即可。图 14.68 所示为此时正封的整体效果。

图14.65　投影效果

图14.66　绘制矩形并输入文字

图14.67　输入文字

图14.68　正封整体效果

第五部分　完成书脊并制作封底的背景

在本部分中，将通过简单的文字编排来完成书脊的设计，然后再结合渐变填充以及融合素材图像等操作，完成封底的背景图像，其操作方法如下：

① 打开上一部分制作完成的封面文件"14.2.indd"。

② 书脊的制作较为简单，只需要输入书名及出版社名称即可，如图 14.69 所示。

③ 显示"渐变"面板并设置好渐变。选择"矩形工具" 并设置填充色为刚刚设置的渐变，边框色为无，在封底上绘制如图 14.70 所示的渐变矩形。

④ 使用"选择工具" 并按住 Alt+Shift 组合键向左侧拖动正封底部的图像，得到其复制对象，并将其置于如图 14.71 所示的位置。

⑤ 保持图像的选中状态，显示"效果"面板并设置当前图像的混合模式为"柔光"，不透明度数值为 25%，得到如图 14.72 所示的效果。

⑥ 使用"选择工具" 选中本例第 3 部分第 5~6 步所绘制并群组的圆形对象，按住

Alt+Shift 组合键将其拖至封底上，得到其复制对象。

⑦ 保持图形的选中状态，在"控制"面板中单击"水平翻转"按钮，并将其置于如图 14.73 所示的位置。

⑧ 保持图形的选中状态，显示"效果"面板并设置当前组合对象的不透明度数值为 20%，得到如图 14.74 所示的效果。

图14.69　在书脊上输入文字

图14.70　绘制渐变

图14.71　摆放图像位置

图14.72　设置混合模式与不透明度

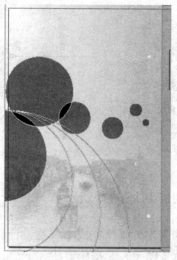

图14.73　复制图形

图14.74　设置图形不透明度

>>> 第六部分　在封底中加入条码等必要信息

在本部分中，将在封底中添加条码、定价等必要的文字信息，从而完成整个封面作品，其操作方法如下：

① 打开上一部分制作完成的封面文件"14.2.indd"。

② 按 Ctrl+D 组合键来应用"置入"命令，在弹出的对话框中打开随书所附光盘中的文件"第 14 章 \14.2- 素材 2.tif"，使用"选择工具"将其缩小后置于封底的左下角，如图 14.75 所示。

③ 结合使用"文字工具" T 及"直线工具" ，在上一步置入的条形码素材的右侧输入文字并绘制分隔线，如图 14.76 所示。

图14.75 置入条形码

图14.76 输入文字并绘制分隔线

提示

文字及直线的颜色均为黑色。

④ 设置填充色的颜色值为 C = 12、M = 42、Y = 100、K = 0，边框色为无，使用"矩形工具" 在封底的左上角绘制一个小矩形，如图 14.77 所示。

⑤ 设置填充色为无，边框色的颜色值为 C = 0、M = 0、Y = 0、K = 50，使用"直线工具" 并设置适当的线条宽度，在封底的右侧绘制如图 14.78 所示的线条。

⑥ 设置文字颜色为黑色，使用"文字工具" T 在封底中输入封面设计及作者简介等文字，得到如图 14.79 所示的最终效果。

图14.77 绘制矩形块

图14.78 绘制线条

图14.79 封底整体效果

⑦ 图 14.80 所示为隐藏所有辅助线后的封面整体效果，图 14.81 所示为本例制作的封面的立体效果。

提示

本例最终效果为随书所附光盘中的文件"第 14 章 \14.2- 素材文件 .indd"，立体效果文件为"第 14 章 \14.2.psd"。

图14.80　最终效果

图14.81　封面立体效果

14.3 《中国古玩珠宝展示会》广告设计

鉴于此广告主题的需要，设计师采用了大量的具有古典特色的图像、图案及文字字体为渲染广告的整体气氛，并将一个古玩的实物图像置于广告的视觉中心点处，使浏览者在第一时间了解到广告的诉求。

第一部分　创建并保存文档

首先，将根据广告的尺寸，新建一个文档将其保存起来，其操作方法如下：

① 按 Ctrl+N 组合键来新建一个文件，设置弹出的对话框如图 14.82 所示。

② 单击"边距和分栏"按钮，设置弹出的对话框如图 14.83 所示，单击"确定"按钮退出对话框，创建得到一个新文档。

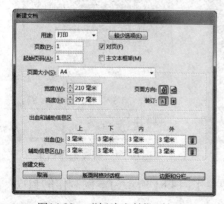

图14.82　"新建文档"对话框

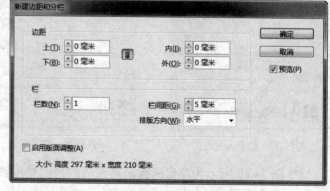

图14.83　"新建边距和分栏"对话框

③ 按 Ctrl+S 组合键来保存文件，在弹出的对话框中设置文件保存的名称为"14.3.indd"。

第二部分　绘制底图并叠加图案

在本部分中，除了使用图形绘制功能在广告中绘制背景外，还将结合"剪切路径"命令及混合模式等功能，在广告背景中融合一些装饰性的图案，其操作方法如下：

① 打开上一部分制作完成的广告文件"14.3.indd"。

② 设置填充色的颜色值为 C = 1、M = 5、Y = 35、K = 0，边框色为无，使用"矩形工具" 来绘制一个覆盖整个文档大小的矩形。

③ 再次设置填充色的颜色值为 C = 28、M = 78、Y = 97、K = 23，边框色为无，使用"矩形工具" 分别在页面的顶部和底部绘制如图 14.84 所示的矩形。

④ 选择"文件"｜"置入"命令，在弹出的对话框中打开随书所附光盘中的文件"第 14 章 \14.3- 素材 1.tif"，单击"打开"按钮后，在页面的空白区域单击，从而将图像置入进来。

> 💬 **提示**　此时置入的图像是纯白色的，需要继续下面的操作才能将其显示出来。

⑤ 使用"选择工具" 并按住 Ctrl+Shift 键将上一步置入的图像缩小至宽度与文档宽度相同，并置于文档的中间位置。

⑥ 保持图像的选中状态。选择"对象"｜"剪切路径"｜"选项"命令，设置弹出的对话框如图 14.85 所示，得到如图 14.86 所示的效果。

图14.84　绘制矩形　　　　图14.85　"剪切路径"对话框　　　　图14.86　应用"剪切路径"命令后的效果

⑦ 保持图像的选中状态，按 Ctrl+X 组合键或选择"编辑"｜"剪切"命令。使用"选择工具" 选择页面顶部的矩形，按 Ctrl+Alt+V 组合键或选择"编辑"｜"贴入内部"命令，得到如图 14.87 所示的效果。

⑧ 使用"选择工具" 将鼠标指针悬停在图像上方，当图像中出现圆形时，将上一步粘贴入矩形中的图像选中，按住 Shift 键将其向上拖动一点路径，使龙头和凤头显示出来。

⑨ 保持图像的选中状态。显示"效果"面板并设置对象的混合模式为"柔光"，得到如图 14.88 所示的效果。

⑩ 按照本部分第 4 ～ 9 步的方法置入随书所附光盘中的文件"第 14 章 \14.3- 素材 2.tif"，并将其置于页面的左下角，得到如图 14.89 所示的效果。

⑪ 保持图像的选中状态。按 Ctrl+C 组合键来执行"复制"操作,选择"编辑"|"原位粘贴"命令,得到其复制对象,并保持该复制对象的选中状态。

⑫ 在"控制"面板中单击"水平翻转"按钮 ，并将其置于如图 14.90 所示的位置。

图14.87　置入图像

图14.88　设置对象的混合模式

图14.89　摆放左下角的图像

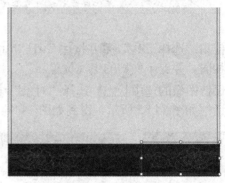

图14.90　变换图像

⑬ 设置填充色为黑色,边框色为无,使用"矩形工具" 分别在图像顶部和底部的矩形内侧绘制如图 14.91 所示的黑色装饰条。

≫≫ 第三部分　置入并抠选图像

在本部分中,将置入一些素材图像作为广告的主体,同时还要结合"钢笔工具" 来绘制路径以及"贴入内部"命令将图像抠选出来,其操作方法如下:

① 打开上一部分制作完成的广告文件"14.3.indd"。

② 选择"文件"|"置入"命令,在弹出的对话框中打开随书所附光盘中的文件"第14 章\14.3-素材 3.tif",使用"选择工具" 将该图像缩放为适当大小后置于如图 14.92 所示的位置。

③ 保持图像的选中状态,按第二部分第 6 步的方法为图像制作镂空效果。显示"效果"面板并设置对象的不透明度数值为 20%,得到如图 14.93 所示的效果。

④ 选择"文件"|"置入"命令,在弹出的对话框中打开随书所附光盘中的文件"第14 章\14.3-素材 4.ai",使用"选择工具" 将该图像缩放为适当大小后置于如图 14.94 所示的位置。

⑤ 选择"文件"|"置入"命令,在弹出的对话框中打开随书所附光盘中的文件"第14 章\14.3-素材 5.tif",使用"选择工具" 将该图像缩放为适当大小后置于如图 14.95 所示的位置。

图14.91　绘制装饰线条

图14.92　置入图像

图14.93　应用剪贴路径

图14.94　置入矢量素材

图14.95　摆放素材位置

⑥ 设置填充色和边框色均为无，使用"钢笔工具" 沿着图像的边缘绘制路径，如图 14.96
所示。使用"选择工具" 选中古玩图像，按 Ctrl+X 组合键或选择"编辑"｜"剪切"命令。

⑦ 使用"选择工具" 选中上一步绘制的路径，按 Ctrl+Alt+V 组合键或选择"编辑"｜"贴
入内部"命令，得到如图 14.97 所示的效果。

图14.96　绘制路径

图14.97　粘贴入图像

第四部分　绘制装饰图形

在本部分中,将结合"矩形工具"▣、"直线工具"☑等,在广告中绘制一些装饰性的图形,其操作方法如下:

① 打开上一部分制作完成的广告文件"14.3.indd"。

② 设置填充色为黑色,边框色为无,使用"矩形工具"▣在页面的右侧绘制如图 14.98 所示的矩形。在该矩形选中的状态下,应用"文件"｜"置入"命令置入随书所附光盘中的文件"第 14 章 \14.3- 素材 6.tif"。

③ 使用"选择工具"▷将鼠标指针悬停在图像上方,当图像中出现圆形时,选中上下置入的图像并按住 Shift 键水平方向上拖动图像,使矩形框中显示出较为丰富的图像,得到如图 14.99 所示的效果。

④ 设置填充色为黑色,边框色为无,使用"矩形工具"▣在上一步制作的矩形图像顶部和底部绘制黑色矩形块,得到如图 14.100 所示的效果。

图14.98　绘制矩形条

图14.99　置入图像

图14.100　绘制装饰块

⑤ 设置填充色为无,边框色的颜色值为 C＝0、M＝0、Y＝0、K＝30。选择"直线工具"☑并在工具选项条上设置线条宽度为 1pt,类型为"实底",按住 Shift 键在页面右侧绘制如图 14.101 所示的 4 根垂直直线。

第五部分　编排主体文字

在本部分中,将结合"文字工具"Ⅰ来输入文字,并对文字进行格式化处理等操作,在广告中输入主体文字内容,其操作方法如下:

① 打开上一部分制作完成的广告文件"14.3.indd"。

② 选择"文字工具"Ⅰ并设置适当的文字填充色及边框色,在上一步绘制的垂直直线上输入如图 14.102 所示的文字。

③ 设置文字填充色的颜色值为 C＝0,M＝22,Y＝99,K＝0,边框色的颜色值为 C＝0、M＝0、Y＝0、K＝10,在页面的右侧输入如图 14.103 所示的文字。

④ 保持上一步所输入文字的选中状态。按 Ctrl+Shift+"["组合键或选择"对象"|"排列"|"置为底层"命令，再按 Shift+Ctrl+"]"组合键或选择"对象"|"排列"|"置于顶层"命令，得到如图 14.104 所示的效果。

⑤ 显示"效果"面板并设置文字对象的不透明度数值为 50%，得到如图 14.105 所示的效果。

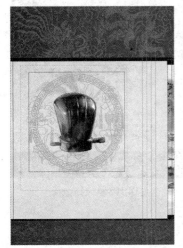

图14.101　绘制线条

图14.102　输入标题文字

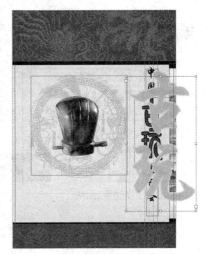

图14.103　输入文字"古玩"

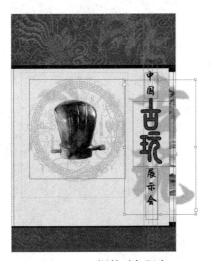

图14.104　调整对象顺序

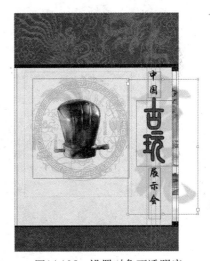

图14.105　设置对象不透明度

⑥ 设置填充色为无，边框色的颜色值为 C = 28、M = 78、Y = 97、K = 23。选择"直线工具" ∠ 并显示"描边"面板，按照图 14.106 所示进行参数设置。

⑦ 使用"直线工具" ∠ 按住 Shift 键从页面的左侧至右侧绘制如图 14.107 所示的虚线。

⑧ 最后，使用"文字工具" T 在页面下半部分的空白处输入展示会的联系方式及介绍性文字，得到如图 14.108 所示的最终效果。

提示

本例最终效果为随书所附光盘中的文件"第 14 章 \14.3- 素材文件 .indd"。

图14.106　"描边"面板　　　　图14.107　绘制虚线条　　　　图14.108　最终效果